Hardrock Tunnel Boring Machines

硬岩掘进机

［德］ 伯纳德·梅德尔　　莱昂哈德·施密德　　◎ 著
　　　威利·里兹　　　　马丁·海瑞克

刘志强 ◎ 译

中国铁道出版社有限公司

2019年·北 京

北京市版权局著作权合同登记　图字 01-2019-4686

Title：Hardrock Tunnel Boring Machines by Bernhard Maidl，Leonhard Schmid，Willy Ritz，Martin Herrenknecht，in co-operation with Gerhard Wehrmeyer and Marcus Derbort.
ISBN：978-3-443-01676-3

图书在版编目(CIP)数据

硬岩掘进机/(德)伯纳德·梅德尔等著;刘志强译. —北京:中国
铁道出版社有限公司,2019.10
ISBN 978-7-113-26265-5

Ⅰ.①硬… Ⅱ.①伯…②刘… Ⅲ.①岩石掘进机 Ⅳ.①TD421.5

中国版本图书馆 CIP 数据核字(2019)第 210720 号

书	名:硬岩掘进机
著	者:[德]伯纳德·梅德尔　莱昂哈德·施密德　威利·里兹　马丁·海瑞克
译	者:刘志强

责任编辑:黎　琳　　编辑部电话:010-51873065　　电子信箱:758982931@qq.com
封面设计:高博越
责任校对:焦桂荣
责任印制:高春晓

出版发行:中国铁道出版社有限公司(100054,北京市西城区右安门西街 8 号)
网　　址:http://www.tdpress.com
印　　刷:三河市兴博印务有限公司
版　　次:2019 年 10 月第 1 版　2019 年 10 月第 1 次印刷
开　　本:787 mm×1 092 mm　1/16　印张:17.75　字数:408 千
书　　号:ISBN 978-7-113-26265-5
定　　价:120.00 元

译者的话

　　我在编著《反井钻机》和《竖井掘进机凿井技术》两部专著的过程中,参考了 *Hardrock Tunnel Boring Machines* 一书,当时主要参阅了涉及机械破岩及刀具、竖井掘进机和反井钻机等相关章节。随着对该书进行全面细致的阅读,我萌生了翻译出版的念头。我在 2016 年到 2019 年近四年多时间内,对全书进行了认真翻译和多次斟酌校对,重点理解文字、术语、规范的确切含义,了解插图的本质和表格的意义,收集和参照有关硬岩隧道掘进机相关的产品,并与部分作者和所在企业专业人员进行交流,并到海瑞克公司和隧道掘进现场进行学习交流,查阅了大量相关文献,最终完成了本书的翻译工作,达到了出版的基本要求。

　　《硬岩掘进机》一书共分 16 章,从第 1 章"历史发展和未来挑战",认识了隧道掘进机的不同发展阶段,以及现代硬岩隧道掘进机的演化和形成过程,有助于对现代硬岩隧道掘进机的理解;历史上一些隧道掘进机的构想,随着材料和加工技术水平的进步,有可能重新焕发生机。第 2 章,对硬岩隧道掘进机的基本原理和基本结构形式进行分析,破岩系统、推进和支撑系统、排渣系统、支护系统构成了隧道掘进机的主体;相关术语的定义,对于规范隧道掘进机的技术体系有重要意义;同时对全断面硬岩隧道掘进机和局部破岩式掘进机的特点进行简要说明。第 3 章到第 6 章,对于硬岩隧道掘进机的刀盘、破岩刀具、旋转驱动、推进、物料运输、掘进参数及掘进机后配套系统进行详细论述。第 7 章和第 8 章,探讨了隧道掘进机掘进相关的通风、除尘、作业安全、振动、地质勘察、地层改性、掘进测量和方向控制等技术方法。第 9 章,对于硬岩隧道掘进机的临时或初支、支护与掘进速度关系、掘进机不同区域系统支护方法以及局部支护等问题进行了分析。第 10 章和第 11 章,描述了撑靴式硬岩隧道掘进机与盾构机、钻爆法的不同组合方式形成的特殊掘进工艺。第 12 章和第 13 章,分析了地质勘察对隧道掘进机掘进的影响,在掘进与支护的基础上,对围岩分类进行了论述,并对本书作者建立的与隧道掘进机相关的围岩分类方法作了说明。第 14 章,介绍了与隧道掘进机相关的招投标、授标与合同,以及不同国家的招投标方法和实例。第 15 章,详细论述了隧道掘进机掘进的衬砌方法,包括隧道衬砌设计原则,以及管片、现浇混凝土、喷射混凝土等不同支护方式,提出新型衬砌结构研究思路和建议。第 16 章,介绍了各种硬岩隧道掘进机完成不同类型的工程和一些特殊工程实例。

    硬岩隧道掘进机及掘进技术，对我国正在建设的大瑞铁路高黎贡山隧道、川藏铁路和其他公路铁路大量长大隧道施工建设有一定参考价值。本书涉及隧道、竖井、斜井等地下工程建设领域，以及机械破岩理论、围岩分类和隧道掘进机结构形式、掘进工艺等。作为隧道掘进机及机械破岩方面的经典专著，本书可供公路、铁路、地铁隧道工程，矿山井巷工程及地下工程建设的机械设计和工程设计、工程施工、技术工艺研究人员及大专院校教师和学生参考。

    本书翻译过程中得到煤炭科学研究总院、海瑞克公司、合肥工业大学等帮助指导，对于马丁·海瑞克博士、王海博士、李潮博士、孟益平教授、刘洪涛先生，以及其他给予各种指导和帮助的同仁，在此一并表示衷心感谢。最后衷心感谢我的妻子刘艳芳女士对我及本书出版的关爱和付出，感谢我的女儿刘睿琪做的一些资料收集和翻译工作。

    由于译者水平所限，书中难免疏漏、欠妥及错误之处，敬请读者批评指正。

刘志强
2019 年 8 月 28 日

序 一

Hardrock Tunnel Boring Machines 是由伯纳德·梅德尔、莱昂哈德·施密德、威利·里兹和本人共同编著的首部关于硬岩隧道掘进工艺、技术和装备的专著。书中全面介绍了硬岩隧道掘进机发展历史和发展趋势;硬岩掘进机的工作原理并对相关术语做了定义;对掘进机的破岩系统、旋转驱动系统、推进系统、物料运输及后配套系统、辅助设备等进行了分析;叙述了特殊的岩巷掘进包括竖井掘进机等装备。还对隧道岩体地质、岩体力学分类、隧道围岩支护进行了系统论述,同时对隧道掘进工程的招投标及典型工程施工实例作了介绍。本书在世界范围内都具有较大的影响,在促进硬岩隧道掘进技术的发展方面起到重要作用。

在中国进行大规模高铁和高速公路建设,长大隧道逐年增加,硬岩隧道掘进机及掘进技术必将为山岭隧道建设起到重大作用。译著能够在中国翻译出版,对中国高速发展的当今和今后一段时期内,将具有重要的意义。

译者结合自己多年来在机械破岩钻井技术及装备的研究和工程实践经验,通过了解分析硬岩掘进机相关资料,以及两次到海瑞克公司的访问和在中国双方进行的多次交流,并参照近期的研究成果和相关标准,较好把握了原著作的精髓。中文译本的出版,把本书奉献给中国从事隧道及井巷掘进装备研究、生产、使用的广大技术人员,实现了技术交流和沟通,传播了中德的友好,起到了相互联系的桥梁和纽带作用。

十分感谢译者的辛苦劳动,特此作序。

海瑞克公司创始人
马丁·海瑞克博士
德国 施瓦瑙
2018 年 12 月 31 日

序 二

近年来我国公路、铁路和地铁隧道工程得到飞速发展。"一带一路"基础建设步伐的加快,带动了西部和西南高山峻岭地区隧道工程建设。隧道工程遇到了大埋深、超长和高温等施工重大难题。需要实现隧道的机械化掘进,降低对围岩的破坏,加快建设速度,减少对环境脆弱地区的影响,实现技术的突破。发展硬岩隧道掘进机技术、工艺和装备,需要借鉴国内外成熟的经验,正是基于此目的,刘志强研究员翻译出版了德国经典的 *Hardrock Tunnel Boring Machines* 一书。

另一方面,煤炭开采是在建设大量的巷道工程支撑条件下,钻爆法为基础的岩石掘进作业效率低,对围岩扰动大而导致支护困难。我国煤矿系统开始研究利用隧道掘进机施工岩石巷道和缓坡斜井,取得一定的经验,但是还需要针对煤矿特殊的地质条件和工程条件,研究相适应的相对坚硬岩石条件下的掘进机,此书也可作为发展适合矿山特点巷道掘进机技术借鉴。

刘志强研究员对伯纳德·梅德尔、莱昂哈德·施密德、威利·里兹和马丁·海瑞克先生的经典著作 *Hardrock Tunnel Boring Machines* 进行了翻译。译者具备多年在机械破岩钻井领域研究和工作经历,通过对本书的深刻理解,在四年多的时间,经过调研、资料查询和海瑞克公司相关技术人员交流,到德国海瑞克公司总部及其在国内的制造企业的访问,多次修改后,完成翻译工作,达到出版要求,在此也表示祝贺。

《硬岩掘进机》一书全面地梳理了硬岩隧道掘进技术的发展,对硬岩掘进机的技术体系、装备体系、工艺体系和与岩体分类相关的技术知识进行全面论述,并且将硬岩隧道掘进相关包括招投标等商业知识进行说明,例举了一些国际著名工程的施工实例,是一本全面、系统、可读性强的专业书籍,对从事隧道掘进机研究、教学、设计、隧道工程及矿山建设施工人员有重要参考价值。

煤炭科学研究总院建井研究院院长
深圳大学土木与交通工程学院院长
深圳市地铁集团有限公司技术委员会主任

中国工程院院士
陈湘生教授
2019 年春

前　言

"……我已经发现了隧道和埋藏秘密通道的掘进方法，即使必须在沟渠或河流下挖掘，也准确达到预定地点。"

"……我有一种隧道无噪声的开挖方法，并能绕过隐蔽墓穴到达预定地点，即使它们必须建在沟渠和河流之下。"

——达芬奇（1452～1519）

莱昂纳多·达芬奇被认为是有史以来最伟大的发明家之一。他的革命性和异想天开的建造计划，如制造飞机，建造运河和桥梁等在当时遭到了嘲笑，但在后来真正需要时，他的许多创意被"重新发明"。

在达芬奇已知和出版的手稿中，我们没有找到水平隧道钻机的草图，但他详细和大篇幅地阐述了它们在竖井施工中的用法和优点。在他的著作中，还可找到对水平或垂直巷道的钻井方法的描述，这意味着他已经在 Agricula、Brunel 和其他所有的隧道掘进机专利持有者之前，已经计划在这一领域进行实际应用。

隧道的机械破岩掘进有着悠久的历史。第一批专利是在 19 世纪初就已经开始注册了，但几乎又过了一个世纪，直到一个类似掘进机穿过山脉完成一条较长距离的隧道施工。造成这种实际应用时间差的原因有很多，比如工具材料太软不能有效地破岩，但最重要的是在现场缺乏足够的能源供应。当时虽然也用到了可移动的蒸汽机，甚至采用液压装置破碎岩层，但是这些技术还是没有足够的能力来支持掘进机钻通穿过整个山脉的隧道。

今天，隧道掘进机（TBM）掘进技术在硬岩地层甚至大直径工程条件下取得重要进展。随着物料供给和废料排出效率的提高，大量的长距离公路和铁路基本上都采用这种方法。值得一提的是，不但有当今正在进行或筹划的阿尔卑斯山中的隧道系统，而且还有未来将会出现的穿越海峡的海底隧道，这些工程项目即便在当今看来都会被认为是壮观的。Bernard Kellermann 在他的乌托邦式畅销书 *The Tunnel* 中描述了一个类似的项目，一条铁路隧道的修建，通过掘进四条隧道将欧洲与北美大陆用轨道连接了起来。

具有撑靴的敞开式隧道掘进机的用途将能从掘进较小、中等直径隧道，扩展至较大直径隧道，即便是在较为复杂的地质条件下也会有效。这些复杂的地质条件下的隧道工程，促进大量护盾式隧道掘进机出现和预制管片衬砌技术的发展。

敞开式硬岩隧道掘进机由于没有或只有一个短的护盾,在困难的地质条件下应用受到很大限制。目前开发的敞开式硬岩掘进机,一般着重确保刀盘后方区域和推进安全。而针对传统隧道施工方法配套的喷射混凝土、锚杆和挂网的防护等措施,往往与撑靴式隧道掘进机的兼容性不好。尽管如此,未来难以预料会不会出现改进现有支护程序的可行性,或者发现处理这一问题全新的方法。此外,在高海拔高地压条件下,隧道掘进机的工艺技术还需向精细化发展。

　　本书的编写目的是将本人和 Leonhard Schmid、Willy Ritz、Martin Herrenknecht 等人的知识和实践经验汇集,定义应用需求和现状,以此激发潜在的技术发展,这种努力需要最高层次的科学和实践的相互作用。

　　我感谢所有的合作者,主要是 Leonhard Schmid,没有他的贡献这本书将永远不会完成,还有 Martin Herrenknecht 和 Willy Ritz 在这本书的特定章节中进行的研究。在此,我还要感谢我的合作作者和向我提供最新信息的企业。此外,我还要感谢 Gerhard Wehrmeyer 和 Marcus Derbort 的协调和详细分析,以及董事会的成员 Ahmed Karroum 和 Volker Stein,他们也参与了文章的撰写。也感谢工程办公室的工作人员 Ulrich Maidl 和 Matteo Ortu,我的技术助理 Helmut Schmid 的专业绘图团队,打字员 Christian Drescher,我的秘书 Brigitte Wagner 和 Ruth Wucherpfennig,感谢他们和 Gerhard Wehrmeyer 无微不至的帮助。

Bernhard Maidl

2008 年 2 月

目　　录

图 目 录

表 目 录

1 历史发展和未来挑战

在 19 世纪初的工业化进程中,铁路网扩展促进了隧道掘进技术的飞速发展。当时一般采用钻眼爆破方法(以下简称钻爆法)在坚硬岩体中掘进隧道,因此,隧道掘进机械化第一阶段的重点,就是发展高效钻进爆破孔的钻机[96],同时也开始了全断面机械破岩开挖隧道的尝试。

第一台隧道掘进机的研发历程并非一帆风顺,除了在英吉利海峡隧道的勘察隧道掘进中,Beaumont 掘进机取得了技术性的成功以外,其余多次尝试都因故失败了。有的是受到当时材料及加工技术落后的影响,有的是因为掘进目标岩层并不适合使用隧道掘进机。即便如此,在理想条件下的岩层中,隧道掘进机早期的应用还是成功的。

事实上第一台掘进机并不是真正意义上的全断面隧道掘进机,其破岩刀具并不能进行全断面破岩,而是环绕隧道掌子面周边切割出凹槽,在凹槽成型后掘进机撤出,掌子面剩下的中心部分岩石采用爆破或者传统机械胀裂法松动破碎。这也正是比利时工程师 Henri Joseph Maus 在 1846 年为 Mount Cenis 隧道设计制造的掘进机采用的基本原理(如图 1-1 所示)。这台掘进机利用冲击钻在掘进掌子面上凿出环状深槽,并把掌子面岩面切割成四个尺寸为 2.0 m×0.5 m 的区块。尽管在两年时间内在试验隧道验证了其性能,但由于对它动力装置的质疑,使得这套装置未能在 Mount Cenis 隧道的施工中得以应用。这台掘进机的冲击破岩驱动力来自压缩空气。压缩空气是由设在隧道入口处,采用水力驱动的空气压缩机产生,通过管道输送到掌子面。考虑到该隧道长度达到了 12 290 m,Maus 预测功率为 75 kW 压缩机产生的动力,经过隧道内管路损失,只有约 22 kW 的功率能够传送到机器上。事实也证明,当时

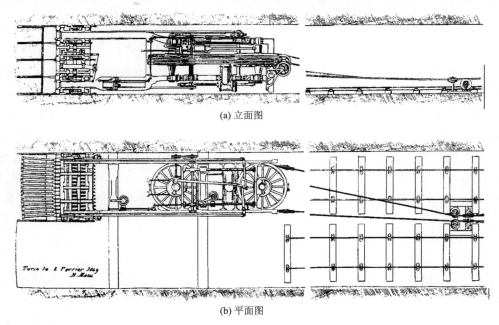

(a) 立面图

(b) 平面图

图 1-1　Henri Joseph Maus 建造的掘进机(1846 年)[159]

采用的刀具材质也不能抵抗岩石的磨蚀,势必会加剧刀具的磨损。尽管如此,Maus 还坚持认为该机器平均掘进速度能达到 7 m/d,如果考虑到停机更换刀具的时间,掘进速度在 5 m/d。

早在 1851 年,美国人 Charles Wilson 开发和建造了一台隧道掘进机,并于 1856 年取得了他的第一个专利(如图 1-2 所示)。这套装备包含了现代隧道掘进机的所有技术特征,因此被认定是世界上第一台全断面隧道掘进机,简称 TBM。该机采用 Wilson 早在 1847 年研制并申请专利的盘形滚刀进行全断面破岩。盘形滚刀安装在一个可以转动的刀盘上,其破岩推力由隧道壁的围岩和掘进机之间的摩擦力产生。与现代的 TBM 相比,这种掘进机的刀盘是凸出的,而且旋转轴线垂直于隧道的中心线,布置在刀盘上的盘形滚刀可将掌子面切割成一个半球形的曲面。1853 年,Wilson 掘进机经历了多种测试,其中在美国波士顿的 Hoosac 隧道掘进了大约 3 m 后,因为盘形滚刀出现故障而停机,试验也证实了这种方案的可行性,但在当时还无法和已经成熟的钻爆法竞争。

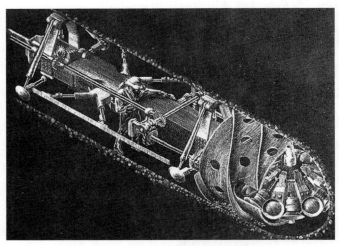

图 1-2　Charles Wilson 建造的世界上第一台全断面隧道掘进机(1853 年)[127]

在 Hoosac 隧道取得经验后,Wilson 改进了他的机器(如图 1-3 所示)并于 1875 年申请了专利(美国专利,专利号:17650)。这台掘进机采用了全新的钻头结构设计,不再追求一次全部切割整个掌子面上的岩石,而只是在隧道边缘切割出一个圆环槽,在隧道中心钻出一个中心孔。这些破岩是由安装在刀盘外缘的盘形滚刀和安装在旋转轴的切割滚刀共同实现。推进达到最大切深后掘进机撤出,剩下位于中间环形带的岩石,再采用爆破法破碎。这种方法的优势是能够形成精确的隧道断面形状。事实证明,这种四周挖槽中心钻孔的方法效率很高,很多早期的掘进机也应用了这一理念,比如 Maus 的掘进机,至今,这种方案还偶尔会被用到。

1853 年,Wilson 在 Hoosac 隧道试验他的第一台掘进机,同年,美国人 Ebenezer Talbot 设计了一种采用盘形滚刀和旋转切割轮破岩的隧道掘进机(美国专利,专利号:9774)。这种掘进机把成对盘形滚刀安装在摇臂上(如图 1-4 所示),摇臂固定在刀盘上,通过刀盘的旋转和摇臂的摆动组合,可使盘形滚刀运动达到全断面破岩。在第一次进行掘进一段直径为 5.18 m 的隧道试验时,Talbot 的机器失败了。以当代的视角看,一眼可以认出,这种在摇臂上安装盘形滚刀的方式,与 20 世纪 70 年代使用的 Bouygues 隧道掘进机类似(如图 3-36 所示)。

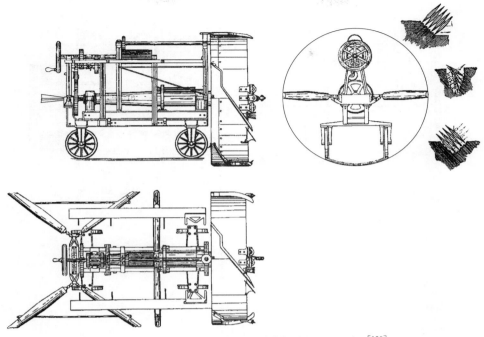

图 1-3 Charles Wilson 改进的隧道掘进机(1875 年)[159]

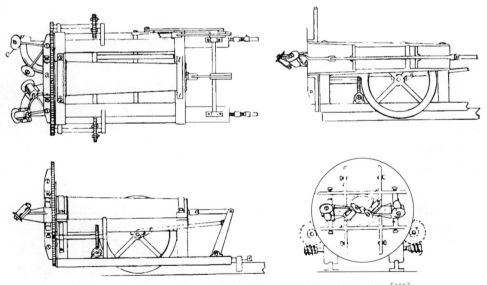

图 1-4 Ebenezer Talbot 建造的摇臂式隧道掘进机(1853 年)[159]

1866 年,英国威尔士的 Cooke 和 Hunter 在他们的专利中(英国专利,专利号:433),提出了一种全新隧道掘进机系统(如图 1-5 所示)。其刀盘并不是环绕隧道中心线转动,而是由三个绕着隧道横向水平轴转动的滚筒。位于中心的滚筒直径最大,且比两侧滚筒前突,滚筒外缘布置刀具用来破碎掌子面岩石。此掘进机形成的掌子面为矩形截面,还可以通过滚筒的旋转排出破碎的岩渣。虽然此机器并未被造出来,但是旋转滚筒的创意在 50 年后的再次被应用,如在 *Iron Miner* 中提到的 Eiserner Bergmann 隧道掘进机(如图 1-8 所示)。

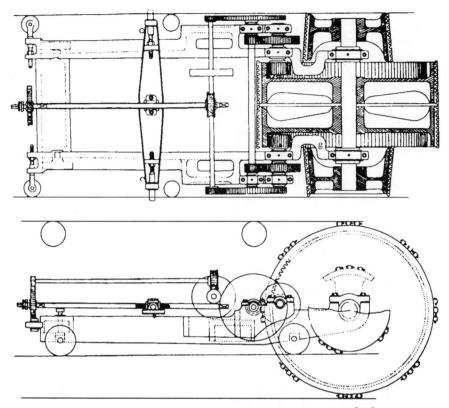

图 1-5　Cooke 和 Hunter 设计的隧道掘进机(1866 年)[159]

　　在 1863 年 Frederick E. B. Beaumont 申请了安装有凿齿的隧道掘进机的专利后,但这台掘进机未能成功应用在建造一条引水隧道。此后,他在 1875 年申请了一项安装了旋转切削刀盘的隧道掘进机专利(英国专利,专利号:4166)。如图 1-6 所示,切割轮由安装在水平轴端部的若干径向臂组成。锥形切割臂上装有钢钻头。钻头的顶端形成了一个大的圆锥形凿子。驱动力由压缩空气驱动的液压泵产生。

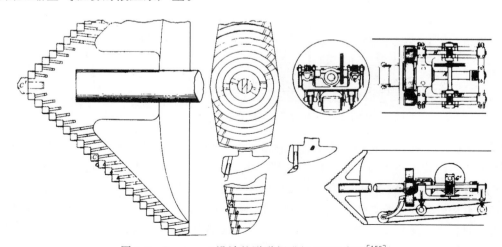

图 1-6　Beaumont 设计的隧道掘进机(1863 年)[159]

后来英国人 Colonel 利用此项技术,进一步改进了他自己的掘进机,并在 1880 年申请了专利[159]。在这个机器的切削臂上加工出圆孔,破岩刀具可以通过圆孔上的螺纹固定。此结构的创新在于机器不必撤出掌子面就可以进行刀具更换。这种在两个切削臂上布置的刀具达到在工作面切割出同心圆槽,这样,圆槽间的岩块会在切割过程中脱落。这台机器的底部结构具有排出岩渣和驱动机器行走两大功能。上部结构通过液压油缸支撑到隧道壁上为刀盘提供向前驱动力,因此,在首次推动刀盘进入掌子面时不需要释放机器对岩壁的支撑。这种系统允许对刀具施加很高的压力,且仍然是现代隧道掘进机的一种设计方式。

1881 年,英国人 Beaumont 根据 Colonel 的专利制造了两台掘进机,并用它们来掘进直径 2.13 m 的英吉利海峡隧道(如图 1-7 所示)。1882 年至 1883 年间,直到工程因为政治原因被迫终止前,这些机器的掘进非常成功。从法国一端完成掘进的长度为 1 840 m,从英国一端完成的掘进长度为 1 850 m,最高掘进速度达到了 25 m/d,在当时来看已是一项相当巨大的成就[100]。

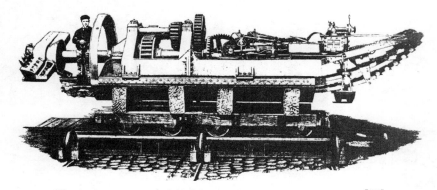

图 1-7　Beaumont 建造的直径 2.13 m 隧道掘进机(1882 年)[159]

在接下来的数十年里,隧道掘进机在隧道工程中没有得到更多应用,然而,在采矿业相对软弱岩层掘进中却得到成功应用。在 20 世纪的前半叶,隧道掘进机被用于钾矿中的巷道掘进。最早的机型大概出现在 1916 到 1917 年,被称为"Eiserner Bergmann"。它由一个装配钢制刀具的旋转滚筒作为切削轮,因其外形尺寸原因,掘进出的巷道断面为矩形(如图 1-8 所示)。

图 1-8　Schmidt 和 Kranz 等建造的"Eiserner Bergmann"巷道掘进机(1916 年至 1917 年)[145]

　　1931 年 Schmidt 和 Kranz 等人建造的新一代巷道掘进机,取得更大成功。掘进机由布置刀具的刀盘、支撑架、电缆卷筒和带式输送机等主要部件组成(如图 1-9 所示)。这种采用三翼刀盘的掘进机安装有进尺指针,能达到平均每班进尺 5 m 的速度,通常需要由五个人来操作。这台掘进机用于匈牙利的褐煤开采时,暴露出其设备尺寸大、重量重、机动性差及移位操作耗费时长等缺陷。实际工程中,它被用于快速掘进勘探巷道和通风巷道。与 20 世纪 20 年代 Whittaker 为开凿英吉利海峡而建造的掘进机相似(如图 1-10 所示),这种机器在 Folkestone(英格兰东南部—港埠)附近隧道掘进的测试中,在低强度白垩系地层平均掘进速度能够达到 2.7 m/h。

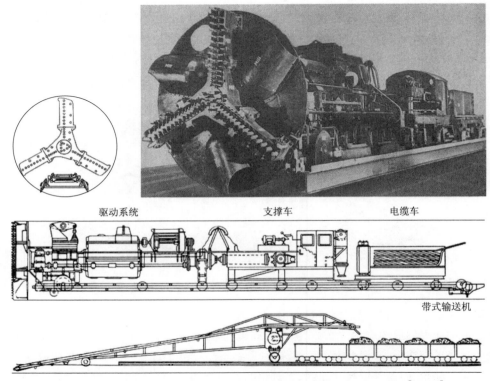

图 1-9　Schmidt 和 Kranz 等建造的直径 3 m 的巷道掘进机(1931 年)[114,145]

图 1-10　Whittaker 建造的直径为 3.6 m 的隧道掘进机(1922 年)[72]

隧道掘进机 20 世纪 50 年代以前一直没有突破性进展,直到采矿工程师 James S. Robbins 的敞开撑靴式隧道掘进机首先打破技术瓶颈。他建造的 TBM 采用盘形滚刀作为唯一破岩刀具,1953 年应用在直径 8.0 m 的 Oahe Damm 隧道[如图 1-11(a)所示]。在多伦多市的 Humber 污水隧道掘进的初步试验显示,盘形滚刀只有在具有很高的工作寿命的前提下,才能达到硬质合金刮刀刀具和盘形滚刀组和刀具的预期掘进效果。1957 年在 Humber 污水隧道工程中的砂岩、石灰岩及黏土的地质条件下,该机掘进直径 3.27 m,最高达到 30 m/d 的掘进速度[图 1-11(b)]。当时,隧道掘进的机械破岩施工主要集中在稳定且相对较软的岩体中。随着 Robbins 取得越来越多的成功,更多的美国制造商,如 Hughes、Alkirk-Lawrence、Jarva 和 Williams 等也开始制造 TBM。当今主流的 TBM 主机结构形式,包括主梁式和凯利式(Kelly)在当时都有原型机出现。

(a) 第一台901-101型TBM(1953年)　　(b) 第一台131-106型现代撑靴式TBM

图 1-11　Robbins 设计制造的隧道掘进机[125]

在经历短暂的低速发展后,欧洲的隧道掘进机研发随后也很快发展起来,然而最初的发展方向却大相径庭。基于 Czech Bata 机型在奥地利褐煤煤矿的经验[114],奥地利工程师 Wohlmeyer 开发了应用旋转铣轮的截割技术,如图 1-12(a)所示为掘进直径 3.0 m Wohlmeyer 巷道掘进机,但这种设计并没有得到普及。Bade 公司开发了带有三个独立旋转轮的刀盘结构,刀盘上安装有齿形滚刀,但它在试验时就已经过时了,如图 1-12(b)所示为掘进直径 4.0 m 的 Bade 巷道掘进机。尽管其他类型的 Wohlmeyer 掘进机在 Albstollen 和 Seikan 的辅助隧道掘进中表现都很成功,但这两种机型在 Ruhr 矿区的坚硬岩石中的试验是失败的[18,45,170]。切槽截割破岩方式对推力要求低,且能掘进出非圆形断面的隧道,所以在接下来的几十年中,很多制造商,如 Habegger、Atlas Copco、Krupp、IHI 和 Wirth 等公司采用并进一步发展了此项技术。Bade 型 TBM 的结构也可分为前部的刀盘部分和后部的支撑部分,支撑部分通过四块撑靴牢固支撑在围岩上为刀盘提供推进力,在达到一个推进行程后,撑靴收回实现 TBM 的前移,已经能够看出现代双护盾式 TBM 雏形。

在 20 世纪 60 年代,德国的机械制造商,像 Demag 和 Wirth 开始制造北美形式的 TBM,主要是为了在硬岩中掘进隧道。采用了石油深井钻井刀具,将碳化钨硬质合金镶齿滚刀(TCI)或者铣齿滚刀安装在刀盘上。随着加工技术的进一步提高,盘形滚刀硬度增加使其能够适应破碎坚硬岩石。在 20 世纪 60 年代末,在斜井和大断面隧道掘进中首次应用了扩孔技

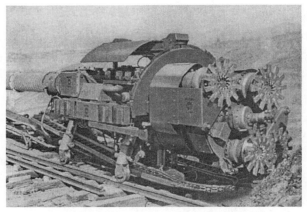

(a) Wohlmeyer建造的SBM T20型巷道掘进机(1958年)

(b) Bade建造的SVM 40型巷道掘进机(1961年)

图 1-12 欧洲早期设计建造的隧道掘进机[170]

术。这种扩孔掘进技术的发展和 Murer 公司密不可分,如图 1-13(a)所示,为 1968 年 Wirth
建造直径 3 m 的 TB Ⅱ-300E 型 TBM,应用于 Emosson 电站压力管道斜井掘进,如图 1-13(b)

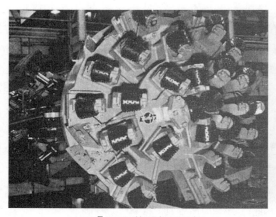

(a) TB Ⅱ-300E型掘进机(1968年)

(b) TBE 770/1046H型扩孔式掘进机(1969年)

图 1-13 Wirth 公司设计制造的特殊类型的 TBM[182]

所示,1969 年 Wirth 公司建造的 TBE 770/1046 H 型扩孔式 TBM,应用于 Sonnenberg 隧道,将直径 7.7 m 的隧道扩大到直径 10.46 m。

　　20 世纪 70 年代和 80 年代隧道掘进机的技术发展,主要方向是破碎脆性岩石和增大隧道断面直径,这种状况下了解岩土体自我稳定时间的变得尤为重要。1963 年在 Mangla 电站项目中,撑靴式 TBM 成功实现了直径 11.17 m 的隧道掘进,在此案例的鼓励下,1971 年在瑞士撑靴式 TBM 也成功用于了直径 10.65 m 的 Heitersberg 隧道掘进。由于安全需要,在作业循环中采用钢拱架、锚杆、挂网喷射混凝土对围岩进行支护,因此未能达到预期达到的掘进速度。1980 年,为了适应大断面隧道安全施工,Locher-Prader 公司对 Heitersberg 隧道中应用的 Robbins 撑靴式掘进机进行了改进,变成了一台配有管片衬砌的护盾型 TBM,如图 1-14(a)所示,成功掘进了直径 11.5 m 的 Gubrist 隧道。Robbins 和 Herrenknecht 公司已经量产了一些此类掘进机,满足直径 11~12.5 m 的隧道掘进。

　　与此同时,Carlo Grandori 提出了双护盾式 TBM 的概念。通过与 Robbins 公司合作,在修建意大利直径 4.32 m 的 Sila 电站压力管道中,将这一概念用于了工程实践,如图 1-14(b)所示。当时,撑靴式 TBM 已经被证明在良好的地质条件下效率很高,双护盾式 TBM 主要目

(a) 配有管片衬砌的单护盾型TBM(直径11.5 m,1980年)[144]

(b) 双护盾型TBM(直径4.32 m,1972年)[52]

图 1-14　具有护盾的隧道 TBM

的是让它能够灵活应对复杂、多样化的岩体条件。从 1972 年首次成功应用了双护盾式 TBM 开始,采用预制衬砌管片进行支护,能够在有利的岩体条件中达到较高的掘进速度,因此,得到众多知名的制造商青睐,生产的主要为中等直径以下机型。在 20 世纪 80 年代末,英吉利海峡隧道的白垩纪岩层掘进中,双护盾型 TBM 的能力令人惊叹,表明它非常适合应用于复杂地质条件隧道掘进[100]。

随着护盾式 TBM 的发展,一些敞开撑靴式 TBM 的生产商也开始改进他们的设备,从而能及时地对围岩进行各种必要支护。它们测试了在掘进机附近采用喷射混凝土的支护方法。目前,大直径全断面掘进机可以做到直接在前护盾后部安装管片衬砌,或者利用这部分空间系统的对围岩进行喷锚支护。通过机械装置拼装衬砌的方式方便迅捷,但对尺寸较小的隧道掘进机型来说,机身的空间阻碍了衬砌的机械化安装,此类掘进机需要依靠人工进行衬砌安装,相应降低了掘进施工速度。

当时,撑靴式 TBM 向着尽快进行支护的方向发展,围绕掘进机尽早地进行机械化管片安装,减少实施围岩支护措施所需的时间,进而提高施工速度。现代的 TBM 已经达到理论最快掘进速度的 $80\%\sim90\%$,在此基础上,如再一味追求减少破碎岩石的时间,掘进速度提高幅度是有限的。

对未来撑靴式 TBM 掘进技术的发展来说(如图 1-15 所示),必须将传统隧道掘进中使用的衬砌,向适用 TBM 隧道掘进工艺改变。常常担忧的护盾式 TBM 的卡死,以及刚性衬砌需要升级改造的问题,在单护盾式 TBM 上并没有出现。

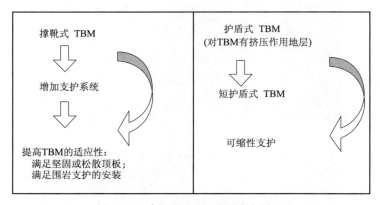

图 1-15　建议的 TBM 发展创新路径

从雏形发展到现在的高科技智能型 TBM 是一段漫长、艰难甚至是充满了危险的过程。要想详细地了解早期的设计细节,这本书内容远远不够。有兴趣了解这些的读者可以参看 Barbara Stack 的著作[159],这本书里详细的记载了 TBM 掘进隧道相关专利的发展史。接下来的章节里全面介绍现代掘进机的发展和变革。

2　基本原理与定义

隧道掘进机(Tunnel Boring Machine)TBM,是指在坚硬岩石中机械破岩掘进隧道的装备,具有圆形全断面破岩刀盘,刀盘上通常安装盘形滚刀。通过刀盘的旋转及滚刀刃尖对隧道掌子面岩石施加的压力来破碎岩石。

隧道掘进机有时候也会被描述为一种铣削破岩机械,但这又没有表达出其工艺方法的实质。

传统的钻爆法掘进隧道,可针对施工过程中遇到的地质条件变化,机动灵活地采取分断面开挖,或者采取和地质条件相适应的快速支护,TBM掘进方式与此相比则没有这样灵活性。

撑靴式TBM适用于中等以上能够较长时间自我稳定的坚硬岩石条件。应用此类掘进机的隧道,其作业掌子面的岩石必须很稳定,因为只有在推进的时候刀盘才对掌子面有间接的支撑。当刀盘维护或者更换滚刀时,刀盘需要向后撤离一段距离,此时掌子面岩石得不到任何支撑,若掌子面不稳定,必要时只能采取额外的支护措施。目前,破岩滚刀具有破碎抗压强度达到300 MPa坚硬岩石的能力,使得TBM能够在大多数的坚硬岩体中高效掘进。

通常来讲,TBM掘进隧道的成本高于普通钻爆法。因此,只有TBM达到较高的掘进速度两者才能相当,并且施工隧道还要达到一定长度。不过,如果因为岩石强度或者其他不利因素导致的滚刀磨损增加过快,那么频繁的刀具更换导致停机时间增加,使得有效工作时间相对减少,工作效率降低,这也是衡量一个工法优劣的重要指标。在通过断层带时需要进行额外的支护,降低了掘进机的支撑能力,这些都会在很大程度的影响掘进速度。

TBM有效工作时间的减少会削弱其优势,使其经济方面不再合理,因此,相对于传统钻爆法,做好TBM掘进相应的后勤服务更加重要。

如果在隧道内围岩无法保证TBM的有效支撑,那么只能选择护盾式TBM掘进,利用安装好衬砌达到掘进所需的支护效果。

相比普通钻爆法,在采用TBM施工前,要进行更加精细的地质勘察,编制详细的施工计划和完整的掘进与支护流程。

仔细斟酌掘进线路路径,特别是减少小的转弯半径,因为这会限制了长护盾式TBM的应用。

TBM法和传统钻爆法掘进隧道的主要优缺点比较如下:

1)主要优点:

(1)更快的掘进速度;

(2)精确的成形断面;

(3)自动和连续的掘进流程;

(4)更低的人工成本;

(5)更舒适和安全的工作环境;

(6)较高的机械化和自动化程度。

2)主要缺点:

(1)相比普通钻爆法,需要更精细的地质勘察和地质信息收集;

（2）投资较高，需要较长的隧道施工距离来平衡其成本；

（3）前期设计制造设备的过程时间长；

（4）只能适用断面为圆形的隧道；

（5）不适合转弯半径小或洞径变化的隧道；

（6）需要制定更加详尽的施工计划；

（7）对复杂岩层条件和对高涌水量地层的适应性差；

（8）设备拖运进场困难。

尽管从数量上看 TBM 工法相对于普通钻爆法的缺点要多于优点，但如果在合适的岩体中掘进长距离的隧道，那么在技术性、安全性和经济效益等方面，硬岩掘进机的优势还是明显的。

2.1　基本原理结构

TBM 的基本结构单元包括破岩刀盘、带有动力马达的刀盘旋转驱动，以及机架、支撑和推进装置。其尾部配有一个或多个拖车，上面安设有必要的控制和辅助功能的后配套系统。

TBM 的主体结构[11]，如图 2-1 所示，主要包含以下四大系统：

①破岩系统；

②推进和支撑系统；

③排渣系统；

④支护系统。

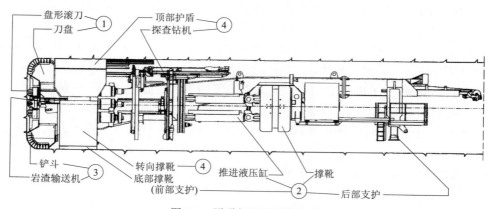

图 2-1　隧道掘进机系统构成

2.1.1　破岩系统

破岩系统是 TBM 中最重要的部分，它决定了 TBM 的性能。其核心部件是安装在刀盘上，由刀座支撑的盘形滚刀。

盘形滚刀在刀盘上布置，需要达到刀盘旋转一圈后，所有滚刀形成的同心圆破岩轨迹覆盖整个掌子面。依据岩石的类型和岩石破碎的难易程度来确定滚刀布置间距、选择滚刀类型。

滚刀破碎出的岩渣尺寸也是由这两个指标决定的。

刀盘旋转同时,在垂直于掘进掌子面的方向还需对滚刀施加较大的压力,滚刀在掌子面滚动对岩石进行破碎。当施加给盘形滚刀刀刃的压力超过岩石的抗压强度,在滚刀接触部位的掌子面岩石开始破碎。滚刀刀刃在掌子面滚动压入破碎岩石,直到滚刀受到压力和掌子面岩石施加给滚刀的反力处于平衡,此时刀盘向前移动的距离称为有效贯入度。滚刀刀刃在岩面局部产生的高压(劈裂)作用,使得长片状岩渣(碎块)从岩体上剥落。

由于滚刀破岩过程中对隧道壁的围岩影响小,这种掘进方式不会造成围岩的进一步破坏。

2.1.2　推进和支撑系统

推进和支撑系统是影响 TBM 性能的主要构成部分,它决定了推进力和破岩过程。刀盘破岩所需向前的推力由液压油缸提供,推进油缸的活塞杆长度决定了最大推进行程。目前,常见的 TBM 的最大行程为 2.0 m。

推进系统决定着刀盘的推力,而且必须同时承受刀盘旋转破碎岩石带来的反扭矩。支撑能力的大小并非完全由支撑系统决定(虽然可以通过增加支撑系统推进能力获得),而是很大程度上受到围岩的自然条件限制。只有隧道壁围岩具有较高的承载能力,才能通过对掘进机撑靴施加更大压力而获得更大的推进力。

由于 TBM 的支撑靴板像个弯弯的鞋子,因此被称为撑靴。撑靴的形状应该和掘进出的隧道外形相匹配,或与已经支护好的隧道衬砌结构形状相匹配。在完成一个掘进推进行程后,TBM 停止作业,并在支撑推进系统共同作用下使 TBM 整体向前移动一个行程。在此过程中,撑靴式 TBM 利用位于后部的支撑装置和在刀盘周围的护盾保持稳定,撑靴和护盾以放射状与围岩接触进行支撑。

在掘进机移位阶段,支撑油缸缩回使撑靴和隧道壁围岩脱离,将掘进机移动到下一个位置后,重新对围岩施加合适的压力使 TBM 获得支撑。这一过程要求无支护段的隧道壁围岩相对稳定。

护盾式 TBM 并非由撑靴放射状支撑在围岩上获得反力,而是通过轴向支撑衬砌管片来获得。除了这两种类型外,还有一些复合支撑形式的 TBM。

2.1.3　排渣系统

掘进破碎出的岩渣,由位于掘进机前部刀盘上的铲斗收集,铲斗通常位于刀盘边刀位置附近,以便把岩渣收集并输送到排渣槽中。为了确保将岩渣高效输送到隧道外,需要选择一套不干扰掘进和支护系统工作强有力的排渣系统,根据施工环境,可以选择轨道、带式输送机或大型自卸卡车运输。

排渣问题出现在刀盘的铲斗或连续的带式输送机部位,都可能因为大块的岩石造成堵塞,或粘上细颗粒岩石粉状物,影响或减少岩渣的通过空间。地层涌水量过大时也会造成排渣困难。如果岩渣出现泥化无法顺畅排出,排渣系统不能正常工作,这时可采用泵送或螺旋输送机排渣。出现此类问题往往使得 TBM 无法正常工作。当掘进遇到较小的破碎带时,需要对地层进行改性处理,比如地层注浆甚至采用地层冻结。如果破碎带或不稳定的地层段较长,则应该将整个隧道作全局考虑,这种情况下临时处置方案往往不可靠。

2.1.4　支护系统

在脆性岩体中掘进时,随着隧道断面直径的增加,隧道拱顶的沉降也会增加。那些应用于小直径隧道掘进的支护手段,只能在 TBM 的尾部周围实施,因此,当 TBM 掘进地质条件较差的破碎带时,如围岩的自稳时间小于推进一个行程的时间,TBM 掘进通过这些地层就会出现问题。在掘进断面直径较大的隧道时,可以利用刀盘后部的超前勘探钻机,钻孔安装锚杆对围岩进行锚固支护。也可以采用扩展衬砌环进行临时支护,还有人尝试过在刀盘后部利用喷射混凝土进行支护。为了确保在破碎带正常施工,也可以提前对岩层进行支护处理,例如利用锚杆、旋喷桩、注浆甚至是冻结的方法进行超前支护,这些方法能够加固岩体以确保 TBM 顺利通过。

如果必须采用额外支护措施,这将会大大降低 TBM 的掘进速度,甚至不得不停机进行支护作业。在 TBM 刀盘后部进行喷射混凝土支护的方法,喷浆回弹问题至今仍未能很好地解决,要解决此问题需要从喷浆和掘进机结构两方面的研究入手。扩孔型 TBM 在钻进时,其刀盘后的整个隧道段均可进行支护作业,至今此类掘进机施工时仍多采用喷射混凝土进行临时支护。

如果岩体只是存在轻微裂隙,预计只会出现一些随机小块岩石塌落,那么利用掘进机配套的顶部护盾即可进行有效控制,而且顶部护盾能够在发生围岩崩塌时,保障刀盘后部作业人员的安全。

撑靴式 TBM 在刀盘上设有一小段护盾,且不超过刀盘后部,因此,以上讨论的额外支护措施,多多少少能够直接在刀盘或者输送机的后方进行。

现代隧道采用撑靴式 TBM 施工时,在隧道底部使用单独的管片拼装底拱衬砌,此类管片可以作为临时和永久支护,并可在其上设置预埋件来快速铺设轨道,以方便运输设备或 TBM 后配套拖车快速移动,底拱衬砌还可以集成排水管道。隧道其余部分的混凝土支护工作,可以采用模板台车等设备进行现场浇筑。

不同于撑靴式 TBM,护盾式 TBM 可利用护盾进行围岩的临时支护。护盾位于圆形刀盘后方,且紧贴已经安装好的支护管片。钢筋混凝土管片是最常用的支护方式,这些管片由管片拼装机逐一安装起来,及时对围岩形成支撑。如果预计有高地压或流动不稳定地层,在此极端情况下,底拱衬砌的厚度可以达到 90 cm。在地层水位线以下,护盾式 TBM 可以采用压气、泥水或者土压平衡等方式进行掌子面支撑来掘进。不过,护盾式 TBM 在硬岩掘进时也需要解决一些特殊地质问题,因为过去的经验大多是在破碎岩体中得到的。

硬岩护盾式 TBM 的盾尾也被称为尾盾,盾尾与衬砌的最后一环管片重叠,在管片外壁和隧道帮的环形空间被注浆充填前,仍作为隧道的临时支护。采用包括充填豆砾石和注浆方法将环形空间封闭,避免围岩可能发生的进一步松动,填充层也可以将围岩和衬砌胶结在一起。为了避免长时间妨碍或中断掘进作业,TBM 的后配套拖车部分,必须配备用来快速安装支护的全部装备。

2.2　定义和术语

目前,多种类型的掘进机应用在硬岩隧道掘进中。如图 2-2 所示为德国地下建筑委员会

(DAUB)对掘进机的分类。

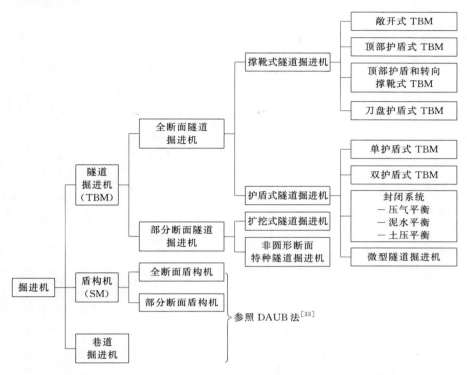

图 2-2 基于德国地下建筑委员会(DAUB)隧道掘进机分类[33]

2.2.1 全断面隧道掘进机

如图 2-3 所示为各种类型全断面隧道掘进机,简要介绍如下。

1. 撑靴式 TBM

撑靴式 TBM 通常被称为敞开式 TBM,它是隧道掘进机的一种经典形式,大多应用在自稳时间为中等到较长的坚硬岩石中。对于那些不需采用锚杆、钢拱架、喷浆连续支护的岩体来说,这种是最经济的掘进方法。

为了能够提供给刀盘足够大推力,TBM 的液压油缸将撑靴径向支撑在隧道帮围岩上,靴板也称为撑靴。随着时间的推移,Robbins 公司开发出了单撑靴支撑系统,Wirth 和 Jarva 公司开发出了双撑靴支撑系统。

撑靴式 TBM 还可以进一步分为敞开式 TBM、顶部护盾式 TBM、顶部护盾和转向撑靴式 TBM 和刀盘护盾式 TBM。

(1)敞开式 TBM。只有那些在刀盘后部没有固定保护部件的隧道掘进机,才可以被称为敞开式 TBM。在今天,只有较小直径的隧道掘进中还能发现这种类型的 TBM。

(2)顶部护盾式 TBM。与敞开式 TBM 不同是配有顶部护盾。如果预计在掘进过程中,可能会出现顶板的塌落,那么就在开敞式 TBM 上部安装固定顶部保护结构。这种保护结构即所谓的顶盾,它安装在刀盘的后部,主要用来保护施工人员。

(3)顶部护盾和转向撑靴式 TBM。转向撑靴除了具有一定的保护功能外,还能控制 TBM

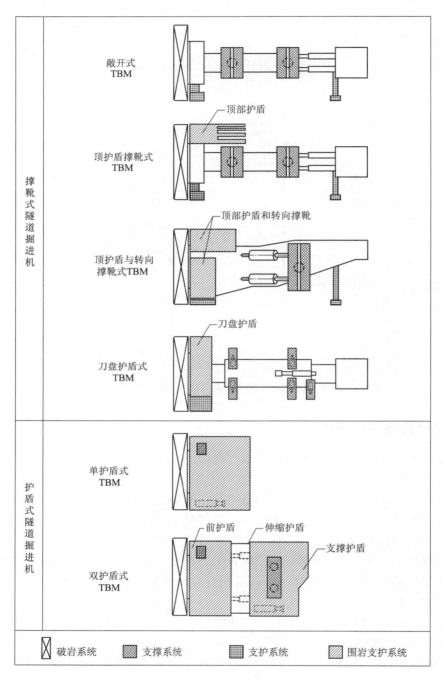

图 2-3 不同类型的全断面隧道掘进机结构概述

的移动和掘进方向控制,撑靴沿径向支撑在隧道帮的围岩上。

（4）刀盘护盾式 TBM。刀盘护盾用在刀盘附近区域需要工人作业的掘进机上。当移动掘进机的时候,短护盾可以起到对前部围岩临时支撑的作用。

2. 护盾式 TBM

(1)单护盾式 TBM。单护盾式 TBM 主要用在岩体自稳时间较短和裂隙发育的硬岩地层中。从破岩和排渣方面来说,其刀盘和撑靴式 TBM 的刀盘结构并没有本质的不同。为了能够临时支护围岩、保护设备和作业人员,配置了从刀盘延伸到整个掘进机的护盾,隧道衬砌安装也可在尾盾的保护下进行。目前,钢筋混凝土管片已经成为最常用的衬砌方法,根据地质条件和隧道用途的不同,管片既可以在设计为单层衬砌的隧道作为永久性支护,又可以用作双层衬砌的临时支护。作为临时支护时,后期还需再进行现浇混凝土内壁。不同于撑靴式掘进机支撑方式,单护盾式 TBM 的推进液压缸在已成形的隧道衬砌上获得反力。

(2)双护盾或可伸缩护盾式 TBM。配有双护盾或可伸缩护盾的 TBM,都是从护盾式 TBM 演变而来,它能够像单护盾式 TBM 那样,在自稳时间较短的破碎岩体中掘进,但是和单护盾式 TBM 有以下差异:双护盾式 TBM 主要包括两部分,前盾和撑靴或主护盾。护盾与护盾之间用可伸缩油缸连接。这种既能够利用支撑装置的靴板支撑在围岩上以充分支撑自己,也能够在地质条件不好的区域,沿着掘进的方向靠支撑在拼装完成的衬砌上获得反力。前盾因此可以在不影响支撑护盾的条件下向前推进,从而能够做到独立于衬砌连续运行。

双护盾式 TBM 和单护盾式 TBM 相比存在着一些无法避免的缺点,当在有较高应力的破碎岩体中工作的时候,可能有异物进入伸缩接头而导致后护盾的失效。这种问题常被错误地描述为护盾堵塞。护盾的失效和堵塞是由不同原因导致的,因此应该加以明确区分。

在只需要单层衬砌的工况下,双护盾式 TBM 的快速掘进的优势才明显,这种衬砌的安装一般每环需要 30~40 min 的时间,这个时间间隔正好和掘进机的推进行程相契合。应用双层衬砌时,每圈衬砌环的安装时间为 10~15 min,这种条件下双护盾式 TBM 因为施工造价和维护成本的高昂不再具有经济性。

(3)全封闭式 TBM。全封闭的护盾式 TBM 是一种组合结构,能够在水位线以下的含水地层掘进,利用压气平衡、泥水平衡或土压平衡的方式,防止泥水涌入隧道内。这种系统可用在硬岩地层,也可应用在破碎岩体中[95]。

(4)微型 TBM。微型隧道掘进机在硬岩地层中至今仍有使用,其刀盘的破岩原理和大型隧道掘进机相同,微型隧道掘进机也配备有护盾。

2.2.2 部分断面隧道掘进机

(1)扩挖式 TBM。这种掘进机是一种特殊的撑靴式 TBM[57],它主要用在直径大于 8.00 m 的隧道中。首先在隧道中心掘进出超前导向隧道,也称为超前导洞,然后利用扩挖式 TBM 将超前导洞扩挖成所需隧道直径,可以一次扩挖或多次扩挖达到设计断面直径。扩挖掘进时掘进机刀盘前的支撑装置布设在超前导洞内以保持掘进机的稳定。

(2)非圆形断面特种 TBM。包括多种类型,这些掘进机通过逐渐开挖隧道断面的部分区域,最终把隧道掘进成所需的非圆形断面,也被分类为非圆形断面特种 TBM。不同制造商所开发特种掘进机不同,如 Robbins 公司的 Mobile Miner 掘进机,Wirth 公司的 Continuous Miner 掘进机,Atlas Copco 公司的 Mini-Fullfacer 掘进机,以及日本开发的一些类似机型等[87]。

3 破 岩 系 统

　　现代的 TBM 的刀盘采用的是封闭结构,在刀盘上按照固定的间距布置破岩滚刀。破岩滚刀多为单刃圆盘形状,称为盘形滚刀。破岩过程中刀盘需要旋转,其旋转速度是由边刀的线速度决定。目前,边刀线速度通常控制在 140～160 m/min。

　　硬岩掘进机多采用单刃盘形滚刀,多刃盘形滚刀和镶齿滚刀应用的较少,滚刀在刀盘的驱动和岩石共同作用下旋转,刀盘推力使其压入岩石,在掌子面形成环形槽。相邻环形槽之间的岩石,当受到的拉力或剪应力超过岩石强度后,也会随之剥落。

图 3-1　盘形滚刀在掌子面形成的破岩轨迹

3.1　破岩过程

　　影响 TBM 破岩掘进性能的因素很多,可以将这些因素归为三类(如图 3-2 所示)。不同隧道工程条件是决定掘进机破岩效能主要因素,即使是在同一工程中掘进效能也会变化很大。根据工程条件和作业计划,正确选择 TBM 和采用适合的辅助工作系统,才是成功应用好TBM 的前提。

　　尽可能全面的了解隧道穿过的地层实际情况是 TBM 选择的基础,这也是项目工程师首先要做的工作,必须和勘探专家一起进行认真的讨论研究,以确定工程施工主要风险。最后,必须对采用不同施工方法的风险进行清晰评估,并且将风险报告以合适的形式提供给项目承包商。接着才能决定是否采用 TBM 掘进和采用哪种类型的 TBM 的问题。

　　除了一般的地质勘察手段(这将会在第 12 章详细介绍),现在出现一些新方法,可以作为辅助勘探手段,例如:

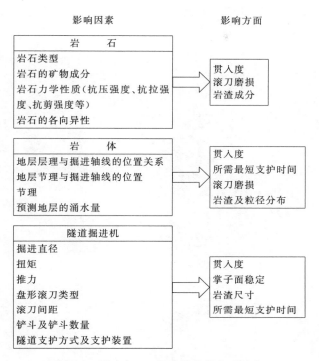

图 3-2　影响 TBM 掘进性能的主要因素

（1）地震波反射法。通过人工制造地震波经过地层反射到接收仪器上，能够同时高精度测量出地层层面和倾向的方法。

（2）钻孔摄影法。通过钻孔窥视仪，即便在钻探过程不对地层取芯，这种方法也能够快速完整地显示出地层的节理和层理。

3.2　破岩刀盘

TBM 破岩刀盘应具有以下多种功能：

（1）破岩：刀盘作为破岩滚刀的载体，实现掌子面的岩石破碎。

（2）排渣：在刀盘的转动下，刀盘上的铲斗将岩渣收集，并将岩渣经排渣装置排出。

（3）临时支撑：在机器正常停机期间，对隧道掌子面进行临时支撑；在通过裂隙发育岩体掌子面时，为防止隧道坍塌，对围岩进行适当的超前支撑时，临时支撑掌子面。

（4）安装扩大掘进直径的滚刀：特殊的情况下，在刀盘增加扩大掘进直径的破岩滚刀。

（5）特殊情况下的超挖破岩。

3.2.1　刀盘的外形

直径 4～5 m 隧道 TBM 刀盘，一般采用外形为较小弧度的球面刀盘。掘进直径较大的采用外形为平面刀盘更适合，平面刀盘可以在掌子面上达到更有利于破岩的应力分布。

随着时间的推移，人们开发出了多种形状的刀盘（如图 3-3 所示）。小型 TBM 将滚刀布置为完全敞开的刀盘外形,如图 3-3(a)所示,这种刀盘非常适用于硬岩掘进。如果将它用于裂隙发育岩体或者易于崩裂的岩体中施工,则会导致严重的安全问题,掘进速度也会迅速下降。

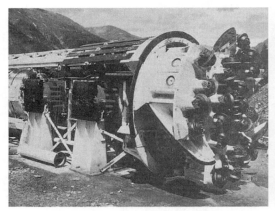

(a) 具有连接刀座的敞开式刀盘

(b) 球形全封闭式刀盘

(c) 带边铲斗的护盾式TBM刀盘

(d) 带边和前置铲斗的护盾式TBM刀盘

图 3-3　TBM 破岩刀盘形状

　　如图 3-3(b)所示为 Cleuson-Dixence 电站压力管道斜井采用的双护盾式 TBM 刀盘。这种封闭的球面外形结构的刀盘,更适合于裂隙发育岩体条件。如图 3-3(c)所示的护盾式 TBM 刀盘,增加布置了 16 个外部的铲斗来收集破碎的岩渣。在图 3-3(d)中的 Murgenthal 隧道采用的护盾式 TBM 的刀盘有 8 个铲斗,它在刀盘的中部还安装有可调整开口的岩渣收集铲斗。

　　在裂隙发育的岩体中,铲斗周围的格栅有助于保持隧道帮围岩*的稳定性(如图 3-4 所示)。

　　刀盘轴向长度应尽可能设计得短一些,这样刀盘旋转时,减少与隧道壁围岩的接触,有助于提高 TBM 的掘进速度。顶部护盾尽可能靠近顶板和破岩滚刀,刀盘自身应该尽可能设计为封闭结构。

---

　　*:隧道帮围岩指隧道未经人工处理的围岩。

(a) Herrenknecht公司具有格栅的刀盘护盾式TBM

(b) Robbins公司具有格栅的刀盘撑靴式TBM

图 3-4　有铲斗保护格栅的刀盘结构

3.2.2　破岩区域排渣

　　刀盘上的盘形滚刀破碎岩石的过程基本是连续性的,而铲斗铲起松散岩渣并输送出去的过程是脉冲式的或者间歇式的,岩渣断断续续的溜倒在带式输送机上,对输送机来说这种岩渣的输送方式并不是最理想的。

　　对于掘进直径较小的 TBM,这种断断续续的岩渣输送不会出现任何的问题。然而,现代 TBM 的掘进直径越来越大,如果不相应地调整刀盘结构,这种岩渣的输送方式会导致贯入度的降低,间接地降低了刀盘破岩能力。图 3-5 反映了对于掘进直径为 12 m 的 TBM,带式输送机的能力对贯入度影响。很明显,由于岩渣的断续输送,在刀盘上增加铲斗数量可提高贯入度,且不会超出带式输送机的输送能力范围。

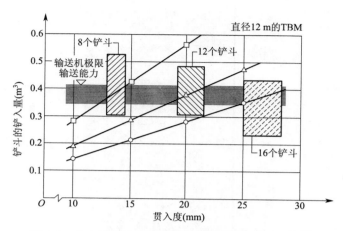

图 3-5　贯入度与铲斗数量及带式输送机能力关系[143]

　　相对于刀盘破碎岩石岩渣连续的产生,排出岩渣过程却是断续的,如果刀盘上布置的铲斗数量过少,可能会导致刀盘和隧道掌子面之间的岩渣堵塞;如果在刀盘上布置较多的铲斗,这种堵塞情况会大大改善。岩渣的堵塞还会造成 TBM 对刀盘施加有效扭矩的损失。由图 3-6 中能够看出,对于直径 12 m 的 TBM 而言,有效扭矩的损失和铲斗的数量成反比。随着贯入度的增加,由于在掌子面和刀盘之间破碎出的岩渣的积存,采用铲斗数量少的刀盘相较于采用铲斗数量多的刀盘,造成 TBM 有效扭矩损失更大。

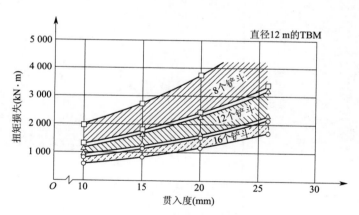

图 3-6　贯入度与铲斗数量及扭矩损失关系

　　当掌子面与刀盘间出现岩渣堵塞,有可能使掌子面岩石发生撕裂,从而导致隧道壁产生破裂或者坍塌。因此,刀盘上必须布置足够数量的铲斗。

　　隧道 TBM 很少应用于如花岗岩或者角闪岩等坚硬岩石地层中。如果岩体条件允许,为使掘进机获得较大的贯入度,项目承包方会利用上述理论,对掘进机的刀盘和铲斗进行相应的设计改造。

　　前置铲斗形式的刀盘,在掘进机上已经应用了 10 年左右,甚至有一部分前置铲斗已经布置到了刀盘的中心位置。它的设计理念源于松散岩体内掘进用的刮刀刀盘结构。这种前部铲斗的实际效率是非常有争议的。即便在较大的贯入度或滚刀发生了磨损的情况下,铲斗的边缘也不应该接触未被破碎的掌子面岩石,这样铲斗才不会与掌子面发生刮蹭,否则会引起掌子面岩石的撕裂和坍塌。

　　纯粹依照几何计算,在前置铲斗边缘紧密接触掌子面的情况下,其带走岩渣为刀盘破碎岩渣总量的 20%～25%,但实际上,前置铲斗边缘是不允许紧密接触掌子面的。因此,实际应用中前置铲斗的效率小于 10%,这在 Murgenthal 隧道施工中也被证实如图 3-3(d)所示,也正是在此项目中前置铲斗第一次被实际应用。此项目中,待掘进的地层是具有很高磨蚀性的 Rinnen 砂岩,施工中前置铲斗几乎没有任何磨损,但是外置铲斗却不得不更换很多次。

　　此外,前置铲斗槽口会明显降低刀盘结构强度。考虑到前置铲斗存在的这些问题,在建造新的 TBM 时,应该详细考察前置铲斗的适用性。如图 3-7 所示为具有 16 把周边铲斗、24 个可调节的前铲斗和 8 个后铲斗的在 Zürich-Thalwil 隧道采用的刀盘。

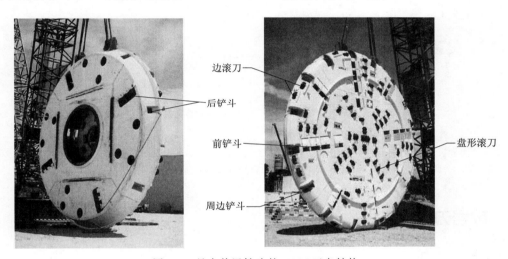

图 3-7　具有前置铲斗的 TBM 刀盘结构

　　外置铲斗所在的位置并不能收集刀盘破碎的全部岩渣。针对不同类型的 TBM,剩余岩渣在隧道底部堆积起来的位置也不同,对于撑靴式 TBM 堆积在固定定子的前撑靴前方,或掉落在护盾式 TBM 的护盾前方。刀盘后部铲斗可以收集起那些堆积的岩渣,并在刀盘旋转下将岩渣卸载到带式输送机上。刀盘后部铲斗最好是独立于周边铲斗或者前置铲斗运行。当掌子面坍塌或者铲斗系统工作不正常的时候,定子和刀盘之间会堆积着掉落下来的岩渣,在这一区域进行清理工作是很令人头疼的。

　　刀盘内部的排渣斜槽是刀盘钢结构的一部分,可以对这一结构进行改造以方便岩渣在其中滑动。如果采用第一种方式斜槽常会导致不必要的堵塞和岩渣黏结,而清理这些部位又非常麻烦。因此排渣斜槽上应避免出现急弯和棱角,尤其是不能有局部变窄部分,斜槽应该采用圆角结构,在极端情况下应该考虑喷涂减摩涂料,减少岩渣在槽内滑动阻力。

3.2.3　刀盘结构与围岩加固

　　即使前期进行了非常详尽的地质勘探,也无法完全避免刀盘前掌子面岩石的崩塌。在

TBM 的结构设计方面,特别是在刀盘上应该预留位置,能够钻孔从而进行防止地层坍塌的注浆加固。

在掘进机上应预留注浆口,较大直径的 TBM 应可以穿过刀盘钻进注浆孔,并采用合适的材料进行地层加固(详见第 9 章)。

如图 3-8 所示,为直径 12.53 m 的 Adler 隧道采用的护盾式 TBM 的超前注浆支护系统布置图,利用钻机可以穿过护盾及刀盘对掌子面前方地层进行超前注浆加固。

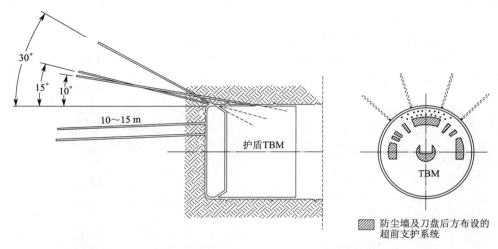

图 3-8　Herrenknecht 公司的护盾式 TBM 刀盘的超前注浆加固系统[94]

3.3　破岩刀具

3.3.1　概　　述

早期的 TBM 刀盘安装过盘形滚刀、齿形滚刀和硬质合金镶齿滚刀。根据 Wohlmeier 原理,破岩滚刀的选择不同于隧道铣削磨碎岩石,刀具工作时须使岩石破碎。

第一代的破岩刀具是从石油钻井行业内引进的。很快 TBM 制造商开始研发专用的破岩刀具。一开始设计的滚刀直径为 $10''$[*],后来被 $12''$ 滚刀取代,$12''$ 的破岩滚刀可以承载 $100 \sim 120$ kN 的平均压力。对可钻性较好的岩石,如沉积岩中的砂岩和泥灰岩,或者相对较软的侏罗纪石灰岩,这种刀具都能取得不错的掘进效果。出于对机械破岩掘进隧道方法信心,承包商同样希望在硬岩条件下也采用 TBM。因此制造商接受了这份挑战,研发了强度更大的滚刀,其直径达到 $15.5''$、$17''$ 和 $19''$。直径较大的滚刀不仅能够承受更大的压力,也大大提高了滚刀的使用寿命,从而实现首次在难以破碎的岩体上达到合理的掘进速度。如图 3-9 中所示为现今常用的破岩滚刀类型。

盘形滚刀为掘进机的消耗部件,安装在特殊密封的圆锥滚子轴承上,如图 3-10 所示为盘形滚刀组件和刀座组装在一起的结构。

---

[*]:"为长度单位英寸,$1'' = 25.4$ mm。

(a) 盘形滚刀

(b) 硬质合金镶齿滚刀

图 3-9　破岩滚刀

图 3-10　盘形滚刀及刀座的组装

　　盘形滚刀必须按要求布置在刀盘的特定位置,安装在刀盘的表面或嵌在刀盘内,以避免在高荷载下发生摆动,同时还需要确保其更换方便。对于直径大于 4 m 的刀盘,通常在刀盘背后进行滚刀的更换。

　　不同的制造商采用不同的刀座形式保持滚刀运行稳定。如图 3-11 所示为两种典型的刀座形式,一种是用在敞开式 TBM 的刀盘上,单面安装的滚刀刀座形式,如图 3-3(a)所示;另一种用在封闭刀盘,嵌入 TBM 刀盘中可以在刀盘背后更换滚刀的刀座形式,如图 3-3(b)～(d)所示。

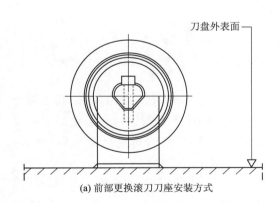
(a) 前部更换滚刀刀座安装方式

(b) Wirth公司后更换滚动刀座安装方式(卡座式)

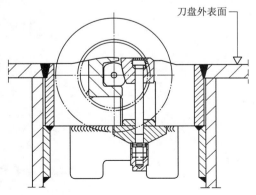
(c) Robbins公司后更换滚动刀座安装方式(楔块式)

图 3-11　滚刀刀座在刀盘上的固定方式

3.3.2　盘形滚刀的工作原理

刀盘的旋转使得其上布置的破岩滚刀能够在掌子面滚压出同心圆轨迹,单独安装的滚刀沿着自己的轨迹旋转。根据地质条件的不同,一般对滚刀施加 $100\sim250$ kN 的正向压力,从而推动滚刀刀刃压入岩石。刀盘旋转一圈所推进的平均距离被称为贯入度。

关于相邻滚刀切槽轨迹之间岩石剥落有两种不同的理论解释。第一种假设为,岩块受到滚刀楔形侧面的挤压,发生了剪切破坏从而剥落。基于此理论,很多人认定滚刀的切削刃角角度影响滚刀的破岩性能。盘形滚刀在岩渣侧向流动造成的典型磨损形式,如图 3-12 所示,不但验证剪切理论,而且滚刀切削角度对滚刀破岩性能的影响都成首要考虑问题。

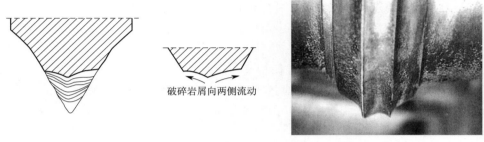

破碎岩屑向两侧流动

图 3-12　早期盘形滚刀的刀刃磨损状态[21]

如果盘形滚刀在掌子面的贯入度达到 $4\sim15$ mm,在软岩中贯入度达到 20 mm 以上时,则滚刀接触和影响部位破碎的宽度基本相同,因而产生一种新的假设,即槽间岩石的剥离是由于受到拉应力作用。

参考了其他人研究的成果,Büchi 对滚刀破岩的破碎机理的解释更具可信度,尤其是用于解释新型盘形滚刀工作原理时(如图 3-13 所示)。滚刀刀刃作用下岩石的径向裂纹影响深度的研究还是空白,这可以通过在滚压痕迹下钻很多的孔取样,然后对微观截面来进行观察研究。

在滚压破岩过程中,施加在滚刀上的平均荷载经常有相当大的增加,岩石破碎过程的荷载曲线也并非圆滑的螺旋曲线。岩体的各向异性和非连续性会导致岩体破碎的不均匀性,从而使得滚刀荷载出现较大峰值,通常能达到平均值的 2 倍,在现场利用多种方法进行的原位测量,测量结果都说明确实有这种峰值荷载。

根据贯入度,盘形滚刀在刀盘不同位置挤压掌子面深度为 $60\sim90$ mm。显而易见,在边刀上有持续 0.025 s 较短的峰值荷载,在中心滚刀处有持续 0.3 s 的峰值荷载作用在滚刀和岩石上。

高峰值的动态荷载对岩石产生峰值应力,使得滚刀可以压入那些很难被破碎的岩石,例如细粒花岗岩或者角闪石。

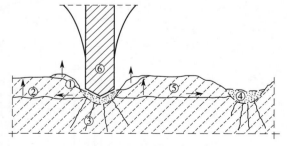

①—由裂缝张力引起的岩石剥落;②—剪切破坏或拉伸裂纹破坏;③—在盘形滚刀作用下径向裂纹的形成;④—在盘形滚刀作用下沟槽处形成的岩石碎屑;⑤—大块岩渣的典型形状;⑥—盘形滚刀在切削处的厚度几乎恒定

图 3-13　基于等刃宽盘形滚刀的破岩过程示意图[21]

　　对于较高抗压强度的岩石,人们也尝试过利用高压水射流的方法,对掌子面的滚刀刻槽间的岩石上进行切割。这种方法不仅能降低滚刀前部岩石的强度、减少必需的刀盘推力,还可以起到很好的降尘作用。不过,随着刀具的发展,特别是滚刀能承受更大的正向压力,采用高压水射流辅助破岩变得不经济,对于一个安装有 50 把滚刀的刀盘,需要额外增加约 4 000 kW 的功率。

3.3.3　盘形滚刀间距

　　直到如今,调整滚刀间距或者滚刀切槽轨迹的唯一目的是达到可行的最大推进速度,滚刀间距通常依靠经验来进行确定。制造商一般把间距定在 65～95 mm 之间。随着滚刀直径和承载能力的增大,目前也采用 80～95 mm 间距布置滚刀。

　　随着碎石资源的稀缺及寻找合适渣场地点困难增加,因此未来必须采取各种措施,达到循环利用这些废弃岩渣的目的。根据 Atlas Copco 和 Robbins 公司在 Äspö 隧道项目中进行的试验,表明增大滚刀间距能够得到块度较大的岩渣(如图 3-14 所示),在坚硬难以破碎的岩层中也是如此。滚刀间距与岩渣级配关系曲线如图 3-15 所示。

图 3-14　TBM 掘进隧道破岩形成的碎片状岩渣

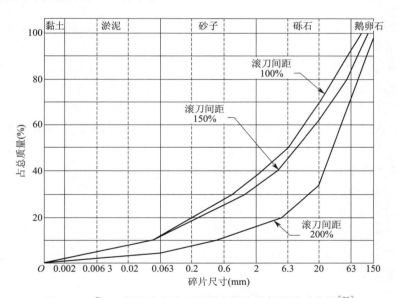

图 3-15　Äspö 隧道试验滚刀间距和岩渣的级配关系曲线[23]

　　在直径 5 m 的 TBM 刀盘,滚刀布置间距 86 mm 的基础上,试验中分别将滚刀间距增加 150% 达到 129 mm 和增加 200% 达到 176 mm,试验岩石段为抗压强度在 200～250 MPa 的花岗岩。试验结果显示随着滚刀间距的增加,破碎出的岩渣中细粒成分减少,块度大的部分占比增加,岩渣的长度和厚度增大,如图 3-16 所示。

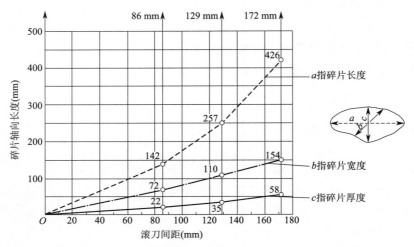

图 3-16 Äspö 隧道滚刀间距和试验岩渣碎片形状分布关系曲线[23]

即使在难以破碎的坚硬岩石中,提高滚刀间距也可增加岩渣的块度,其前提是 TBM 具有施加足够推力的能力。

3.3.4 盘形滚刀贯入度

正如在第 3 章第 1 节"破岩过程"中所说论述,贯入度主要由以下三个因素决定:

(1)地质条件;

(2)岩体条件;

(3)TBM 性能。

这些因素的影响不能通过一个简单的数学公式来描述。Robbins 在 1970 年的南非隧道会议中,定性地给出了岩石条件、滚刀荷载和滚刀贯入度之间的关系,如图 3-17 所示。

在达到滚刀临界荷载之前,TBM 就像个石碾一样去研磨掌子面。当岩石的强度大于滚刀的临界荷载的时候,贯入度会大幅度减小。所以从经济性上讲,此时采用镶齿滚刀更合适。镶齿滚刀的合金镶齿可以对岩体产生较大集中荷载,导致掌子面上较小的岩渣碎石剥落,使得在极硬岩体条件下的掘进成为可能。

1970 年 Robbins 所提出的关于各种岩石的相应载荷和贯入度关系曲线,同现今的实践高度吻合。不过这是在过了 20 年,高强度岩石能够被破碎后,当初的曲线才被实践所证实的。

在如图 3-18 所示 Robbins 曲线中,可以通过一些数据,查找得到相应的贯入度值。单轴抗压强度、滚刀荷载所确定的相应贯入度的范围,与 1995 年 Gehring 发表的贯入度与抗压强度的关系非常相近。

许多文献试图用简单方程给出滚刀、接触压

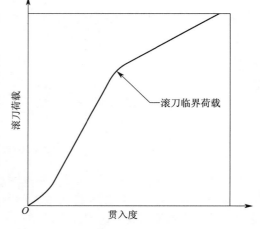

图 3-17 贯入度和滚刀荷载的关系曲线[122]

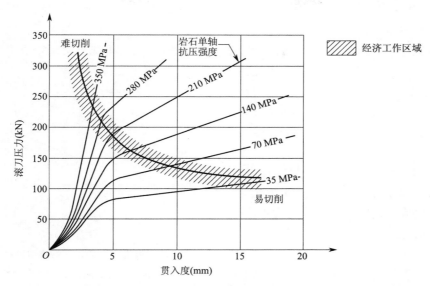

图 3-18　岩石抗压强度、滚刀荷载力与贯入度关系曲线

力、岩石强度和贯入度之间的关系[83,132]。此类工作大多数都包括单轴抗压强度这一参数,虽然这并不是在掘进过程中最重要参数,但是此参数影响意义深刻,因为它是岩土学科中最广为人知和最容易确定的。

随着岩石劈裂破碎是掌子面岩石剥落主要方式的这一假设的证实,单轴抗压强度不再是决定贯入度的最重要参数。韧性强的岩石,尤其是具有较高的抗压强度的岩石类型并不易破碎,然而只有当其连续性较好时,贯入度才会略有降低。低贯入度的岩石掘进更困难,此时单轴抗压强度才成为主要因素。

如图 3-19 所示,相关曲线无一例外的显示出滚刀荷载对贯入度的影响,但是以 Amsteg

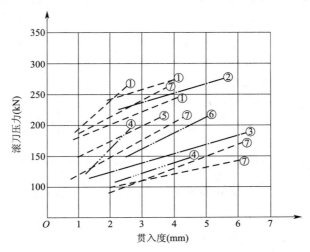

①—花岗闪长岩(厄瓜多尔 Paute);②—含煤变质沉积岩(美国加利福尼亚州);③—石英闪长岩;④—花岗岩(Grimsel);
⑤—花岗岩(瑞典 Äspö);⑥—花岗岩(挪威 Bergen);⑦—阿勒河 Aare 花岗岩(瑞士 Amsteg)

图 3-19　难以破碎岩石的贯入度和滚刀压力关系[3,116,128]

隧道的 Aare 花岗岩得到数据的曲线 7 中，其数值分布较分散，主要原因是试样本身的各向异性和密度不均匀导致的。

真正的贯入度试验必须考虑来自地质、岩石和 TBM 的所有可能因素的影响。

常有人认为，掌子面上部分岩石率先被剥离，会使得这部分区域的滚刀不与岩石接触，其受到的荷载转移到临近的滚刀上，因此整个刀盘的推力会分布在较少的滚刀上。然而事实上，TBM 刀盘并不是由动力控制，而是由其几何形状控制。因此那些临近的滚刀并不会因此增加额外的推力，但是如果由于刀盘的尺寸或者结构原因使得刀盘的整体刚度不够，刀盘出现较大的弹性变形，会导致一些滚刀载荷增加。

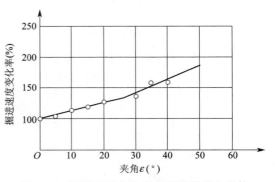

图 3-20　掘进速度变化率与隧道轴线和岩体主要节理方向的夹角 ε 的函数曲线[21]

Wanner 和 Acberli 根据他们在 Gotthard 公路隧道采用斜面刀盘掘进，得出掘进速度由岩层的各向异性程度决定[179,180]，此结论后来也被多次证实。

Büchi 在他的研究中发现，在一些特定的板岩掘进时，隧道轴线与岩石层面夹角增大，贯入度出现了显著增加趋势[21]，如图 3-20 所示。

Trondheim 理工大学的研究发现，当板岩节理平面方向和隧道轴线成 60°的时候，贯入度增加幅度最大[172]。

Simons 和 Beckmann 发现岩体中赋存的节理间距离越小，贯入度增幅越大[157]。Gehring 和 Büchi 在原位试验中得到了同样的结果（如图 3-21 所示）。

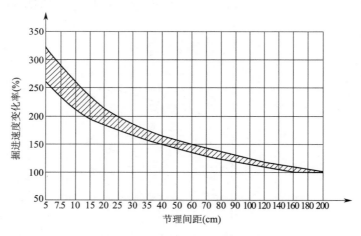

图 3-21　节理间距对隧道掘进机掘进性能的影响[47]

贯入度的增加并不意味着掘进速度的增加。当节理面的间距达到临界值时，由于增加必要的安全措施，掘进速度会迅速降低。直径较小的撑靴式 TBM 的临界间距是 10～20 cm，较大的撑靴式 TBM 的临界间距则为 50～60 cm。护盾式 TBM 在这方面适应度较强，因为护盾上方围岩的崩塌已经被限制在很小的幅度,掘进作业区内的工作人员和设备并不会处于危险状态。

3.3.5 盘形滚刀磨损

本质上来说 TBM 掘进隧道的成本取决于设备的损耗,主要是滚刀的消耗。通常以滚动距离,也就是滚动的公里数来描述盘形滚刀的使用寿命,其中影响滚刀寿命的关键是贯入度和岩石的磨蚀性两个指标。

掘进同样长度的隧道,采用较小的贯入度,会使滚刀滚动更长距离,因此也会加剧其磨损。为了能够延长盘形滚刀的寿命,盘形滚刀的直径不断增大,研发出更加坚韧、强度更高的新材料,使其能够适用于坚硬和高磨蚀性岩石。

TBM 的滚刀尺寸,由最初是 11″ 发展到后来的 12″、13″、15.5″、16.25″,到现在 TBM 滚刀的通用标准尺寸为 17″,在极端情况下甚至采用 19″ 滚刀。大直径滚刀和刀座都很笨重,如果没有机械设备的帮助,将会很难对其更换。

此类滚刀的寿命相差很大,它们的寿命受地质条件和岩土条件影响很大。以下为不同工程条件下滚刀的寿命:

挪威石英岩:100 km

Amsteg 花岗岩:280 km

Amsteg Altkristallin 岩层(阿姆施泰格):650 km

Alpine 石灰岩:900 km

下部淡水磨拉石:1 000 km

侏罗纪灰岩与泥灰岩:11 000 km

Lesotho 玄武质熔岩:16 000 km

Cyprus 白垩系泥灰岩:22 000 km

不同位置布置的滚刀,距刀盘旋转中心距离各不相同,这就意味着,同样转速下靠近刀盘外围的滚刀滚动的距离更长,也就需要更频繁的更换。用于 Amsteg 电站压力管道的直径 5 m 的 TBM,其刀盘上不同位置滚刀的更换次数如图 3-22 所示,其中 19 号滚刀位置大约在距离刀盘中心 1.5 m 处,19 号位置之后滚刀的更换次数大幅增加。35~38 号位置的滚刀受到的磨损明显较少,因为在它们沿着同一个压痕轨迹重复滚动的轨迹上布置了多把滚刀,所以35~38 号滚刀受到的磨损明显较少更换频率也低。

滚刀的磨损增加了 TBM 机械掘进过程难度的同时,提高了工程成本,滚刀的频繁更换也导致了工期延长。因此除了利用贯入度这一确定滚刀的滚动长度的指标外,还应该找到一种可以测量岩石磨蚀性的定量指标,这样就可以估计滚刀的消耗成本。

为此人们进行了许多磨损试验,并进行相互对比,比如 Brinel 或 Rockwell 进行金属压入硬度试验,Schmitt 锤击回弹仪试验,Cerchar 的真实研磨性,取得的 Cerchar 磨蚀 CAI 系数等。

如果只考虑矿物的硬度通常不能取得可用的结果,不过在矿物中含有极少细颗粒胶结物,而且磨蚀并非由于岩石的松散破碎,而是掘进时岩石破碎导致,那么矿物硬度指标就会发生作用。在采用切槽掘进工艺的 AC-Habegger 型 TBM 中,利用类似 Brinel 的方法取得

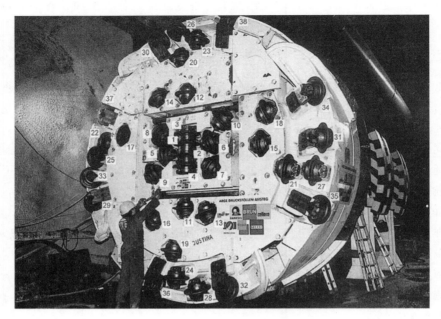

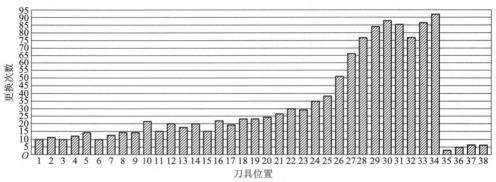

图 3-22　直径为 5 m 的 TBM 刀盘上滚刀的更换频率[3]

了较满意的结果。在 TBM 掘进系统也建立了一种简单易行的、手工取样测试 CAI 系数的方法。

　　CAI 系数的测量方法是将一个圆锥形金属,采用一定压力将圆锥的尖端压在掌子面岩石上,使其在掌子面岩石上移动 1 m 的距离。测量出锥形金属尖端的磨损量,并且和一个标准指标值相比较。并将这一过程重复 6 次,每次都需采用新的金属试针,并且每次沿着不同的方向移动。测量锥形金属尖被磨损后的直径,以 0.1 mm 为单位形成 CAI 指标。

　　1984 年,Büchi 收集整理了不同类型岩石的 CAI 指标,绘制如图 3-23 所示的岩石 CAI 平均值和标准差。

　　根据工程经验,Gehring 绘出了 CAI 指标与盘形滚刀每滚动 1 m 的磨损质量损失(单位 mg/m)的关系图曲线,如图 3-24 所示。对于现今的耐磨性好的合金钢来说,此图表数值偏高,如用 0.65 替换 0.74 这一修正系数,其结果能够更好地符合实际情况。

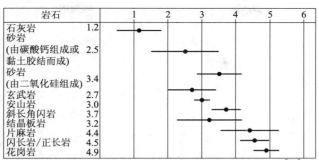

图 3-23 测试的不同岩石 CAI 指标平均值和标准差[21]

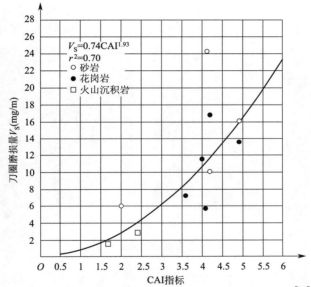

图 3-24 盘形滚刀磨损质量损失值与 CAI 指标之间关系[48]

法国巴黎公路桥梁中心实验室(LCPC),开发了一种新的岩石磨蚀性测定方法 ABR 指标[22],这种方法略欠缺实际操作性。它是将粒径 4~6.3 mm、质量为(500±2) g 的岩石碎屑试样装入一个圆柱形容器中,然后放入一块 5 mm×25 mm×50 mm、洛氏硬度 B60~75 HRB、重 46~48 g 一面为喷砂面的金属,以 4 500 r/min 的速度在其中旋转。

ABR 指标试验方法的优势是,能够测量不同含水率岩石样本的磨蚀性,而不像以往只是进行估计判断。众所周知,含水率的增加会导致岩石的磨蚀性提高。在得到待掘进山体岩层的含水率后,即可测出其相应的 ABR 指标。

ABR 磨蚀性指标的定义是金属块减少质量与岩石试样质量比,单位为 g/t,计算公式如下:

$$\text{ABR} = \frac{M_0 - M_1}{G_0} \tag{3-1}$$

式中,M_0——测试前金属片的质量,单位为 g;

M_1——测试后金属片的质量,单位为 g;

G_0——岩石试样质量,单位为 t。

巴黎公路桥梁中心实验室给出了根据 ABR 指标对岩石磨蚀性分类,见表 3-1。

表 3-1　根据 ABR 指标对岩石磨蚀性分类表[22]

ABR(g/t)	0	500	1 000	1 500	2 000
磨蚀性	非常弱	弱	中等	强	非常强

这种 LCPC 试验方法主要适合用在以岩石粉碎加工为目标的机械上,如破碎机等,它和 CAI 测量方法不同之处是没有考虑岩体构造和黏聚力。不过,LCPC 测试可以用在 CAI 法不能施行的情况下,例如 TBM 掘进松散的、低胶结的高研磨性砂岩岩体时可以采用。

在滚刀将掌子面切割出圆环轨迹破岩过程中,由于岩石的软硬变化等不连续性,会导致滚刀刃不同形式的磨损。如图 3-25 所示是一把卡死的盘形滚刀和一把正常磨损的滚刀对比。实际施工过程中,需要更换的滚刀有 20%～30% 是因为滚刀卡死出现了偏磨。

(a) 卡死磨损滚刀状况　　　　　　　　　　(b) 正常磨损滚刀状况

图 3-25　盘形滚刀磨损的形式

盘形滚刀越来越能够适应在坚硬岩层中掘进,采用的滚刀直径在增大,滚刀与岩石的接触压力也需要增加,这些都要求通过改进滚刀材质,来保证其使用寿命。如图 3-26 所示为七种采用不同材质;具有相同断面结构的 17″盘形滚刀。

①—Robbins 普通型,宽度为¾″;②—Palmieri 普通型;③—Palmieri HP 型;
④—Robbins 岩石型,宽度为¾″;⑤—Robbins 岩石型,宽度为 1″;
⑥—Robbins ¾″普通型;⑦—Robbins ½″普通型

图 3-26　采用不同钢材制成的直径 17″盘形滚刀

　　项目承包商关注的重点是滚刀寿命,即岩层的 CAI 指标、岩石的抗压强度与平均每把滚刀能够破碎的岩石体积之间的关系。通过收集现场的 17″盘形滚刀寿命的大量数据,得到了如图 3-27 所示关系曲线。应当指出,此类图表数据的精确度不高,因为每个影响因素的散点范围很大,以此图为基础无法做到精确预测滚刀寿命。

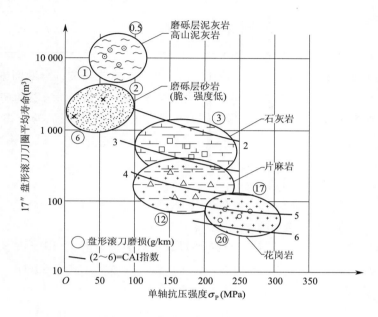

图 3-27　盘形滚刀的磨损与单轴抗压强度和 CAI 之间的关系

　　基于盘形滚刀的楔形角破岩理论,Ewendt 推导出了一个滚刀磨损预测公式[43],详见式(3-2)。此公式是在之前 Sanio 的公式[132]基础上得出的:

$$FN_m = \frac{3}{25} \cdot \sqrt{IS_{50} \cdot d \cdot s \cdot p} \cdot \tan \frac{\varepsilon}{2} \tag{3-2}$$

　　式中,FN_m——平均轴向压力,单位为 kN;

　　　　IS_{50}——与掘进面平行的点载荷指数,单位为 N/mm^2;

　　　　d——盘形滚刀直径,单位为 mm;

　　　　s——滚刀间距,单位为 mm;

　　　　p——平均贯入度,单位为 mm;

　　　　ε——滚刀楔面角[8]。

　　从改进公式(3-2)中我们可以看出,滚刀的轴向压力与滚刀刃角破岩的压强是一个二次关系。Ewendt 也证明了对于一个有固定布置滚刀间距的 TBM 刀盘,滚刀的磨损率 w 也是与轴向压力的二次方成正比例关系的。通常条件下,轴向压力和磨损率之间的关系见公式(3-3)。

$$w = C_2 \frac{FN_m^2}{\sqrt{s \cdot d}} \tag{3-3}$$

　　为了确定定量的比例系数 C_2,Ewendt 提出了两种方法。第一种是可以根据每个岩石的切割试验来确定,表 3-2 显示了岩石在各种情况下的比例系数的值。

表 3-2　根据参考文献[43]确定的比例系数 C_2

岩石	C_2,单位为 $\left(\dfrac{\mathrm{mg \cdot mm^{1.5}}}{\mathrm{m \cdot kN^2}}\right)$	岩石	C_2,单位为 $\left(\dfrac{\mathrm{mg \cdot mm^{1.5}}}{\mathrm{m \cdot kN^2}}\right)$
玄武岩	1.74±0.63	花岗岩	3.89±1.30
辉长岩	0.66±0.32	石英岩	4.27±1.14
片麻岩 0/90	1.30±0.38	砂岩	1.01±0.25
片麻岩 90/90	1.99±0.70		

另一种确定比例系数 C_2 的方法是,Schimazek 和 Knatz 提出的部分断面掘进机刀盘的磨损值 F 进行改进[134],得到了 F 与 C_2 的关系,据此得到比例系数 C_2,岩石的磨损值 F 是由石英含量、粒径和强度得到的。这一修正降低了石英粒径的影响。修正后的公式如下:

$$F_{\mathrm{mod}} = \mathrm{Qz} \cdot \mathrm{IS}_{50} \sqrt{d\mathrm{Qz}}\,(d\mathrm{Qz} > 1\ \mathrm{mm}) \tag{3-4}$$

式中,F_{mod}——修正后的 F 值,单位为 $\mathrm{N/mm^{1.5}}$;

　　　　Qz——石英含量,单位为%;

　　　　IS_{50}——点载荷强度指数,单位为 $\mathrm{N/mm^2}$;

　　　　$d\mathrm{Qz}$——岩石中石英颗粒的粒径,单位为 mm。

根据 Ewendt 的成果,比例系数 C_2 可以通过修正后磨损值 F_{mod} 用公式(3-5)得出:

$$C_2 = 0.45 \cdot F_{\mathrm{mod}} = 0.45 \cdot \mathrm{Qz} \cdot \mathrm{IS}_{50} \cdot \sqrt{d\mathrm{Qz}}\,(d\mathrm{Qz} > 1\ \mathrm{mm}) \tag{3-5}$$

得到预估磨损率 w 的完整公式(3-6),w 单位为 mg/m。

$$w = 0.45 \cdot \mathrm{Qz} \cdot \mathrm{IS}_{50} \cdot \sqrt{d\mathrm{Qz}}\,\frac{FN_m^2}{\sqrt{s} \cdot d}\,(d\mathrm{Qz} > 1\ \mathrm{mm}) \tag{3-6}$$

当前的共识是 Ewendt 的成果不再有指导意义,因为他的理论基础是建立在切割过程中楔形角假设的理论上。

3.3.6　水与磨损的关系

即便地层少量的涌水,都会加剧 TBM 盘形滚刀、刀座、刀轴、铲斗边缘和刀盘外缘的磨损[43],纵观 Murgenthal 隧道掘进和其他工程项目中都证实了这一点。显然,水流本身只会轻微地增加设备的磨损。不过,在进入少量的水时,表面张力使得水和岩渣黏聚在一起形成了研磨剂,这大大提高了岩渣的研磨能力,对设备造成了除掘进过程外的第二次磨损。在 Murgenthal 隧道应用的 TBM 的刀盘边缘所受的此类磨损,如图 12-4 所示。

3.3.7　盘形滚刀刀座

刀座是将盘形滚刀安装在钢结构刀盘上的固定装置。刀座受到盘形滚刀非常高的荷载作用,尤其是直径较大的刀盘上这种载荷更高,所以掘进时刀座会出现微裂隙损伤,此时需要停止掘进并对刀座进行必要的焊接维修。实际施工中,裂纹多出现在刀座和刀盘连接位置,以及刀座上部形状急剧变化、易发生应力集中的部位。

可以假定,刀座与刀盘表面连接位置的裂纹是由于刀盘的整体变形过大导致的(如图 3-28 所示),同时刀座连接位置的裂纹是由破岩切割阻力传递到刀盘过程中导致的。

为了证实这些假设,达到改善刀座及整个刀盘系统长期受力状态的目的,Herrenknecht

进行了多种类型的刀座试验。他在一个试验台上测试了很多类型的刀座。首先,模拟 TBM 实际工作时候传递给盘形滚刀的压力,即施加给一个标准刀座试件相应的脉冲力,以此来产生刀座损伤。此损伤应该和实际刀座与刀盘连接位置的损伤一致。接着,对另一个标准刀座试件做弯曲荷载实验以模拟刀盘受力变形的状态,以重现在第一个试件中出现的相同样式的裂隙。这些实验证明刀盘的整体变形是造成此类损坏的主要原因。

实验以不同承载刀座为目标,进行多次实验后将数据和基准刀座相对比。最终得到了在通常载荷下微裂隙的长度和排列都较理想的新型刀座,避免了在刀盘钢结构上不受控微裂隙的发生。刀座所能够承受的荷载循环次数增加到了原刀座的 2.5 倍。

如图 3-29 所示,新型刀座采用更大的圆角尺寸以减少应力集中或加大刀座宽度,同时对安装板和刀盘钢结构等部位的性能也进行了改进。

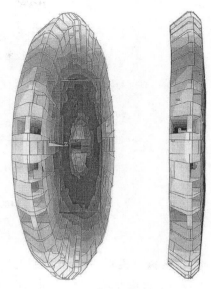

图 3-28 隧道掘进机上刀盘结构的整体变形[61]

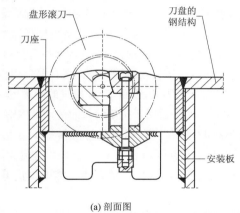

(a) 剖面图

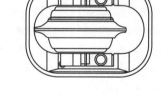

(b) 俯视图

图 3-29 改良后的盘形滚刀刀座[61]

3.4 驱动装置

3.4.1 驱动的类型

伴随着盘形滚刀尺寸和相应接触力的增加,TBM 的额定扭矩也从 20 世纪 70 年代开始增加。如图 3-30 所示为从不同的制造商中挑选掘进直径 3.5～12.5 m 的具有代表性的 TBM 扭矩的发展变化历程,图中数据是在额定转速下的稳定输出扭矩。

TBM 的旋转驱动由电动机或者液压马达作为动力源,通过离合器、减速箱大齿轮减速,驱动和主轴承相连的刀盘旋转。

1. 常用驱动类型

(1) 全封闭水冷电机驱动,通常是双速电机对应两种刀盘额定转速输出。

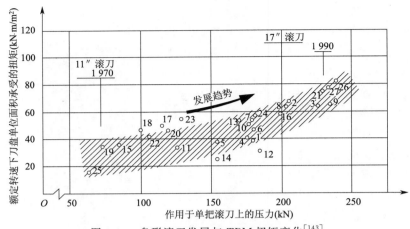

图 3-30 盘形滚刀发展与 TBM 扭矩变化[143]

（2）变频电机驱动，变频控制无级变速输出转速。

（3）电-液压驱动，电动机带动液压泵提供一定压力和流量的液压油，驱动液压马达旋转，可以在额定范围内对输出转速和扭矩进行无级调整。

由于驱动电机和大多数液压马达输出转速高，这就需要在马达和主减速箱之间设置预减速装置。

为了降低启动电流的峰值和确保提供给刀盘较高的启动扭矩，在电机和齿轮机构之间常设有离合器。

掘进直径 12 m 的 TBM 一般对称成对地布置 10～14 个马达，通过离合器可使得这些马达空载多台同时启动，然后通过离合器的闭合将这些马达和减速器连接驱动刀盘旋转，这些离合器多为摩擦型。如果采用液力离合器，离合器内的液压油会迅速过热以至于失效。因而液力离合器只用在不具有冒顶崩塌风险、较理想的地质条件下，用在特定的 TBM 上优势明显，然而 TBM 掘进的隧道地层是复杂多变的。设计的额定扭矩较大，液压离合器因此优势也很明显（适用于扭矩较大的传动结构中）。

有着恒定转速的电机马达，同时也有着很高的极限转矩，通常是标准转矩的 3 倍。而对于液压马达驱动来说，极限扭矩会小得多。较高的极限转矩可以在岩石掌子面发生小幅度的崩塌后保持刀盘的稳定转动，这对较大直径的 TBM 在裂隙发育或轻度发育的岩体中掘进非常有利。

2. 变频电机的优点

更新一代的 TBM 现已装备了变频电机，与固定转速的电机相比，变频电机有较多优点：

（1）较低的起动电流，因此降低了对低压主回路电网的要求。

（2）电机可以在 50 Hz 以下运转，瞬时输出扭矩达到额定扭矩的 1.5 倍。

（3）启动扭矩可达到额定扭矩的 1.8 倍，此时电流甚至只是额定电流的 $40\%\sim50\%$。

（4）输出转速可以根据地质条件的要求而改变。

如图 3-31 所示为变频电机输出典型的扭矩曲线。在达到功率点 L_p 之前，变频电机能以额定扭矩的 150% 稳定地输出扭矩，启动初期扭矩甚至能够达到额定扭矩的 180%。在达到功率点 L_p 之后，扭矩下降而输出功率保持不变。

TBM 能够在超过功率点 L_p 后经济工作，可以实现相对较低的扭矩正常掘进。如地质条件改变需要增加扭矩的时候，可以将转速降低到功率点位置，这样可以显著提高输出扭矩。当掘进机工作在 L_p 点左侧时，TBM 输出的扭矩恒定，此时贯入度需要减小。在 L_p 点右侧的曲线工作的输出转速，盘形滚刀的极限速度决定了刀盘的最大转速，这就需要所配置的变频器有充分的调节幅度。低转速下的变频电机还需要配备相应冷却和润滑系统。

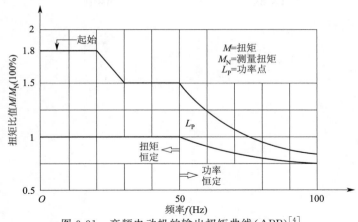

图 3-31　变频电动机的输出扭矩曲线（ABB）[4]

　　液压马达相对于电机驱动的最大优势是它能在一定幅度内提供稳定的转速输出,然而今天科技的发展,使得变频电机的适应性更加广泛。液压马达驱动的总效率较低,施工时需要更多的安装、拆卸等辅助工作,由于效能低,液压驱动还会导致更多的无用热量产生,还要采取额外措施进行散热,这也增加了 TBM 掘进机制造成本。

3.4.2　主轴承

　　主轴承不仅要承受来自滚刀荷载的反力,还要承受因掌子面破裂和坍塌所带来的偏心荷载。不过,主轴承的损伤很少是由单纯受力导致的,它们的寿命主要是由密封系统的质量决定的。因此保证系统密封、保持主轴润滑非常重要,否则主轴承将会很快因不能正常工作而损坏。因此密封件必须保持在润滑油膜条件下工作,并且密封点的间隔保证在 $70\sim80$ cm 的范围。承受中等荷载的主轴承在结构上常采用十字滚子轴承或者球轴承,重型轴承在三个轴线方向设有滚轮辊道（如图 3-32 所示）。

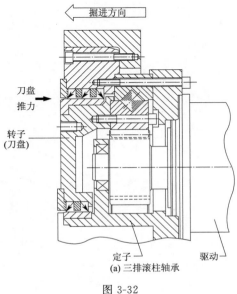

(a) 三排滚柱轴承

图 3-32

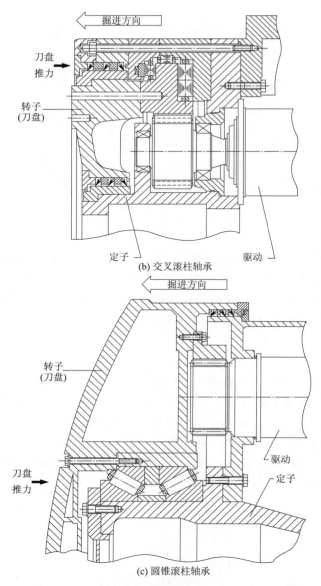

图 3-32 隧道掘进机主轴承的类型（Herrenknecht 和 Robbins 公司）

3.5 掘进速度

特定时段 TBM 的掘进速度并不单纯取决于实际钻进效率。事实上，掘进速度受到多种因素影响，例如岩体支护、滚刀更换、设备修理等作业时间，尤其是岩渣排除、运输及支护材料供应能力等因素的影响。

如图 3-33 所示为两种工况下不同的工序单独工作时所占的时间比例，图的左边为直径 5 m 的撑靴式 TBM 不同工序所占时间比例图，右边为直径 12 m 的护盾式 TBM 比例图，掘进地层为含水率较低的磨砾层和砂岩泥灰岩互层。对于撑靴式 TBM，从现场施工日志记录可以看出,三种工况下更换滚刀的时间占到破岩掘进时间的54%~59%。围岩的支护会导致不同程度的掘进中断,而且时间往往较长,如图3-33(a)所示,当在具有岩爆倾向性岩层条件掘进时,围岩的支护时间达到破岩掘进时间的121%;在穿过破碎带时,护盾式TBM用于岩体支护上的时间为破岩掘进时长的20%左右,如图3-33(b)所示,修理刀盘的时间会显著增加,几乎占用了和破岩掘进过程一样长的时间。在存在断裂和岩爆的地层条件中,如图3-33(c)所示,撑靴式TBM岩体支护的时间达到破岩掘进时间的270%。

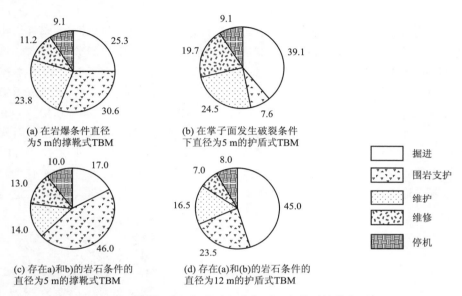

图3-33　隧道掘进机掘进过程中各项工序的时间分布(%)

这也是撑靴式TBM的平均掘进速度只能达到了最大掘进速度的35%原因。因此,单纯提高破岩效率的方式,对提高综合掘进速度作用较小,更有效的手段是改进滚刀更换方式和改进裂隙发育岩体的支护方法。

在所有类型的地层中,护盾式TBM都能够达到与撑靴式TBM几乎相同的掘进速度。提高衬砌管片长度能够增加掘进速度,因为不论是短的或者是长的衬砌管片,安装整个衬砌环所需要的时间是一样的,这就意味着,可以通过减少安装衬砌的时间,为掘进机推进腾出更多时间,增加整体的掘进速度。在过去的几十年里,管片的长度在不断地增加,从1970年的1.0 m,到1998年增加到2.0 m。这或许已经达到了其尺寸上限了,因为一方面,更大的衬砌管片使得运输、拼装更加困难,另一方面,一些隧道的轮廓曲线无法适用更长的管片。

3.6　特殊类型的掘进机

为了应对不同工程的需求,掘进机制造商会自主研发或与承包商合作,推出了多种定制型掘进设备。设计中主要考虑的是投资及隧道的几何形状要求,因为有些待掘进的隧道具有距离短、断面尺寸大,或者为非圆形断面等特点。除了扩孔式掘进机外,所有特殊的隧道掘进机类型都是为了替代钻爆法而发展出来的,因为在有些作业环境条件下不允许采用钻爆法,或者利用传统采矿技术,即先切槽再爆破破碎的方法。这在某些类型的岩体中并不经济,因此,也需要坚硬岩石的机械破岩掘进设备。

3.6.1 反向扩孔式掘进机

曾经,隧道掘进机的造价远高于掘进作业的人工成本,所以建造反向扩孔式掘进机的理念就显得更为明智。建造一台较小直径的超前导洞 TBM 和一台扩孔式 TBM 造价总和,是建造一台较小直径的超前导洞 TBM 和一台反向扩大式 TBM 的造价总和的150%。在斜井掘进中采用反向扩孔式 TBM 的优越性已经得到证明,一方面由于大断面隧道的直接掘进经常导致掌子面围岩不稳定,另一方面原因是从上向下扩挖,只要围岩不存在坍塌危险性更小一些。

如图 3-34(a)所示为应用于 Locarno 隧道,Wirth 公司开发的 TBEIV 450/1080 型单级反向扩孔式 TBM 结构。应用这种设备取得了某些技术方面的成功,而不是工程成本控制经济方面成功,和护盾式 TBM 相比,反向扩孔式 TBM 明显存在许多不足之处(见第 9 章第 2 节)。

隧道反向扩孔掘进经常导致施工危险情况发生,一方面,施工中很难将粉尘控制在许可范围之内,在另一方面,扩孔时在断面交叉位置的岩石经常发生破坏,使得施工过程因安全问题而暂停,如图 3-34(b)所示。在 Walensee 隧道施工时采用了一台两级反向扩孔式 TBM,在相当长的一段隧道的掘进中出现岩石破坏情况,从第二到第三阶段转换,以及在扩孔大轮辐式切割轮破岩的第三阶段,需要利用速凝混凝砂浆来进行岩石额外支护处理,否则无法进行推进。

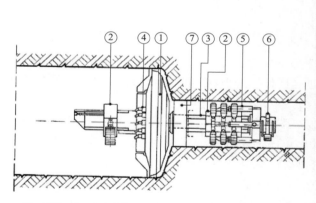

①—刀盘;②—有支撑鞋的外机架;③—内机架;④—主驱动;
⑤—推进系统;⑥—转向和支护设备;⑦—支护环

(a) TBE IV 450/1080型单级扩孔式TBM[107]　　　　(b) 两级扩孔时断面交叉岩石破坏

图 3-34　反向扩孔式隧道掘进机

如图 3-35 所示,虽然在扩孔式 TBM 上安装有机载锚杆钻机,但在刀盘的后方只能采取有限的支护措施。超前导洞和扩孔掘进掌子面支护作业同步进行方式,其掘进速度实在让人失望。

只有在非常合适的地质条件下,单级扩孔式掘进机才能达到满意的掘进速度,比如在 Locarno 片麻岩地层的隧道中,以及 Neuenburgersee 地区 Sauges 隧道自稳时间相当长的侏罗纪石灰岩地层条件中。

图 3-35　具备机载锚杆钻机的反向扩孔式 TBM

3.6.2　Bouygues 掘进机

　　TBM 作为全断面掘进机,由于刀盘的阻碍,工作人员很难直接接触或观察掌子面情况。20 世纪 70 年代出现的 Bouygues 掘进机试图解决此问题。这种掘进机也是采用盘形滚刀破岩,只是用于破岩的滚刀数量非常少,每把滚刀都安装在一个摇臂的末端,这些摇臂都布置在一个支撑架中,此支撑架能够像普通 TBM 刀盘一样旋转,但是转速更快。通过框架旋转和摇臂的伸缩,其上滚刀所产生的破岩运动轨迹能够覆盖到整个掌子面。同时支撑结构上还布置有回转铲斗,可将滚刀破碎的岩渣从底拱部位铲装出来。如图 3-36 所示为用于法国 Arenberg 矿的掘进直径为 5 m 的 TB 500 型 Bouygues 隧道掘进机。这类掘进机很难建立起竞争优势,经过几次试验后已退出了市场。

图 3-36　直径为 5 m 的 TB 500 型 Bouygues 隧道掘进机

3.6.3　移动采矿掘进机

　　1970 年,苏黎世一条三车道高速公路隧道招标。由于在隧道周围有密集房屋基础等环境条件限制,无法采用钻爆法掘进。因此承包商 Schafir&Mugglin 公司和 Robbins 公司合作开发了一种适合此条件掘进的概念机,后来在这基础上衍生出了"移动矿工"(Mobile Miner)掘进机。其结构是在一个直径 14 m 的桶型护盾内,布置一个能够旋转和轴向推进的滚轮,滚轮的外缘布置盘形滚刀,通过滚轮旋转带动滚刀破碎岩石。如图 3-37 所示为 Milchbuck 隧道掘进概念机的设计图,因为项目的延期及变故,此设计并未付诸实践。

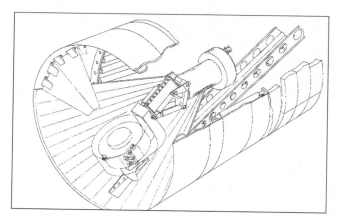

图 3-37　滚轮式隧道掘进概念机设计图

这种旋转滚轮的创意后来促成了"移动矿工"掘进机(如图 3-38 所示)和一种竖井掘进机(如图 3-45 所示)的诞生。"移动矿工"掘进机配有直径 3.5～4 m 的滚轮,其上装布置有直径 15″或者 17″的盘形滚刀,掘进机的装机功率高达 300～500 kW,掘进机能够在坚硬岩石中具有 75～80 m³/h 的破岩掘进能力。这种掘进机 1992 年在澳大利亚和 1996 年在日本分别得到应用。

图 3-38　Robbins 公司的 130 型"移动矿工"滚轮式掘进机

3.6.4　反向切割掘进机

1. "迷你"全断面掘进机

前期由 Habegger 公司,后来由 Atlas Copco 公司,将如图 1-12(a)所示的 Wohlmeyer 掘进机进行了升级,当时制造的掘进机配有四个旋切割头,这是 1960 年以前唯一可以在难以掘进的岩体中取得不错效果的掘进机。在污水隧道的连接段,这种掘进机出现的问题是较短的切割头掘进的断面较小。后来出现了一种类似于四个切割头的 Wohlmeyer 掘进设备。这种设备只有一个绕着水平轴旋转的切割头,如图 3-39(a)所示,由此设备掘进出的隧道断面有一人高,大约 1.2 m 宽,如图 3-39(b)所示。

不过这台机器只能用在非常稳定的岩层中,在瑞士有几个地质条件适合的工程采用该设备取得成功。Bochum 隧道岩体裂隙发育,由于需要掌子面后直接进行支护,导致这种设备应用并不成功[162],其原因是切割头一直被埋在岩渣中,缺乏作业空间,无法尽早在设备前面进行支护。目前,在澳大利亚此类设备仍在应用。

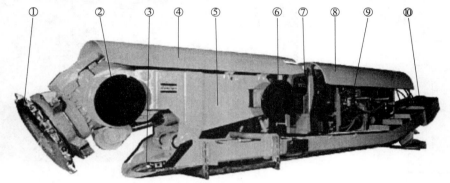

①—切割头;②—前撑靴;③—刮板输送机;④—顶护盾;⑤—主机;⑥—后撑靴;
⑦—操作员位置;⑧—驱动拖车;⑨—液压系统;⑩—刮板输送机驱动

(a)　"迷你"掘进机整机结构[5]

(b)　"迷你"全断面掘进机掘进隧道的截面形状

图 3-39　Atlas Copco 公司的"迷你"全断面掘进机

2. 连续采矿机

德国矿冶技术有限公司(DMT)和 Wirth 公司通过合作开发了一种连续摇臂掘进装备,一种应用反向截割技术破岩的机器,在特定的条件下应用具有一定优势。盘形滚刀被安装在一定数量的摇臂上,如图 3-40(b)所示,这点并不像 TBM 那样把滚刀布置在刀盘垂直作用在掌子面上,其切割破岩过程的具有特殊截割路线轨迹,因此不需要很大的推力,如图 3-40(a)所示。

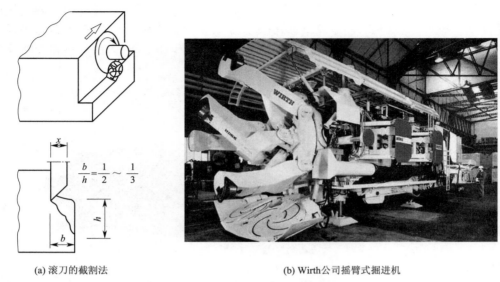

(a) 滚刀的截割法   (b) Wirth公司摇臂式掘进机

图 3-40 "连续采矿机"隧道掘进机

很少将此种类型的掘进机和装备有全断面滚刀刀盘掘进的 TBM 进行经济性比较,此设备所能达到的掘进速度,往往不能满足业主对工期的要求。

这种掘进设备在掘进旁通道、单侧开口的或者长度较短的隧道,特别是在地质条件不允许采用部分断面掘进机,工程环境又要求必须采用机械破岩的工程条件下有一定优势。这种掘进机还具有可以适应不同形状断面特点,掘进出的隧道断面不局限于圆形,还可以掘进拱形断面。这种使用单刃盘形滚刀的切割技术,如图 3-40 所示,能够在较容易破碎的岩体中应用。这种设备并不适用坚硬岩石条件,坚硬岩石会造成滚刀很快磨损报废。

3.6.5 竖井掘进机

在矿山建设中,竖井掘进最令人头疼的方法是钻爆法。当 TBM 在小型和中型断面的隧道掘进中取得成功后,承包商开始寻求用于采矿、水利、通风用途的竖井机械掘进方法。竖井掘进不仅实现竖井或盲井的机械化破岩掘进,还要做到掌子面破碎的石渣能够连续地被排除。如图 3-41 所示,对常用的竖井机械破岩掘进方法,根据排渣方向分类为下溜渣和上排渣方式[59]。

下溜渣方法(具有预钻进的溜渣导井)分为:

(1)反井钻井法:反井钻机布置在井筒上部,通过导孔和下部贯通,连接扩孔钻头,从下部向上扩孔钻进的方法。

(2)反井钻机加扩孔式竖井掘进机钻井法:反井钻机钻进导井,扩孔式竖井掘进机由上向下掘进竖井的方法。

上排渣方法(掘进破碎的岩渣从竖井的上口排出或者是直接排到地平面,这类竖井钻进时不存在导井,为所谓盲井钻进),分为:

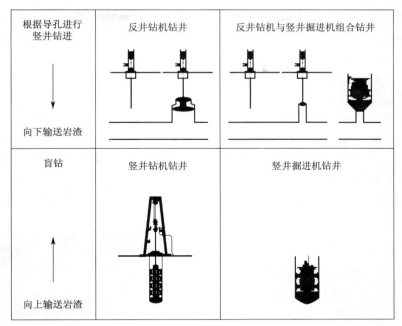

图 3-41 竖井机械破岩钻井方法分类[59]

(1)有钻杆的竖井掘进机钻井法。

(2)无钻杆的竖井掘进机钻井法。

1. 反井钻井法

反井钻井法是一种源自北美采矿业暗井凿井方法。反井钻机发展自俗称"圣诞树"钻井技术,当时只适用于中等及以下的软岩中钻进。Wirth 公司在 20 世纪 60 年代生产出大型扩孔钻进设备,后来也归为反井钻机类,反井钻机在采矿行业中应用取得成功(如图 3-42 所示)。当时反井钻机正常钻井直径只有 50～80 cm,在特殊情况下直径才能达到 1.2 m。

后来,将隧道掘进机的刀盘通过改进,应用在反井钻机扩孔钻头上,反井钻机的拉力也达到 10 000 kN 时,扩孔直径才能达到 5 m 左右,钻井深度达到数百米。采用定向钻机预先钻进导孔,可以提高反井钻孔的精度。

(a) Sandvik扩孔钻头   (b) Wirth公司反井钻机

图 3-42 扩孔钻头和反井钻机

反井钻井的工作流程为:首先由上向下向钻进导孔,达到竖井下部硐室、隧道、掘进掌子面目标位置,导孔的直径最大为 380 mm;然后在下部硐室空间内,将扩孔钻头和钻杆连接在一起,并驱动扩孔钻头旋转由下向上扩孔钻进,如图 3-42(b)所示。反井钻机也应用在能够向下溜渣的斜井工程中。最著名的反井设备制造商有 Wirth、Robbins 和 Rhino 公司,而 Sandvik 公司属于扩孔钻头制造的领头者,如图 3-42(a)所示。

另一种下排渣的机械破岩钻井方式,是将反井钻机和扩孔式竖井掘进机结合。首先采用反井钻机钻出一个直径为 1.5~2 m 的导井,然后采用无钻杆扩孔式竖井掘井机由上向下钻进,扩大到设计的井筒直径。这种掘进方式和采用的支撑结构与隧道掘进机原理相似,同时具备钻杆竖井钻机钻井的所有优点。如图 3-43 所示为 Wirth 公司生产的无钻杆扩孔式竖井钻机结构。采用这种钻井方法的前提是竖井下部的隧道必须提前完成,其所能钻进井筒最大深度,受到导井垂直度的限制。

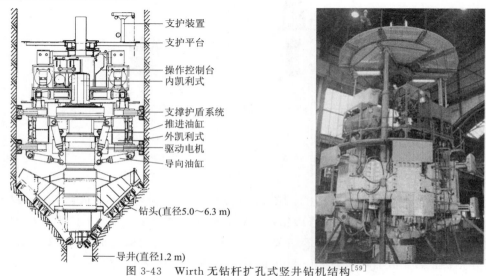

图 3-43　Wirth 无钻杆扩孔式竖井钻机结构[59]

2. 盲井钻井法

在无法利用导井溜渣的情况下,钻井破碎的岩渣必须排出到井筒外,盲井钻井形成了有钻杆和无钻杆的两种类型钻井设备及两种钻井方法。

最早采用钻井方法是有钻杆引导的钻井方式,岩渣通过钻杆排出到竖井外。在 1896 年这种钻井法第一次被采用,利用 Honigmann 竖井钻机和钻井方法大约钻成 40 条井筒,直到与竖井冻结法无法相竞争时逐渐被淘汰。大直径的竖井采用一级或多级钻进、泥浆护壁,钻进破碎的岩渣采用压风反循环方式排出。钻井法无法矫正井孔方向这一不足,也被现在使用可定向钻进的钻杆引导法弥补。这种竖井钻机类似于使用刀盘支撑、撑靴扶正的隧道 TBM,钻杆只起排除岩渣的作用。

无钻杆的竖井掘进机钻井方法还处在发展阶段,目前主要问题是如何从钻头底部收集起岩渣,并如何把岩渣从竖井中运输到地平面。目前已经尝试过利用机械和流体两种方法进行岩渣的收集和运送,但是出于成本的考虑,岩渣的收集和输送应尽量采取机械方式[169]。竖井掘进机的制造商有 Zeni、Drilling、Robbins、Hughes、Wirth 和 Turmag 等。如图 3-44 所示为 Robbins 公司设计制造的 SBM 型竖井掘进机,采用滚轮破岩、抓斗机械排渣。

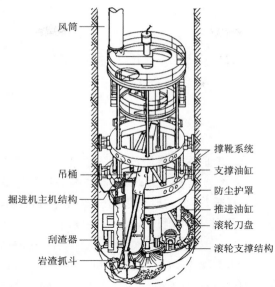

风筒

撑靴系统
支撑油缸
吊桶
防尘护罩
掘进机主机结构
推进油缸
滚轮刀盘
刮渣器
滚轮支撑结构
岩渣抓斗

图 3-44　Robbins 公司的 SBM 型竖井掘进机

3. 组合钻井方法

如图 3-45 所示为 Robbins 公司研发出的一种井筒上向钻井设备,名为 BorPak,是一种将反井钻井、盲井钻井技术相结合的设备。这种钻机能够钻进直径 1~2 m、深度百米以上、与水平面呈 30°~90°夹角的盲井,且成本控制较好。它从隧道下部向上部钻进,岩渣在自重的作用下自由下落到钻机位置排出。

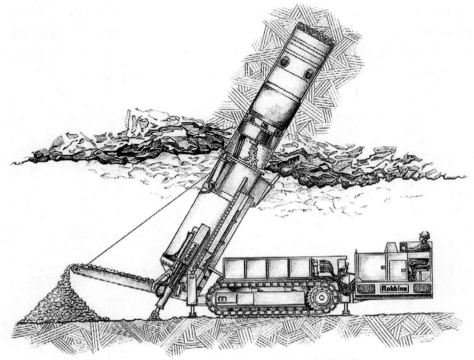

图 3-45　Robbins 公司的 BorPak 上向钻井设备

4 推 进 系 统

4.1 概　　述

对滚刀施加足够的正向压力,是达到所需压入深度(贯入度)破碎岩石的前提。TBM 能够提供的推力,应该远大于所有滚刀破岩压力,以及掘进机机身和隧道壁之间摩擦力总和。不同类型的 TBM 机身的摩擦力不同,这也与所掘进的岩石条件密切相关。

一台 TBM 一般是为某类岩体条件设计制造,如针对特定可钻性级别岩石建造。通常 TBM 用于硬岩或者非常坚硬难以破碎的岩体隧道工程,若用在较软的岩体掘进将具有很大的能力余量。如果隧道通过较长的软岩地层,设备的巨大功率储备,以及撑靴式 TBM 强大的支撑能力几乎都失去意义。对于一个中等类型的 TBM,过度的推力也会造成主轴承过载,长期过载会导致轴承辊槽的磨损,极端的情况造成轴承损坏,还会带来必须在隧道中更换主轴承的麻烦。虽然主轴承可以在隧道内更换,但是这将会造成工期的延误和工程成本的增加。

4.2 撑靴支撑推进

TBM 沿掘进轴线方向施加的推力作用到刀盘上,岩石的反作用力需要通过支撑系统传递到隧道壁岩体中。经过一定时期发展,在众多制造商生产的隧道掘进机中,形成了两种不同的支撑与推进方式。

Robbins 和 Herrenknecht 公司更加偏爱一种简单的单撑靴支撑系统,掘进机的机体在一个滑动撑靴上滑动,而滑动撑靴还可作为一个局部护盾使用(如图 4-1 所示)。TBM 机体的固定部分,包括驱动刀盘旋转的动力单元,均处在一个整体的或由多部分拼装而成的护盾结构保护下。

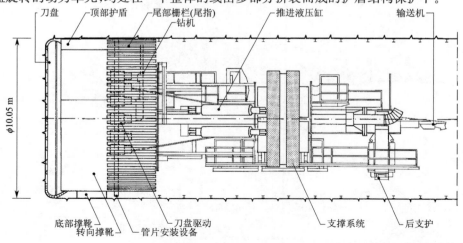

(a) Robbins公司的MB323-288型TBM主梁结构[128]
(1997年用于直径10.5 m的Manapouri隧道工程)

图 4-1

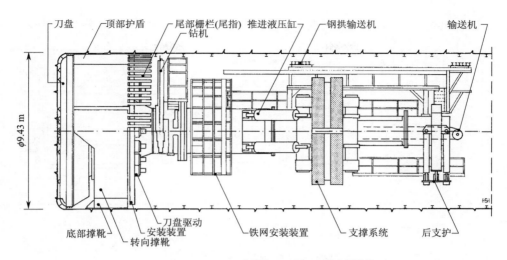

刀盘　顶部护盾　尾部栅栏(尾指)　推进液压缸　钢拱输送机　输送机
　　　　　　　　　钻机

φ9.43 m

底部撑靴　刀盘驱动　铁网安装装置　支撑系统　后支护
转向撑靴　安装装置

(b) Herrenknecht公司的S-167型TBM的主梁结构[61]
(2000年用于直径9.43 m的Lötschberg隧道工程的Steg段)

图 4-1　采用单一支撑的 TBM 结构系统

　　TBM 机体在底部反撑靴上滑动,并由转向撑靴保护 TBM 侧面,在其上方是顶护盾,顶护盾常配有格栅护板以防止上部落石。实际应用中,支撑系统的强劲液压油缸顶住隧道壁以实现自稳。在支撑系统中的主梁能够根据设定路径控制掘进方向,支撑系统的转向装置能够起到辅助控制掘进机方向的作用。

　　Jarva 和 Wirth 公司更倾向于采用 X 形支撑方式(如图 4-2 所示),这种掘进机的前后撑靴形成设备的主机机体(外凯利式)部分,主机机体内安置着 TBM 的主梁,主梁是一个配置有滑动轴承的矩形中空结构(内凯利式),刀盘位于此空心矩形结构的前方。在矩形空心部分内部,主驱动轴一端连接着驱动马达和变速箱,另一端连接着刀盘的轴承套。

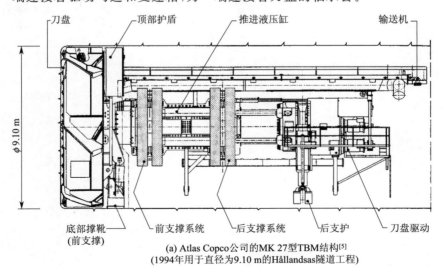

刀盘　顶部护盾　推进液压缸　输送机

φ9.10 m

底部撑靴　前支撑系统　后支撑系统　后支护　刀盘驱动
(前支撑)

(a) Atlas Copco公司的MK 27型TBM结构[5]
(1994年用于直径为9.10 m的Hållandsas隧道工程)

图 4-2

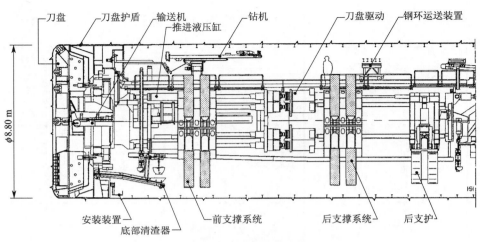

(b) Wirth公司的880 E型TBM机架结构[182]
(1997年用于直径为8.80 m秦岭引水隧道工程)

图 4-2　采用 X 形支撑的 TBM 结构系统

　　与单撑靴掘进机相反,在每个行程前,TBM 都需要利用撑靴装置进行支撑。设备的方向控制也是通过撑靴装置位置调节实现的。直径大于 6 m 的掘进机主要采用的是 X 形支撑。目前这两种支撑方式均有应用(如图 4-3 所示)。

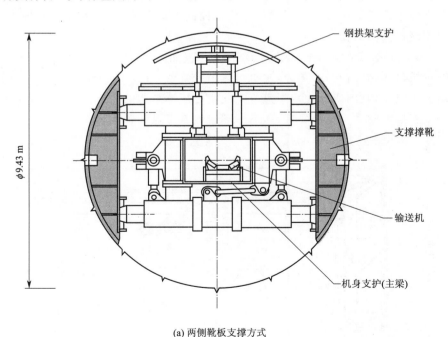

(a) 两侧靴板支撑方式

图 4-3

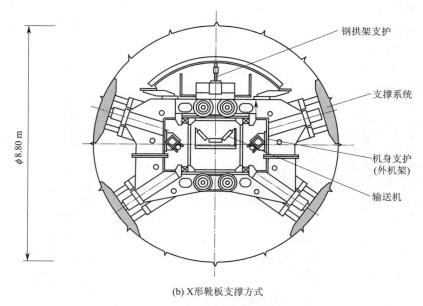

(b) X形靴板支撑方式

图 4-3 不同类型的 TBM 撑靴支撑方式

如图 4-4 所示,采用侧撑靴的单撑靴支撑系统看起来结构更加稳定,此系统最大的优势在于掘进破碎断裂岩体时,由于掘进机四周预留的空间较大,可以方便对围岩进行支护。

图 4-4 Herrenknecht 公司的 S-167 型侧撑靴式 TBM

这种单撑靴支撑的 TBM 所需要支撑力大小约为掘进推进力的 2 倍,这是在假定支撑的撑靴不会破坏围岩,且不会在围岩上发生侧滑情况下。可以肯定的是,实际掘进过程不会是这样的。较软的围岩会在撑靴支撑时发生屈服破坏,过大的支撑力也会造成围岩中出现不利的应力集中现象(如图 4-5 和图 4-6 所示),此类工况下撑靴对围岩施加的应力一般在 2~4 MPa。

对于坚硬岩石,需要对每把破岩滚刀施加 250~270 kN 的推力,由于撑靴尺寸不可能无限制地增大,所以撑靴施加到围岩的支撑应力需要提高。不论何种工作条件,由于 TBM 掘进时破岩过程导致快速加载卸载,致使撑靴对围岩产生不利的交变附加荷载。

　　针对隧道埋深 400 m、直径 6 m、主应力 27 MPa、侧压力系数 K 为 0.9,围岩为花岗岩的实际工程,根据弹塑性力学理论,计算得到掘进导致在隧道围岩内应力分布状态为近似环状(如图 4-5 所示)。

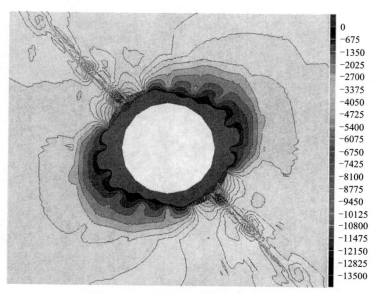

图 4-5　主应力为 27 MPa 的花岗岩隧道应力分布图(无撑靴支撑条件)

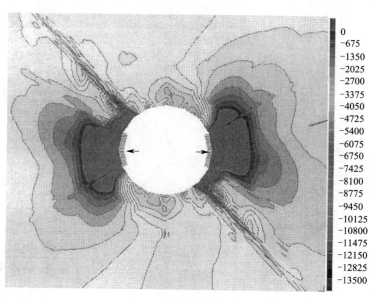

(a) 两侧靴板支撑方式

图 4-6

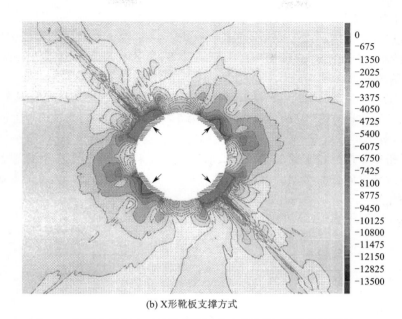

(b) X形靴板支撑方式

图 4-6　不同支撑方式下的隧道围岩应力分布图（隧道条件同图 4-5）

假设破碎花岗岩每把盘形滚刀需要施加 270 kN 的推力，直径 6 m 的刀盘安装有 37 把滚刀，则掘进机要对刀盘施加 10 000 kN 的推力，对围岩施加 20 000 kN 的作用力。这 20 000 kN 的支撑力需要通过撑靴作用在隧道壁的围岩，对于 X 形支撑的 TBM 方式，每个撑靴需要对围岩施加 10 000 kN 支撑力。

在靴板位置两种支撑方式下的围岩应力都略有增加，然而，两者造成的围岩内应力分布却大不相同。对于单侧支撑，顶部和底部的应力值降低了约 1/4。隧道围岩的变形也发生轻微的偏转，撑靴位置围岩表面向岩体大约有 2 mm 压入变形，但在顶部增加了 4 mm 向下的变形。

X 形支撑采用了 4 个撑靴，实际上相当于 2 对交错的撑靴，使得施加到围岩的荷载相对较低，因此对围岩的不利影响更小一些。围岩的变形依然很小，但在 3、6、9、12 点钟方向的 1/4 节点处的隧道断面的应力，相比于单侧支撑的来说要小得多。

持续的较高不间断的应力和变形的反复重新分布，会对围岩产生很大的影响，必然导致围岩破裂，这种变形甚至在破碎岩体中会导致围岩崩塌，致使隧道支护工作量增加。不论是由于支护工作量的增加或是刀盘、滚刀损坏的加剧，都会无法避免地导致掘进速度的降低。白垩纪地层中也会有类似的结果，即便破岩需要的推力较低，相应的支撑力需求也较小，但是也会有类似的问题。

4.3　护盾支撑推进

护盾式 TBM 驱动部分完全处在护盾的保护之下，液压缸通过万向节对护盾支撑。在护盾和 TBM 定子之间的液压缸，根据 TBM 推进的需要提供滚刀压入岩石所需的推力，并设有自动保护装置以防止主轴承过载。推进护盾移动所需的推力远大于实际刀盘破岩所需的推力,所需总的推力大小是由破岩推力,以及护盾与隧道壁间的摩擦力决定的。

在不考虑护盾周围围岩发生破坏的条件下,一个直径 11～12 m 的大直径护盾式 TBM 的护盾和隧道围岩的摩擦力为 12 000～15 000 kN。不过,这种类型的摩擦力,只是由护盾和 4～8 点钟方向隧道底部区域摩擦产生。

护盾式 TBM 并不像撑靴式 TBM 那样会对围岩造成应力重新分布(如图 10-7 所示),作为例外的是双护盾撑靴式 TBM,它的特点将在第 10 章讨论。撑靴式 TBM 通过撑靴的支撑来提供反扭矩,对于护盾式 TBM 来说,只要将推进油缸中心和护盾中心扭转一定角度,就能提供足够的反扭矩。由此带来的反转足够抵消掘进时带来的护盾旋转。在支撑油缸、压力环、衬砌管片及管片环之间密封环的摩擦力,即使在管片不做锚固的条件下,也能形成足够的阻力以抵抗推力的作用。

TBM 掘进所需推力计算的详细过程,可参考相关文献[95]。

5 物料运输

5.1 掘进机机身内岩渣运输

正如在第 3.2 节所描述的那样，盘形滚刀不断地将掌子面岩石破碎下来形成岩渣。多数岩渣掉落到隧道底部，由安装在刀盘上的铲斗，像汤匙一样铲起这些岩渣，随着刀盘旋转的带动向上，3.2 到达 2 点逆时针旋转到 10 点的范围，将岩渣倒在刀盘导渣斜槽上，滑落到 TBM 内的带式输送机上。

虽然掘进过程破碎的岩渣是连续产生的，但是岩渣排出到机器外部的过程却是断断续续。刀盘的铲斗数量、运输皮带和岩渣之间的关系，如图 3-5 所示。

大直径 TBM 的驱动系统轴承直径也大，可以在其内部布置带式输送机，如图 5-1 所示为 Herrenknecht 公司直径为 9.53 m 的 S-155 型撑靴式 TBM 刀盘的内部结构，刀盘上布置有导渣环，在其中心处设有带式输送机[61]。该机 1999 年用于 Tscharner 隧道掘进。

较小直径 TBM，由于主轴承尺寸小，不适合采用在转动中心布置的方式，将带式输送机布设在主轴承上方，并延伸到刀盘铲斗轮廓下部（如图 5-2 所示）。

图 5-1　具有导渣环的刀盘及刀盘中心的带式输送机

岩渣自刀盘中断续排出，这要求带式输送机能力和导渣环的容量能够很好地匹配。皮带的宽度取决于滚刀实际的最大贯入度、铲斗的数量和皮带的运行速度。根据经验，皮带的运行速度不应超过 1.3 m/s，提高运行速度将会导致皮带使用寿命降低。

在正常情况下，带式输送机是在无负载情况下启动。然而，输送机必须具备满载正常启动能力，甚至在极端情况下，例如涌水条件下也能正常启动。TBM 还需配置用来清理皮带内部的特殊设备或工具。

刀盘将岩渣倒在皮带上和输送岩渣的过程中，都会产生大量的粉尘，并在隧道内造成难以接受的空气污染。

最简单有效降低粉尘的方法，是将水通过喷嘴喷出雾化，雾化的水在表面张力作用下逐渐包裹粉尘颗粒，当包裹粉尘的水珠足够重时下落到地面。将粉尘通过封闭风筒吸出的方式除尘会更有效率，风筒中一般还配有粉尘分离装置和干式除尘器。

由于岩渣运输和转运工作都要在掘进作业的同时进行，因此，在考虑储备能力及安全原则下，根据不同的现场条件，具体确定从刀盘延伸出的皮带将岩屑输送到转运系统的距离。

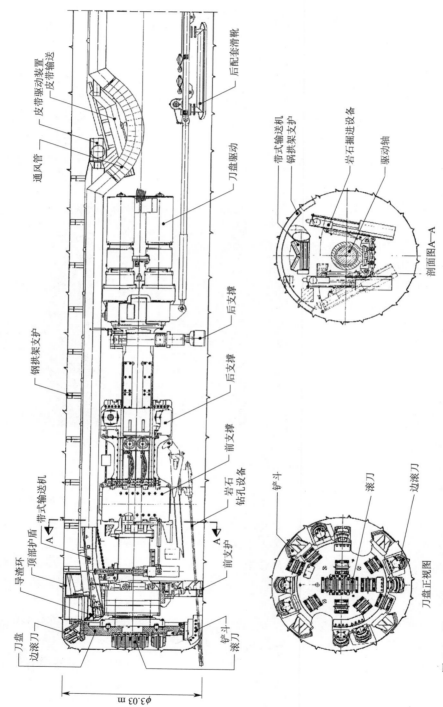

图 5-2　Herrenknecht 公司的 S-96 型撑靴隧道掘进机[61]（掘进直径 3.03 m，采用 Kompakt 公司的 TBM 3000 型带式输送机）

5.2　隧道内物料运输

随着时间的推移,人们开发出多种在隧道内运输物料的方法,每种运输方法都有其适用条件,承包商需要根据具体工程条件,考察选取哪种运输方式。

TBM 的纯掘进工作时间受到滚刀更换、设备维修、TBM 位置前移及支撑,以及对岩体支护所需时间等限制(详见第 3.5 节),除此之外的任何原因引发的进度拖延都应该避免。因此,岩渣的运输也不应成为影响进度的原因,由此选取运输设备时应留有余量,通常是正常运输能力的 170%～200%。

5.2.1　轨道运输

在 TBM 应用的初期,轨道运输是唯一的物料运输方式,今天仍是小断面、长距离隧道掘进物料运输的首选。这种运输方式具有一定的技术局限性,即使所有车厢都配置有气动刹车,最大爬坡能力也不超过 3%。特殊情况下运输爬坡能力可以提高一点,但这样会导致运输效率大幅降低。

例如在 Sörenberg 隧道掘进中,虽然掘进直径只有 4 m,但是考虑运输坡度达到了 5%,也不得不选用带式输送机运输。

轨道运输系统可以分为人力视觉控制和信号控制两种。正常情况下,由于视觉控制需要司机人为确认轨道是否通畅,所以这并不适用于长距离运输。在英吉利海峡隧道掘进中,开始全部的运输系统都由人力视觉操控,导致运输系统失效,没有达到足够运输能力,降低了掘进速度,直到替换为轨道信号控制系统,运输能力才满足了掘进要求。

(a) 衬砌管片运输平车

1. 内燃或电力牵引

只有内燃和电力两种牵引机车用在地下工程施工中。蓄电池机车的优势在于所需的通风量小。如今保险公司要求必须增加尾气的精细过滤器,使得内燃机排放变得越来越清洁,蓄电池机车这一点优势随之失去,而且,内燃机车还具有易操作和少维护优势。

如图 5-3 所示管片运输平车和内燃机牵引车组成的物资运输系统,在这种条件下岩渣采用了带式输送机运输。

(b) 柴油动力牵引机车

图 5-3　Sörenberg 隧道掘进中的轨道运输系统

2. 轨道运渣车

为适应不同隧道断面掘进的岩渣运输,设计了容量在 $2.5\sim20$ m^3 适合轨道的岩渣运输车。运渣车一般为侧方自卸式,如图 5-4(a)所示,供应商的名字往往也是车的名字,如 Mühlhåuser。

有时也会采用普通矿车来替代昂贵的自卸车,这要求配备简易的翻车装置,如图 5-4(b)所示或者是专用翻车机。翻车机能够使运渣车做到 180°翻转,因此,这种设备较适合运输黏性强的岩渣。

(a) 自卸车在卸渣台卸车　　　　　　　　(b) 翻车机卸车并装入皮带仓

图 5-4　运渣车在地面的卸渣转运系统[116]

3. 装渣系统

较小的隧道中,由于空间不足,岩渣通常直接从皮带装入转载车辆。通过监控岩渣车在转载点的装车过程,了解车辆的装载情况,通过机械或液压装置进行车辆的调度(如图 5-5 所示),而动力牵引车头一般不适用于此推车操作。TBM 操作司机因所处位置原因,不能根据岩渣的满载与否来分流车厢,所以出现过装现象,造成运输过程中岩渣从车厢掉落,这些掉落到隧道底部的岩渣,不得不靠人工繁琐地清除。

大断面的隧道有足够的空间来采用小或大型铲运机进行岩渣的装车,这就要求铲运机的铲斗容量和运渣车厢容量尽量匹配。

图 5-5　采用滑动平台的调车设备

4. 列车运行图

极少数隧道掘进采用单独一列运渣车,在多列运输时,需要根据运渣车的运输能力、运输距离制定一份车辆运行图,这是保证掘进工作效率的前提条件。随着隧道的掘进,运渣车运输距离不断变化。车辆运行图只能反映一定运距的车辆运行状况,如图 5-6 所示为列车装车时间为

20 min、列车运行速度为 15 km/h,在总长度 5 000 m 隧道内,掘进到长度 2 500 m 时的列车运行图。

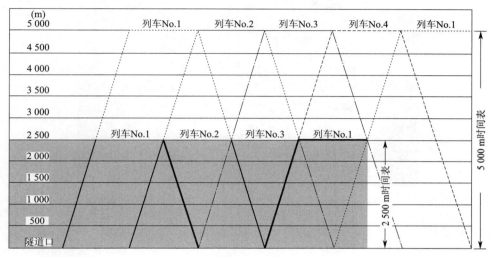

图 5-6 隧道掘进出渣列车运行图

这种列车运行图能够明确列车和列车之间在哪里会车,在单轨运输系统中,还需要布设错车道岔。随着隧道掘进长度增加,这些错车道岔不能固定在同一位置,需要按照列车运行图进行调整,因此就产生了移动式错车道岔,俗称"加利福尼亚道岔"(California switchs)(如图 5-7 所示),使得单轨运输系统错车更加灵活。

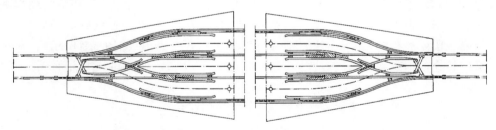

图 5-7 "加利福尼亚"错车道岔

5. 隧道轨道

隧道内铺设良好的轨道系统,能够保证隧道不受材料供应和岩渣运输的影响,与运输相适应的轨道需要按照铁路标准来铺设,使运输列车在保证安全条件下,能够按设计速度运行。

5.2.2 无轨运输

无轨运输简化了隧道掘进的很多作业程序。然而,这不应成为疏忽大意的理由,轨道运输的日常准备工作需要更加注意。

1. 运输车辆

实际上几乎所有的自卸式土方运输车辆都可用作隧道掘进运输车辆。专门为隧道掘进岩渣运输建造的车辆,比如 Kiruna 自卸车(如图 5-8 所示),因为底盘较低更适合隧道运输条件,所采用的发动机也能更好地适应不良通风的隧道施工环境。

图 5-8　Zürichberg 隧道掘进采用 Kiruna 自卸车进行岩渣和衬砌管片运输

2. 运输道路

通常土石方运输道路建造的标准是,运输车辆能够以 50～60 km/h 的速度安全行驶,隧道掘进中一般运输道路也借鉴了这一标准。应用此标准一方面可以降低道路的维修成本,另一方面缩短了自卸车的行驶时间,还满足了高风速的通风要求,因此,理想的运输道路应该采用沥青路面。

3. 装载

如果 TBM 的带式输送机将岩渣直接装载到自卸车内,将会导致掘进过程的频繁中断。为了确保 TBM 掘进的连续性,必须在其后部区域设置足够大的中转仓,以便临时储存掘进排出的岩渣。由于隧道内空间限制,应根据实际的装车能力,有序排布这些临时中转仓,将其连续或者间隔一段距离布置,并采用伸缩皮带将岩渣注入各个仓内(如图 5-9 所示)。对于间隔布置大量中转仓的地点,需要设置信号来引导自卸车司机装载(如图 5-10 所示)。

图 5-9　带式输送机将岩渣配送到 III 号中转仓

图 5-10 Bözberg 隧道掘进从中转仓将岩屑装载到自卸运输车上

当打开中转仓的仓门时,岩渣瞬间落入自卸车。如果岩渣较为干燥,这个过程会产生大量粉尘,并弥漫在隧道内。因此装车设备应配备有效的除尘装置,利用风机或除尘器消除或吸收粉尘。

即便是在大断面的双线铁路隧道或者是公路隧道,宽度不足使自卸车掉头产生严重的轮胎磨损。因此,承包商发明了一种掉头转盘(如图 5-11 所示),它能够做到和装载车保持相对静止,并能轻易地随着 TBM 的掘进而移动。因为减少了掉头,使得自卸车司机的驾驶工作变得更加轻松,隧道内的安全状况得到改善。

图 5-11 隧道内自卸车掉头转盘

5.2.3 带式输送机运输

在矿山工程领域,带式输送机得到快速发展。在隧道施工方面,有记载的第一次采用了带式输送机排渣是在 Great St. Bernard 隧道的建设过程中(1959～1964 年),这条隧道用来连接 Wallis 和 Aosta 峡谷。由于当时掘进采用的是钻爆法,因此,并不清楚当时利用带式输送机出渣在工程成本上是否合理。

　　直到 1985～1990 年,在 Neuchătel 的城市高速公路隧道建设中,采用了带式输送机运输 TBM 掘进出的岩渣。由于当时采用的廊式带式输送机并没有设置中转仓,从 TBM 带式输送机排出的岩渣,需要通过一条较长的中转皮带连接到隧道内主带式输送机上。中转带式输送机采用可伸缩皮带结构,随着 TBM 的掘进,中转皮带达到最大长度后,主皮带也要不断加长到其连接段位置。

　　在 Grauholz 隧道掘进中,第一次采用了最简单只能缓存一段短皮带的储带装置。Murgenthal 隧道的排渣系统,采用 Eickhoff 公司的带式输送机。在 Zürich-Thalwil 隧道掘进中,应用了 H＋E Logistik 公司研发的卧式储带装置,这个装置能够通过折叠皮带以获得相当多的储带量。如今,带式输送机在隧道掘进中得到大量应用,有的带式输送机运输距离甚至长达 5 km。即使是直径 4.4m,坡度为 5％ 的小断面隧道也不适合轨道运输,Sörenberg 隧道的承包商采用的是带式输送机运输。由于工作条件的限制,隧道外输送带垂直布置为堆垛塔,以抵御风吹雨打(如图 5-12 所示)。

　　从根本上说,带式输送机理想的运行速度应该低于 2.2 m/s。出于运输较大块岩屑的安全考虑,大型带式输送机采用的皮带宽度不应该小于 800 mm,而对于掘进直径较小的 TBM 来说,皮带宽度也不应该小于 650 mm。

图 5-12　Sörenberg 隧道采用的皮带堆放防护塔

　　1. 储带装置

　　现代带式输送机的卧式储带装置,可存放长达 600 m 的备用皮带或者是 300 m 的备用皮带(如图 5-13 所示)。皮带的储带架中有可旋转的辊轴,辊轴可以用来卷住传送皮带,通过张紧绞车来实现张拉力。随着 TBM 的掘进和传输皮带的逐渐延长,辊轴间距逐渐减小到允许的最小值。为了延长皮带,还可以在特定点切开皮带,采用热补法将备用皮带补充进去。

　　2. 运输皮带的延长和运转

　　现代带式输送机的安装方式,允许皮带在运转过程中,甚至是皮带正在运输物料的时候实现对皮带的延长。如图 5-14 所示的皮带延长位置,将处于低速运行的皮带用扁平导管组成的结构封闭起来,以便装配工可以在安全的工作区域对其进行延长。隧道内的皮带还可以采用悬吊或从地面进行支撑方式,从而使隧道内甚至是皮带下方的交通更加顺畅(如图 5-15 所示)。

　　几千米长的运输皮带无论是在负载还是空载下,都不能立即停车。为了保证皮带的安全刹车距离,需要配备刹车系统。隧道内的皮带较长,制动后往往还要运转一定距离,必须在溜槽或中转仓中保留足够的储渣空间。

　　3. 带式输送机运输的优势和创新点

　　相比于自卸车那种断断续续地运输,皮带运输的连续输送方式,有着显著的性能优势。在 Bözberg 隧道和 Murgenthal 隧道掘进中采用相同型号的 TBM,不同之处在于 Murgenthal 隧

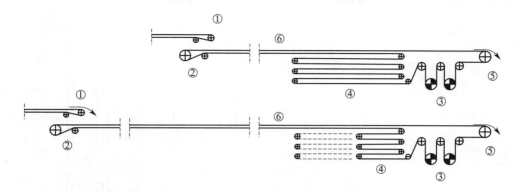

①—中转皮带卸渣；②—廊式皮带的移动偏转台；③—皮带驱动装置；
④—皮带储存仓；⑤—皮带卸渣处；⑥—隧道主皮带
图 5-13　Logistics 公司的带移动偏转台的卧式皮带储存装置

道采用宽度为 1.5 m 的衬砌环，出渣采用带式输送机，而 Bözberg 隧道采用宽度为 1.25 m 的衬砌环，出渣采用自卸车。

图 5-14　廊式带式输送机备用皮带延长点　　　图 5-15　Zürich-Thalwil 隧道支洞
带式输送机安装方式

　　总长为 3 500 m 的 Bözberg 隧道掘进速度如图 5-16 所示，平均每周掘进 54 m，全长为 4 250 m 的 Murgenthal 隧道掘进速度如图 5-17 所示，平均每周掘进深度达到了 100 m。这表明投资采用带式输送机运输系统的收益，要高于采用纯自卸车的运输系统。同时，带式输送机运输系统所需的整体人工成本更低，因为自卸车驾驶员的工资成本和大数量的自卸车成本较高。使用皮带运输系统，降低了 60% 的自卸车驾驶员数量，同时只需要更少的风量来实现隧道掘进通风。在不考虑降低通风系统构造成本的情况下，采用带式输送机运输系统的运行成本比采用自卸车运输成本低 25%。

　　如投资一个长度 4 km 公路隧道的皮带运输系统，大约需要 230 万欧元，若采用自卸车辆组成的运输系统，大约为 150 万欧元。

　　如果将车辆运输需要在隧道底部进行砾石填充铺路的成本考虑进去，则带式输送机运输省略这些工序后,两者的成本基本相当。

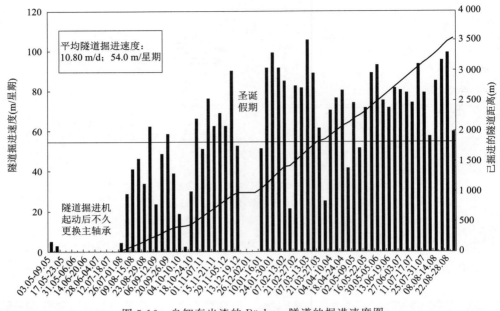

图 5-16　自卸车出渣的 Bözberg 隧道的掘进速度图

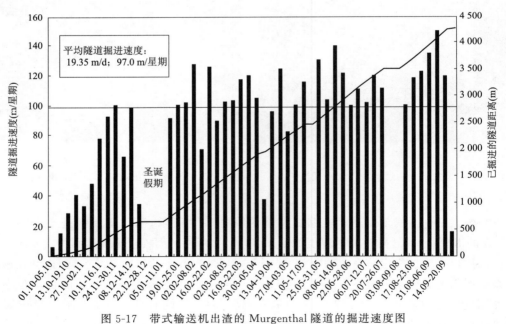

图 5-17　带式输送机出渣的 Murgenthal 隧道的掘进速度图

6 隧道掘进机后配套

采用 TBM 机械破岩掘进隧道,以及对岩体进行必要的支护,最基本的要求是在掘进方向路线上,建立起可靠的供给、控制、废物处理系统等多功能工作平台,一般由独立功能的钢结构拖车组构成。这些辅助系统也称为"后配套",包括 TBM 掘进隧道所需支护结构安装的设备和装置。如图 6-1 所示为 TBM 掘进隧道后配套系统主要构成。

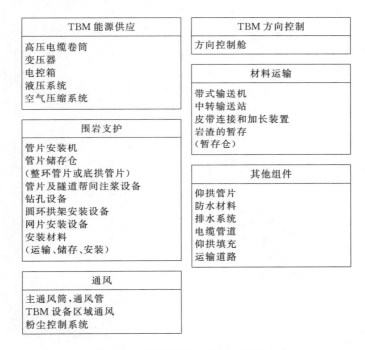

图 6-1 TBM 后配套系统主要构成

6.1 后配套概念

TBM 后配套系统布置钢结构平车上,一般在轨道上运行或者以滑橇在隧道底拱滑行,由 TBM 直接牵引,通常不需要单独驱动(如图 6-2 所示)。如图 6-3 所示为一种典型的撑靴式 TBM 后配套系统,系统配备了隧道掘进所有必需的辅助机械和设备。在 TBM 掘进的多数隧道中,作业空间往往受到很大限制,由于隧道底拱衬砌管片尺寸相对较大,这些管片的运输成为难题。

如图 6-4 所示,用于 Strada Ilanz 电站压力管道掘进,采用直径 5.2 m 的 TBM 配轨道运渣车出渣,后配套的可伸缩带式输送机,将岩渣装到运输车辆内,采用喷射混凝土和钢拱架作为永久支护,这是 TBM 掘进隧道最简单后配套形式。

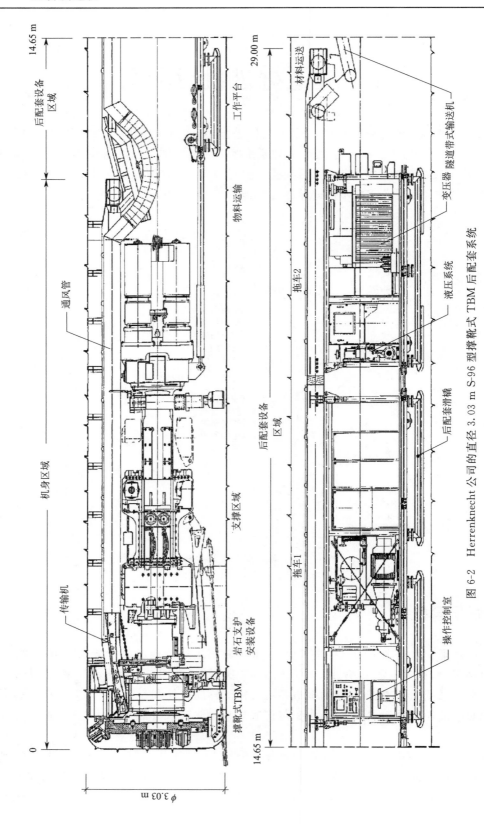

图 6-2　Herrenknecht 公司的直径 3.03 m S-96 型撑靴式 TBM 后配套系统

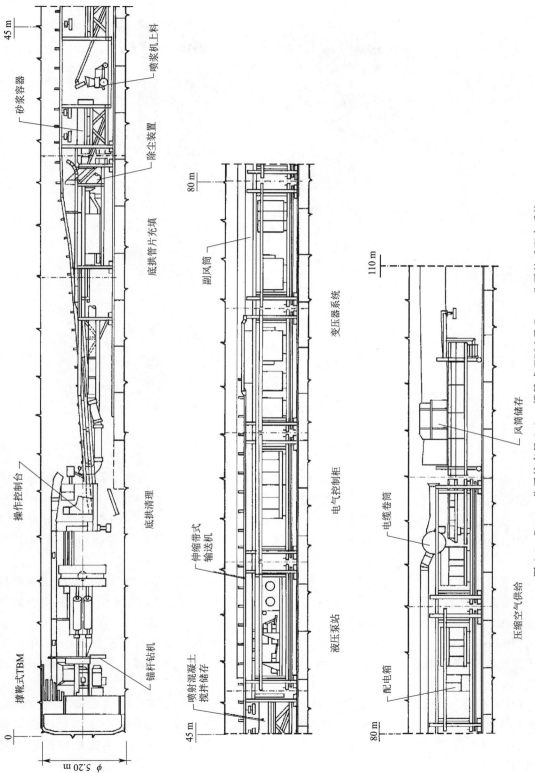

图 6-3 Demag 公司的直径 5.2 m 撑靴式 TBM 及 Rowa 公司的后配套系统

图 6-4　撑靴式 TBM 掘进带式输送机排渣系统

在需要汽车路面运输或者铺设双轨的大直径隧道中，将底拱部分填平作为道路工作，通常也是由 TBM 的后配套系统完成。这使得在隧道中有更加宽裕的路面用来进行交通运输，使运输车能够到达任何地方。如图 6-5 所示，在 Zürich-Thalwil 隧道，采用掘进直径为 12.35 m 的护盾式 TBM 后配套系统，在工作区上方设有皮带廊桥以增加下方空间。

后配套中的 1 号拖车，除了布置了所有的配电及液压泵站外，还临时储存可组装成一个衬砌环的管片。在后配套区的下层，豆砾石泵直接设在砾石仓下部（如图 6-6 所示），利用压缩空气将豆砾石在尾盾后面吹填到隧道底拱内。

TBM 的主要除尘系统，多采用干法除尘，将掘进过程粉尘通过吸入并分离后，净化后的空气在后配套的尾部排出，如图 6-7 所示，其左侧为除尘器的排风口，位于 1 号拖车的过渡段。

TBM 掘进支护后，铺设排水管道等系统，其上充填碎石渣、压实和路面整修（如图 6-8 所示）。这些工作需要在掘进一段时间后开展，为了尽可能使这些工作和隧道掘进工作不互相干扰，需要将整修公路工作和 TBM 掘进保持一定的间距，这也是通过后配套实现的。

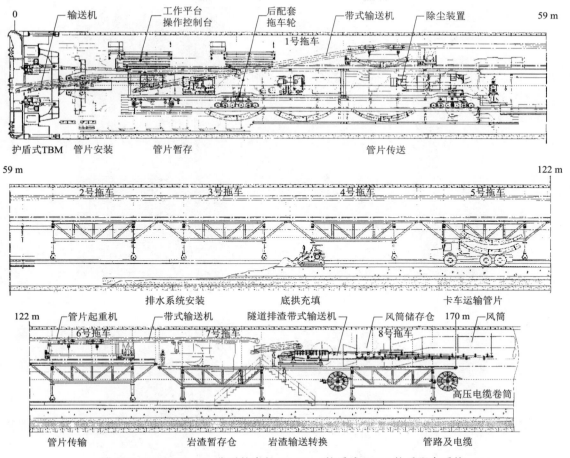

图 6-5　Herrenknecht 公司的直径 12.35 m 护盾式 TBM 的后配套系统

图 6-6　砾石充填泵组

图 6-7   后配套 1 号拖车的后部路面的铺设

图 6-8   后配套设备输送和压实砂砾铺路

　　如图 6-5 所示,其中的 8 号后配套拖车设置废石仓,这由隧道中采用的运输方式决定,无论是轨道运输还是自卸车无轨运输,都需要设置较大的中间暂存仓,以便使断断续续的车辆运输,适应 TBM 带式输送机持续不断排出岩渣的工况,从而不会对 TBM 的掘进速度造成负面影响。在隧道内采用带式输送机排渣时,需要配备合适的皮带延伸装置,以便随着掘进的推进随时进行皮带的延长(如图 5-14 所示)。

　　无论采用哪种岩渣运输方式,都必须在后配套系统安装管片的吊装和输送装置,可以输送拼装成完整环的衬砌或者底拱衬砌、钢封块等,后配套中需储备整个掘进过程所需的易损部件和更换部件。

高压电缆卷筒位于后配套系统的末端。卷筒的电缆储量经常达上百米,随着掘进卷筒内的电缆逐渐释放,而在隧道固定电缆架设完成后再次将电缆卷入卷筒内。

后配套的后方设有风筒储存仓,在掘进时,用于主通风系统的风筒延伸,逐渐取出随着电缆一起架设在隧道顶拱下部。

6.2　设计要求

TBM后配套的建造经常只考虑机械结构上和技术层面上的要求,而往往忽视实际操作的便利性,比如预留必要的机械设备安装和操作空间,以及激光导向的瞄准线位置需要保持开启。在这些主要设施确定后,利用能够找到的其他空间进行风筒布设,这样导致风筒出现转弯和拐角,增加了通风阻力和出现漏风问题,使得风机的效率不能正常发挥,掘进机作业位置空气交换的速率降低。

后配套的建造首先需要确保隧道掘进安全和经济性,其功能需要满足掘进工艺要求。为此,后配套的建造主要考虑的问题如下:

(1)安全的行人通道,包括畅通的紧急避险通道。

(2)整洁,没有弯曲和死弯的管缆布置。

(3)满足带式输送机通过的空间。

(4)激光指向仪接收窗口合理的布置。

(5)理想工作区域的应急空间。

满足这些要求的前提下,可将所需的设备和器械布置在剩余可用的空间中。小直径隧道中需采取一些折衷措施或简化手段,例如将承载电缆的钢结构,用较粗的钢管做框架代替型钢,这样就可在钢管中布设电缆以节约空间,还不会影响结构的整体强度。

后配套通常以滑动或者在轨道上移动的方式向前推进,最简单的后配套系统是在TBM尾部拉动下,在底拱上滑动或在轨道移动,甚至可以利用底拱管片的弧状边缘作为后配套的滑道(如图6-9所示)。

图6-9　Herrenknecht公司后配套台车的支撑辊在衬砌底拱上滚动

　　在 Zürich-Thalwil 隧道掘进中,由于需要承受非常大的动态载荷,掘进始发时采用如图 6-10 所示特殊轨道支撑结构。隧道掘进时充填压实隧道底拱会导致衬砌相当大的振动(如图 6-8 所示),并传递到轨道的支撑部位,如果支撑部位的安装不够结实,那么垂直的动态荷载引发的振动会导致支撑部位松动。

图 6-10　掘进始发时特殊支撑结构轨道上移动的 TBM 后配套车

7 通风、除尘、作业安全和振动

7.1 掘进通风

7.1.1 危险

TBM 破岩掘进,采用盘形滚刀将掌子面岩石局部破碎的过程中会产生大量粉尘,在机械能转化为破碎岩石能量的同时,还有可观的能量转化成了热量。因此,为了确保施工现场空气质量,保证工人正常作业能力,需要采取适当措施,进行除尘和空气降温。

岩体中释放出的瓦斯频繁超出预计水平,这也预示着重要的危险源接近。这些瓦斯气体由甲烷和其他更高分子结构的碳氢化合物组成,一般其爆炸极限(UEG)较低。其危险气体构成多为碳氢化合物与二氧化硫的混合物,或为单独的二氧化硫,也可能是更为不常见的二氧化碳和氦气。

7.1.2 通风方案和通风系统

TBM 掘进作业期间,划分为两个不同的工作区域,TBM 设备工作区域和 TBM 后方工作区域。

对于 TBM 后方区域的通风,瑞士的 SUVA、德国的 TBG 和奥地利的 AUVA 等组织制定了相关规范。TBM 掘进的通风方案和通风系统与钻爆法掘进没有什么本质差别(见 *Tunnel Building by Drilling and Blasting* 一书)[96]。瑞士工程师与建筑师协会 1989 年制定的 SIA 标准的第 196 条,"地下工程建设通风"解释了通风概念,并进行了相应的通风量计算。

从 2000 年或 2001 年夏季开始,瑞士 SUVA 规范,对柴油机车辆提出一项新的要求,需要采用较细密的特殊微小颗粒滤网,以减少可能会致癌的微细烟尘颗粒。此规范的例外情况有:

(1)装有辅助柴油机的车辆,如只是利用柴油机驱动行走的凿岩台钻。

(2)每天使用时间少于 2 h 的柴油机驱动车辆。

(3)驱动功率不超过 50 kW 柴油机车辆。

对于 TBM 设备工作区域,掌子面通风需要采取特定方法,如果仅仅考虑由滚刀破岩所引发的粉尘,在掌子面和 TBM 设备之间,采用集成在 TBM 上的除尘装置能够满足除尘要求。但是,如果有瓦斯析出危险,无论是从掘进破碎的岩体中析出,还是从岩体节理裂隙中涌出时,在极端情况下可能弥漫在整个掘进区域,对于大直径 TBM 而言掘进区域的局部通风机不能满足通风要求,掘进区域必须进行整体考虑,在分区布置的多台风机和除尘装置一起工作,以确保空气中瓦斯含量足够低。

如图 7-1 所示,压入式主风机①采用正压方式将新鲜空气输送至 TBM 工作区域,掘进区域的抽出式风机②抽取了在机器定子周围含有粉尘的空气,并将其输送至除尘器,然后通过主管道将空气从除尘器出风口输送出去。还配有一台压入式风机③确保在 TBM 的后配套区域有着足够的新鲜空气,风机协助将掌子面空气抽取输入到除尘器中。风机②和③永久性安装在 TBM 后配套系统中,主通风机风筒一般布置一条,大断面隧道或者长距离隧道会平行布置两条风筒。

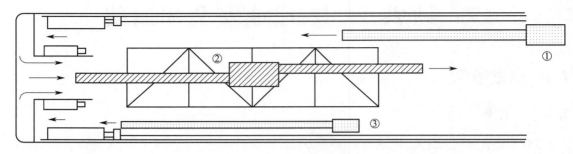

①—压入式主风机;②—抽出式风机;③—压入式风机

图 7-1　TBM 工作区域通风布置[138,141]

7.2　除　　尘

　　通常,掘进区域的粉尘浓度超出工作区域允许值数倍。为了确保空气中污染物浓度不至于对工作人员造成伤害,必须将掘进区域单独隔开,通过合适的除尘器将空气中的粉尘进行有效地过滤,使隧道内空气粉尘浓度低于允许值。

　　TBM 掘进直径大小直接决定了除尘的工作量。通过将掘进区进行隔离,使掘进区域封闭到只留下一个很小的通道,满足带式输送机通过,通道上还通过增加塑料或油布做成的幕帘以提高密闭性。掘进直径与除尘能力关系曲线如图 7-2 所示,这些数据是基于在各类岩体中实际施工经验得到的。

　　如今,市面上有干式、湿式除尘器,甚至有用于小断面隧道掘进的除尘器。因为干式除尘器更容易操作,所以 SUVA 规范首推这类设备。

　　大吸力的风机不仅会吸走粉尘,甚至是吸走沙粒和细砾,因而造成了过滤软管和除尘器中的机械装置快速磨损(如图 7-3 和图 7-4 所示)。实际操作中较好的解决方案是在除尘器之前安装一台粗颗粒过滤器,这虽然会增加设备功率需求,但是大大降低了系统磨损。为了降低粉尘在风筒中沉积,风筒中最低风速应为 18～20 m/s。

　　尽管干式除尘器因其安全便于操作成为首选,但不太适用在 TBM 掘进采用喷射混凝土支护的工作环境。这种施工工艺用在含有水泥和速凝剂的

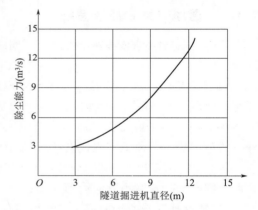

图 7-2　除尘能力与 TBM 掘进
直径之间的关系

图 7-3　Herrenknecht 公司的 S-155 型撑靴式
TBM 配套 Tscharner 干式除尘器

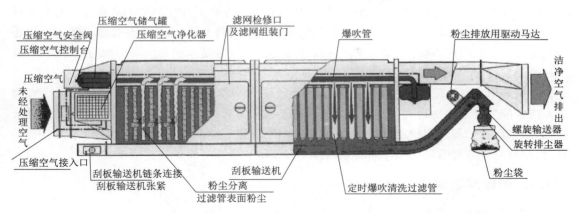

图 7-4   具有压缩空气爆吹过滤软管功能的干式除尘器工作原理[171]

粉尘环境,会迅速堵塞过滤器,并形成阻塞管道的硬壳[50]。这种条件下可以采用湿式除尘器,它能够将粉尘和水结合到一起,此方案需要有足够的清水供应。

7.3   职业安全和安全规划

7.3.1   概述

"安全"术语定义为没有造成威胁的环境条件,客观上是通过安全保护措施或者移除危险因素来实现的,主观上是个人或者团体感受到安全和保护措施值得信赖的确定性。因此,安全考虑的原则包括危险识别和风险控制。

安全不仅仅只涉及结构问题,还是多方面的因素集合为一体的概念总成,这主要包括如图 7-5 所示的三个关键方面。

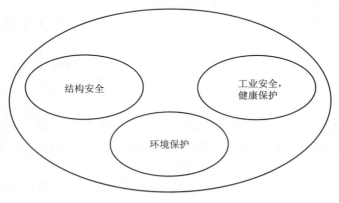

图 7-5   综合安全因素

尤其是在地下工程施工中,工作现场发生事故的风险增大。主要有以下原因:

(1)地层不均质性带来的风险。

(2)即使采用人工光源,照明仍不充分带来的风险。

(3)受空间限制,集中移动大量设备带来的风险。

应该说,每一个参与工程建设的人员,都应该把安全工作当作他职责的一部分。通常工程结构的安全性是由工程师负责,这就要求他们即便是在设计阶段,无论是选择隧道断面结构还是制定施工工艺及流程时,都要把安全因素考虑进去。这也是承包商采取正确的施工组织,进行必要的安全保护、事故风险防范、施工人员人身健康保障的第一步。

经验表明,在筹备安保措施和安全设备的过程中,经常会犯错误,比如在设计阶段没有充分考虑可能发生危险的地方或者是制定的保护措施不完善。没有对必要的安全措施方法进行招投标,因此在工程合同中并没有提供适当的保护措施,或者在实际施工过程中,安防装备不到位、不及时或数量不足。欧洲和其他国家正在制定规范试图纠正这些错误。

7.3.2 国际准则和国家法规

1. 国际准则

欧盟在"职业安全"和"健康保护"方面制定了多种指令,虽然这些对于 TBM 掘进隧道只是基本规范。欧盟各成员国被强制在其国家法律中采用这些指令,那些加入了欧盟标准化委员会(CEN)的国家也被强制采用欧洲 EN 标准,欧盟标准和欧洲标准的差异在以下两点:

(1)两者的第 100a 条。

(2)欧洲经济共同体(EEC)合同第 118a 条。

前者旨在消除技术壁垒,以实现各个成员国之间的贸易自由,根据第 100a 条,不允许欧盟成员国在任何欧盟准则基础上引入更加严格的规则,因为这同样会造成贸易限制。

欧洲经济共同体法规的第 118a 条为保护雇员条款,这些最低限度的规定不会被各个国家所逾越,在这范畴中也许会推出更加严格的规定,不过现存的更有利于雇员的规定不会受到影响。

以下条款为隧道建设中必须重视内容:

(1)指令 89/391 条,鼓励引入先进技术措施和方法,改进提高对现场工作人员的安全保障和健康保护[117],一切保护雇员的基本条款都已确定在本条例中。

(2)指令 92/57 中第 8 条规定了临时或移动的施工现场,在健康防护和安全保障方面的最低要求(工地指令)[121]。

(3)欧洲标准(EN)815 条,标明了采用无护盾式 TBM 掘进的安保条款[41]。

2. 各国规范

1)德国

德国现行的多种法律、标准和条例涉及职业安全。值得注意的是涉及隧道施工现行的相关规范,有德国事故预防条例(UVV)、预防规则(BGV 或者 VBG),以及雇主责任保险协会(BGBau)制定的安全规程(BGR)和信息(BGI)等。

德国 1998 年 7 月 1 号生效的 *Building Site Regulation*,将欧洲相关法律写入了德国法律中,其目的是制定特定的措施,来显著改善建筑工地中工作人员的安全和健康保护。这些措施包括任命安全调度员和创建安全健康计划(SiGe 计划)。

工地的工作协调,特别是在隧道掘进中,常见的是雇员和承包商都需要根据一份工程计划表进行有序安排,以确保施工过程的安全性和经济性。为了满足要求,业主方必须在那些具有为不同雇主同时工作的雇员施工工地,任命一名或多名调度员,当然他可以用本公司的人员担任或任命第三方人员为调度员。

施工必须有安全和健康计划,以便在工程的设计、功能规划、专业招投标以适当方式规范建筑合同等,安全技术和职业健康措施都已经充分考虑和体现。这可以确保在施工阶段,适时采用正确可靠安全措施。安全和健康计划必须至少包含相关工地的职业健康和安全措施、规定,它是根据雇主责任保险协会危险目录中,与建筑领域或其他建设项目相关安全和健康计划制定的。在危险目录中,所有相关的法规(如 DIN 和 UVV 等)都和风险、措施相关。任命负责任的雇员,并用条形图制定计划日程表。这些可从建筑行业的雇主责任保险协会获得。

隧道安全和职业防护的相关条例有:

(1)DIN EN815:岩体中无护盾式掘进机和无钻杆竖井掘进机施工的安全规定(11/1196)。

(2)Baustell V:建筑工地健康与安防规定(工地规范)(06/1998)。

(3)Druckluft V:空压机作业规程(06/1997)。

(4)BGV A1:一般规定(1998)。

(5)BGV C22:建筑工程(04/1993)。

(6)VGB 119:矿物粉尘与健康危害(10/1988)。

(7)BGR 160:地下建筑施工安全规程(10/1994)。

(8)BGI 504:根据雇主责任保险协会制定的指南,特殊行业医疗标准 Gl. 1,第一部分:"含石英粉尘"(1998)。

2)奥地利

奥地利在 1999 年 7 月 1 日实施了《建筑工程协调法》。这部法律规定:如果在某一施工地点,同期作业或接续作业存在不同公司的雇员时,业主和项目经理必须指定安全和健康保护协调员。对于大型建筑工地,像德国等国家会制定安全和健康保护计划。《建筑工人保护条例》规定业主必须对雇员负责,这一法律适用于直接在欧洲的建筑工地,尚未引进到国际上,其目的是降低建筑工地的事故发生率。

奥地利建筑工地中雇员的职业安全遵循以下法律规章:

(1)ÖNORM EN815:岩体中无护盾式掘进机和无钻杆竖井掘进机施工的安全规定(12/1196)。

(2)BauV:建筑工人保护条例(04/1998)。

(3)BauKG:建筑工人协调法(07/1999)。

(4)AStV:工作场所管理规范(01/1999)。

(5)AschG:雇员内部保护法(06/1994)。

奥地利 AUVA 还颁布了其他相关的指导意见并出版了相关手册。

3)瑞士

瑞士颁布了多项与职业健康相关的法律和标准:

(1)UVG:意外事故保险法。

(2)STEG:关于技术装备和设施的联邦安全法。

(3)SIA 118:总则。

(4)Art. 104:相关于建筑规范 EEC 92/57,这个标准简要说明了业主及其代表人的职责。

(5)EN815:无护盾式隧道掘进机安全标准。

(6)建筑工程从业人员安全健康防护条例(03/2000)。

7.3.3　综合安全计划

1. 管理计划中环境安全计划

安全作为一个完整的主题,最早在业主方目标实施设计中就应有所体现,因而项目顾问不得不在项目的筹备阶段,就要考虑一般工程中的安全利益。这使得安全和适用性、经济性、环境友好性一起成为了质量管理的一部分。

因此,综合安全计划应该是嵌入项目的施工作业计划和质量管理计划中,并应该包含以下主要内容:

(1)安全目标。

(2)危险性描述与风险分析。

(3)避免发生或限制事故扩大的行动计划。

(4)应急救援理念与应急服务。

2. 安全目标

安全目标,通常认为是达到任何一种类型的风险都已经被降低到相应允许或可接受的程度,其接受程度的衡量标准是公共利益。

在一份安全管理计划中,涉及的安全目标包括职业安全、健康保护、环境保护。围岩的支护占有特殊地位,一方面,在施工计划中作为施工工作的一部分进行了描述和评价;另一方面,岩体支护对于职业安全来说具有重大意义,例如喷射混凝土在最初几小时的早期强度。

3. 危险描述和风险分析

对危险的识别是整个风险分析中最重要的因素,因为尚未被发现的危险才是最大的风险。

为了评估危险的程度,会根据实际生产中的经验,选择相应的危险模型,这样才能把危险事件集中到一起,通过感知并识别出其中的差异。通过进一步系统分析绘制出错误树、事件树和因果图[146]。

可以通过发生事故的后果和发生事故的可能性来预见风险程度,如图 7-6 所示。图中 W 为发生事故的可能性,T 为发生事故的严重性,定义发生事件的风险指标为 $R=W \times T$。例如,发生事故的可能性 W 小,发生事故的严重性 T 极高,得到发生风险的指标 R 为中

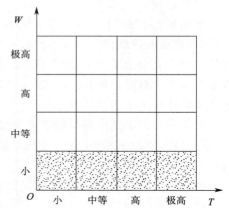

图 7-6　风险指数与发生时间的
可能性及严重性

等。利用这一定义,根据事故的实际后果和它发生的概率大小,所有的危险都可以被归类为一种风险。

有目的地采取降低风险的措施,可以把被评估的风险降低到可以接受的水平,只剩下较小的风险。找出列表中的风险并进行评估,也是以业主雇用了一家有能力的承包商、其雇员熟悉地下工程施工工艺中风险识别的种种规律为前提的。

安全计划中应包含以下风险描述:

1)建筑工地开始设立时的危险

(1)地下工程内交通运输的危险。

（2）落石、洪水、雪崩等自然的危险。

（3）噪声，如施工噪声、环境噪声等。

（4）电器设备的安全。

2）通风

（1）通风中断事故，由于风机故障或停电导致。

（2）瓦斯事故，尤其是当天然瓦斯已经弥漫到 TBM 机身位置时，需要采取特定的流程来关闭全部的电力系统。

（3）新鲜空气量不足以稀释高浓度有毒气体。

（4）随着瓦斯析出量的增加，空气中甲烷浓度增加。

（5）后方通风用风筒受损。

（6）通风系统中有毒物质聚积，以及隧道贯通后有毒物质的聚积。

3）隧道内的火灾

（1）单一车辆着火，双车碰撞后着火发生烟雾弥漫隧道或发生风筒燃烧。

（2）施工导致的火灾（建筑化学用品），包括后方区域后配套中隔音材料起火。

（3）隧道贯通后的火灾。

4）用于物料、人员的运输设备

（1）在前方和后方，汽车或火车，因为司机视野受限，撞到或碾压到作业人员。

（2）车辆撞到脚手架。

（3）车辆溜车。

（4）工作平台及路线未设有足够的防护措施导致车辆跌入竖井。

5）照明

由于工地及交通路线上照明不足，以及进入工地人员照明不足造成的损伤。

6）临时用电

（1）高压设备的非专业架设造成伤害，例如在运输区域内布置的电缆。

（2）用电引起的火灾或爆炸。

（3）由电力中断导致的后果，如排水、通风、测量、监视设备等中断运行。

7）掘进和支护

（1）由于塌落或者岩爆导致的伤害（由于喷射混凝土在前几个小时强度不足，不能起到对围岩的有效支撑作用）。

（2）落石导致的伤害（在 TBM 顶部护盾防护不到的地方）。

（3）突水和突泥。

（4）在掘进时出现的高浓度粉尘。

8）气体释放

（1）因为过高浓度的瓦斯导致的爆炸。

（2）因为过高浓度的氡气而导致的辐射伤害。

针对可能发生危险的这些表现形式，在每个施工地点都需要逐条进行核查一遍。

4. 行动计划

安全措施包括安全组织和防护材料能够完全或至少部分地抵御危险，并且将风险降低到可以接受的水平。尽管如此，仍然会有危险发生，因此行动计划应该将救援计划和相关地方性应急救援服务整合起来。

国家机构如 SUVA、BG Bau、AUVA 已经出版了相应手册、指导意见、规章,能够帮助每一位项目顾问去制定抵御风险的实施计划和措施(例如,可以参照 BG Bau 出版的 *Tunnel Construction* 的"安全施工")[151,168]。

理想的救援计划包括三部分:工程措施、物质措施和人员措施。下面举例说明这些措施:

1)工程措施

这些功能是保证在发生火灾的时候能有效沟通和实施救援:

(1)通信。

(2)警报程序。

(3)火灾报警和灭火措施。

(4)救援计划包括避灾路线、施工现场的交通系统和直升机停机坪等。

2)物质措施

这些包括如下测量设备、救援物资和灭火材料:

(1)测量设备,包括移动式和固定式的,用来测量涌出地段可能会出现瓦斯气体包括氧气含量在内气体参数。

(2)救援物资,包括自救器、救援器材、急救材料。

(3)灭火设备,例如水管、手提式灭火器等。

3)人员措施

对应急救援人员和救援队的训练措施:

(1)一般急救和救援训练。

(2)使用自救器训练。

(3)救援小队使用呼气器具、瓦斯探测器训练。

7.3.4　瓦斯预警与岩体支护

在 TBM 掘进中,两个安全目标尤为重要:

(1)瓦斯存在需要采取特殊措施处理的掌子面通风。

(2)具有人员保护措施的岩体支护及建立安全避灾硐室。

1. 瓦斯风险

所有国家都对在含有瓦斯地层施工引入了专门法规以防止事故的发生,例如瑞士的 SUVA 准则(1497),德国的 BG Bau 指南(BGR 160)。以下几点对 TBM 掘进隧道来说特别重要:

(1)与采矿业不同,不可能建造出整体完全防爆的掘进设备。

(2)电器设备的所有元件,包括电机、熔断器、开关等,在设计时应该做到在遇到危险时,能够随时部分或全部安全关闭。

(3)在掘进机区域,包括所有后配套拖车等不同位置,检测仪器能够提供所在地点的瓦斯气体浓度曲线信息。当瓦斯浓度达到最大允许浓度 1.5% 时的警报装置立刻报警,停止掘进,除了检测小组人员外的所有人员必须撤离隧道。

如果瓦斯浓度不断增加或者突然增加,导致浓度达到极限值 1.5%,这时候,除了那些保证安全的用电设备和主通风机排风口外,所有电气设备应被关闭。因为有许多的开关和熔断保险都无法做到在结构上达到防爆标准,所以在系统再次打开之前,要保证其所处的环境瓦斯不超标。

决策过程应包括在行动计划中,在下列情况出现时,应当确定人员的行动准则:

(1)因为瓦斯气体浓度达到1.5%,主机自动断电后,需要重新打开主机时,或者当主通风系统风机停止工作后。

(2)因故停电后,在通风未关闭状况下重启主机时。

(3)停电后,主通风系统关闭的情况下重启主机时,此时需要在隧道出入口采取一些相应措施。

2. 岩体支护

采取岩体支护措施的目的,一方面是为了让工作场所变得安全,确保对作业人员的保护,另一方面是使硐室结构安全。如果地质条件较差,如掘进隧道内出现明显的断层,此时如果采用没有护盾保护的TBM,就必须对围岩进行有效支护,否则这种情况作业会极其危险。

如果发生大石块的多处坍塌,并垮落到机身上,导致岩体支护措施很难实施,不仅会造成掘进的中断,还会对工作人员和机器造成很大的危险(如图7-7所示)。

图7-7 TBM定子后面悬挂在支护上崩塌岩块

根据相应的国家标准和EN 815的要求,在这些情况下,只有在有护盾保护的情况下才能进行岩体支护,可以是全护盾或是带尾部格栅的护盾。和管片衬砌类似,只有系统排列的预制钢拱架、钢筋网单元或者相似的支护措施才是安全的。钢拱架衬砌环的外形和元件宽度都应该充分适应地质条件。配有支护设备的TBM设计,应该满足EN 815的要求。

7.4 振   动

TBM掘进过程中会对周围产生相当大的振动,可能对附近的建筑产生不良影响。如果业主方放任这种振动不管,会导致在建筑群中产生超标的噪声,这样,施工就不得不避开限制噪声时段,从而造成工期延误。如图7-8所示为TBM掘进时,位于上方的建筑基础处测量得

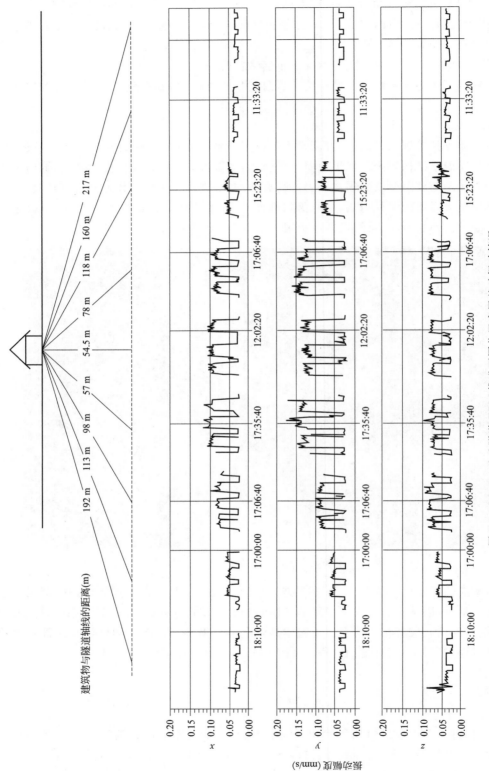

图 7-8 Murgenthal 隧道 TBM 推进不同位置房屋基础振动情况

到振动情况。隧道掘进采用一台单护盾式 TBM，监测的掘进长度为 400 m，可以识别出掘进、管片拼装和停机等工作时振动状况。

对隧道上方的建筑物基础进行振动测量，测量建筑物基础在三个主轴 x、y、z 方向的振幅，得到建筑物基础与 TBM 刀盘距离和振动幅度的相互关系，如图 7-8 所示。图中左侧位置，从刀盘距离建筑物 192 m 开始测量，随着刀盘逐渐接近建筑物，建筑物基础的振幅开始增大，刀盘处于建筑物之下达到最大值，然后迅速下降，直到距离大约为 217 m 时，这种震动又降到了比较低的水平。

本次测量不只是取得了一些消极的成果，对大型 TBM 而言，至少得到其造成的局部振动与货运列车快速通过隧道时产生的振动在同一个水平上，低于高速列车通过隧道时产生的振动。从图 7-9 可以看出，位于隧道上部的房屋基础位置的频谱分布，与列车造成的振动频谱相一致，有时甚至会高于高速列车造成的振动频谱。

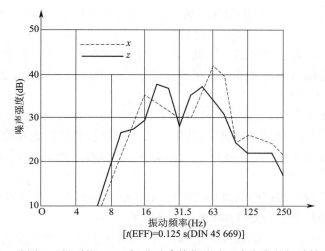

图 7-9 从图 7-8 得到的 TBM 掘进对建筑物基础三个方向的振动转移频谱

8 辅助设备

8.1 地质勘察和地层改性

隧道前期地质勘察无论做得多仔细,总会或多或少的存在一些不确定因素,这也让 TBM 的掘进旅程充满未知。在已知可能出现断层区域,或推断地质条件中有不确定因素,突发的地质异常情况等都会导致掘进的中断。为应对这些情况,作为基本配备标准,TBM 应该配置满足以下工作的装备:

(1)钻孔装备,在隧道的前方或者四周,能够用钻孔方法进行超前探测,包括用于瓦斯探测。

(2)地层改性装备,可以利用超前探孔,对 TBM 掌子面前方几十米范围地层进行注浆改性,对断裂地带、有可能坍塌的地层或者在刀盘前方已经坍塌的地带进行加固。

(3)超前钻孔探水、泄水。

正如前面所描述的那样,超前探孔可以用来获得更加可靠的地质信息。利用刀盘产生的微震探测法,至今仍未获得确切的成果和结论。另外开展的利用冲击钻进及全面地质数据记录的探测法取得较好效果,正在发展的钻孔摄影法,能够对待掘进的岩体进行直观观测(如图 12-2 所示)。

虽然在隧道断面内钻进探测孔是切实可行的方法,但是却存在钻杆折断在钻孔内的风险,留在掘进断面内的钻杆必然会对 TBM 掘进造成影响。

一种叫作"孔内冲击法"的钻孔技术很有优势,因为它有着一个不会直接向前伸出的封闭外套管。对于撑靴式 TBM 来说,布设探测钻机非常困难(如图 8-1 所示),而对于护盾式 TBM 来说,较容易的做法是在管片拼装机上布设钻机,这样可以使钻杆穿过护盾对各个方向进行钻孔探测。

对于大直径 TBM 来说,直接加固刀盘前方岩土体的注浆孔,无法穿过 TBM 定子进行钻

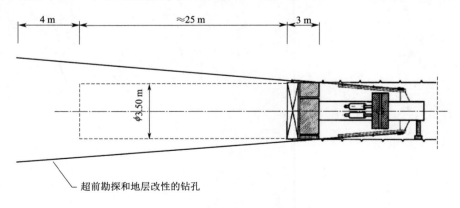

4 m   ≈25 m   3 m

$\phi3.50$ m

超前勘探和地层改性的钻孔

图 8-1 撑靴式 TBM 中超前勘探或注浆孔的钻孔设备布置

进,只能在紧贴刀盘后部采用紧凑型钻机钻孔,如图 8-2(a)所示。这就要求钻机体积较小,而且其钻杆可兼作注浆管。在注浆完成后不会对 TBM 的掘进造成影响,也不会将刀盘与掌子面岩石粘接在一起,导致刀盘旋转时撕裂破坏掌子面。在此条件下,钻杆采用玻璃纤维强化塑料管制作,并可通过接箍连接延长,采用一次性钻头钻进,如图 8-2(b)所示。这些留在岩体内长度只有 50 cm 的钻杆,可被刀盘滚刀绞碎,而不会对掘进产生不利影响。

在穿过刀盘加固岩体注浆中,注浆材料最好选取容易运输、硬化速度快的人造树脂(聚氨酯或丙烯酸酯)材料,这样刀盘和岩石就不会被这些材料粘接在一起,浆液也不会流到 TBM 的下部底拱内。

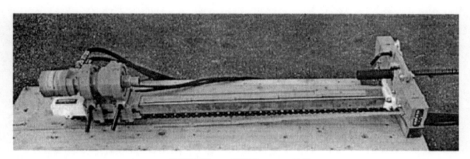

(a) 适用长度0.5 m钻杆的Lumesa钻机

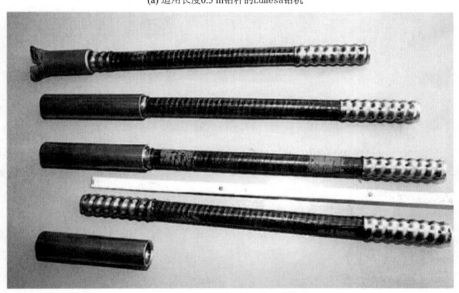

(b) Weidmann玻璃纤维强化塑料管接长钻杆

图 8-2 TBM 配备钻孔设备及钻具

8.2 岩体支护设备

撑靴式 TBM 经常配备有用来钻进中到大直径锚杆钻孔的设备(如图 8-3 所示),也会装备临时支护钢拱架架设设备,正在开展研究的机械安装钢筋网的设备。

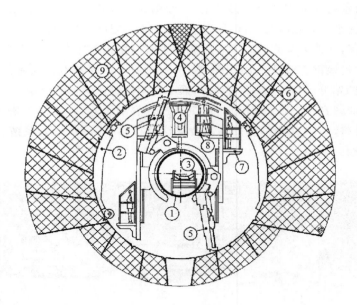

①—TBM 机架;②—支护钢筋网架设装备;③—带式输送机;
④—钢拱架拼装机;⑤—钻机导向架;⑥—锚杆;⑦—有保护顶棚的工作平台;
⑧—有保护顶棚的工作吊篮;⑨—安装锚杆围岩岩体

图 8-3　Herrenknecht 公司的直径 9.43 m S-167 型撑靴式 TBM 上的岩体支护设备

8.2.1　锚杆安装设备

　　锚杆钻机一般布置在单撑靴式 TBM 刀盘后部和撑靴之间,双撑靴式 TBM 布置在前后撑靴之间,可以在 TBM 限定的范围内向各个方向钻进锚杆孔,如图 8-3 所示,为用于 Lötschberg 基础隧道 Steg 标段,Herrenknecht 公司的直径为 9.43 m 的 S-167 型撑靴式 TBM 上的岩体支护设备。每台锚杆钻机都是由一个可伸缩导向架、钻机移动装置和进行钻杆连接的工作吊篮组成,这几个部件都可以独立运动。

　　为了能够在 TBM 掘进同时钻进锚杆孔,锚杆钻机可以在 TBM 推进的一个行程范围内保持相对固定。锚杆钻机一般呈放射状布置在 TBM 上方区域顺时针 10 点到 2 点钟范围,但是根据具体情况并不是严格地要求呈放射状布置。

8.2.2　钢拱架安装设备

　　在撑靴式 TBM 的防尘套的后面,一般情况下有一个临时支护的钢拱架安装设备,它能够第一时间在 TBM 格栅的防护下,拼装封闭的环形钢拱架,如图 8-4(a)所示,然后将拼装完整的钢拱架推到所需支撑的隧道内帮围岩位置,钢拱架的最小间距由撑靴的结构和排列方式决定。

　　目前,这种安装设备几乎只用于安装单榀钢支撑,因为安装钢拱架支护时间需增加,不可避免地使 TBM 的掘进速度降低。

(a) 锚杆钻机和钢拱架安装设备　　　　　　　　　(b) 钢筋网安装设备

图 8-4　Herrenknecht 公司的 S-167 型撑靴式 TBM 上的岩体支护机械设备[61]

8.2.3　钢筋网安装设备

在 TBM 未防护的区域,直到现在钢筋网的安装仍然是手工完成的。目前,正在进行钢筋网机械化安装设备的现场试验,如图 8-4(b)所示为用于 Lötschberg 基础隧道 Steg 标段的 S-167 型撑靴式 TBM 上的岩体支护设备[61]。这会使得在隧道的安全区域,采用可伸缩结构的钢筋网拼装机,将落石保护网或钢筋网安装在隧道帮围岩上成为可能。钢筋网片由锚杆钻机的移动装置从后部移动到前部,然后由钢筋网拼装机推动支撑在隧道帮,由锚杆钻机钻孔安装固定锚杆(如图 8-5 所示)。

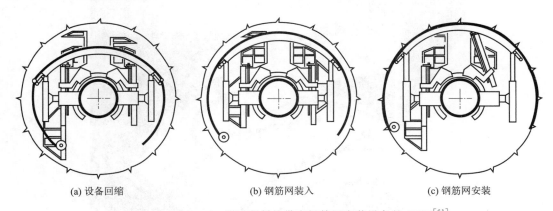

(a) 设备回缩　　　　　　　　　(b) 钢筋网装入　　　　　　　　　(c) 钢筋网安装

图 8-5　Herrenknecht 公司研制的带有钢筋网安装设备的 TBM[61]

8.2.4　创新目标

为了在破碎岩体中获得较高的掘进速度,需要进行技术革新,让撑靴式 TBM 能够像护盾式 TBM 中安装管片支护那样，直接安装集成的支护单元，如钢拱架和钢筋网组成的支护单元，这可以避免支护及支护材料使用的随意性和由此带来的危害（如图 8-6 所示）。为提高掘进速度，制造商们也要在支护装备及支护单元方面相应的加大投入。相比之下，护盾式 TBM 掘进隧道，采用拼装机以机械抓取或真空吸盘安装衬砌管片的方式早已标准化。

(a) 岩体的临时支护

(b) 机械化管片安装

图 8-6　TBM 掘进后进行的支护方式比较

8.3 掘进方向控制

TBM 的掘进方向控制是为了让 TBM 能够尽可能精确地沿着设定的目标路径推进,不同类型的 TBM 具有不同方向控制方式。这些不同类型的 TBM 包括(见第 2 章和第 4 章):单撑靴式 TBM、X 形撑靴式 TBM、单护盾式 TBM 和撑靴支撑双护盾式 TBM。

8.3.1 单撑靴式 TBM 方向控制

单撑靴式 TBM 在掘进的时候,在底拱撑靴的支撑下主梁推动刀盘移动,底拱撑靴在掘进过程中保持固定(如图 8-7 所示),一个掘进行程完成后在主梁作用下前移。开始一个新的掘进行程之前,通过支撑装置改变 TBM 主梁高度或者调节侧向位置来完成方向控制。沿着隧道底部滑动的底拱撑靴,能够用来升高或者降低 TBM 掘进位置。如果岩石强度满足要求,可使掘进机进行向上或者向下运动实现掘进方向控制。侧转向撑靴,经常和底拱撑靴关联在一起实现向上推进,以保持 TBM 掘进方向稳定。

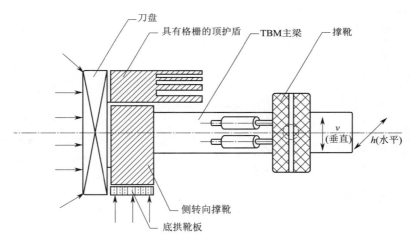

图 8-7 单撑靴式 TBM 转向控制

缓慢或者连续调整支撑单元,控制侧向支撑两侧推进油缸的一侧伸出和另一侧的回缩行程,使 TBM 掘进方向在侧向发生改变(如图 8-8 所示)。很明显,这样简单的操作控制,不可能完全精确控制 TBM 方向,即使这种操作在实际中很奏效。在每个新的行程之前,根据隧道内的激光导向装置数据,还需要对支撑单元进行校正,以保证 TBM 掘进方向正确。

8.3.2 X 形撑靴式 TBM 方向控制

X 形撑靴式 TBM 不会在一个推进行程中改变方向,而是在每个行程之前进行方向调整,由后部支撑单元控制主梁的水平和垂直方向位置变化实现(如图 8-9 所示)。因此,此类 TBM 的掘进路线呈折线形。

需要转向时,对于有着两个支撑单元的撑靴式 TBM 方向控制操作非常容易。当掌子面

图 8-8　带侧转向撑靴的撑靴式 TBM 的刀盘

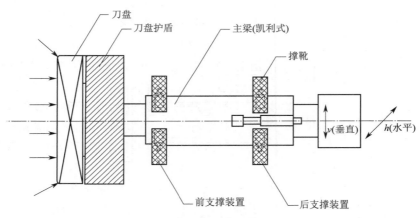

图 8-9　X 形撑靴式 TBM 的方向控制

上某一侧的岩层抗压强度增大时，刀盘被较硬的岩层推动而发生偏离，或者是相反的，在强度不高的岩层中向隧道下部沉降，这两类情况都不会在这种类型机器上发生。

　　然而，X 形撑靴式 TBM 只能够在刀盘停止旋转的时候调整方向，否则，刀盘、刀盘轴承和主梁将受到超限荷载的作用。

8.3.3　单护盾式 TBM 方向控制

　　单护盾式 TBM 是依靠支撑在连续安装的衬砌管片产生的反力来推进[95]的。如图 8-10所示为单护盾式 TBM 受力分析模型，在护盾内的刀盘可向各个方向运动和旋转。施加在滚刀上的合力为刀盘的推力，岩石作用到 TBM 刀盘上的反力为 F_B。假设岩体为均质体，那么反力合力 F_B 位于刀盘的中心位置。围岩夹持产生的摩擦力 RM 与岩石的稳定性状况有关。在稳定的岩石条件，只有护盾下方对承载面产生一定的摩擦力。在破碎岩中掘进，护盾整体摩擦力都会增加，不过，底拱部分摩擦力增加大于顶拱部分。根据岩体的稳定情况，在护盾上

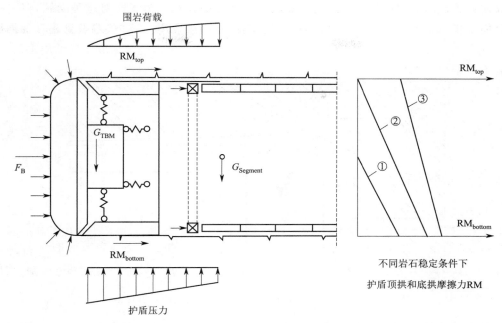

F_B—岩石对刀盘的反作用力;RM_{top}—岩体对护盾顶拱产生的摩擦力;

G_{TBM}—TBM 的自重;RM_{bottom}—岩体对护盾底拱产生的摩擦力;$G_{Segment}$—管片的自重

图 8-10　单护盾式 TBM 受力分析模型

方有可能出现岩石产生额外荷载的情况,这是由护盾上部堆积垮落的岩石量决定。在极端情况下,大型 TBM 岩石夹持对护盾产生的摩擦力在 $0 \sim 100 \ kN/m^2$。

　　如图 8-10 所示为建立的护盾式 TBM 摩擦力 RM 定量分析模型。右图显示在不同岩石条件下,TBM 护盾的顶拱和底拱摩擦力分布情况,图中曲线 1 为在稳定岩体中摩擦力分布;曲线 2 为在破碎程度为轻度的岩体(有一些岩渣从岩体上掉落)在掘进断面和护盾之间产生的摩擦力分布;曲线 3 为易破碎或已经破碎的岩体中,护盾由于受到额外的荷载,岩石的夹持作用增加,从而摩擦力增大。

　　护盾的支撑力是 TBM 整体受力系统的一个反作用力。护盾等效作用中心,通过推进油缸的方向来控制传递,大概位于隧道底拱衬砌管片上方的压力环轴线上。瞬间绝对移动中心位于 10 倍直径的隧道围岩中。因实现 TBM 行程控制的缘故,为了能够在不同的推进油缸上实现不同的推力,它们被分为不同的压力组。推进 TBM 的合力需要集中在较低的区域内,故通常有两个压力组位于护盾下方 $\frac{1}{4}$ 处,在掘进机两侧和顶部各有一个压力组就足够了。

　　根据地质条件的不同,护盾式 TBM 垂直调向的难易度迥然不同。如果围岩较稳定,可以逐步稳定地提升刀盘。然而,如果围岩不够坚固,对于磨砺层泥灰岩或者已经破裂的砂岩,那么通过较低处的护盾表层支撑来升高刀盘会有相反的结果,因为刀盘外缘会剪切破坏下部脆弱的岩层而压入地下。在此情况下,只能通过在护盾顶延伸转向鳍产生阻力,缓慢提升护盾式 TBM 的高度。

　　护盾式 TBM 的掘进线路在擦过硬岩地层时容易发生方向变化(如图 8-11 所示)。在碰到硬岩地层时,作用在盘形滚刀上大的推力会让护盾式 TBM 发生偏转。这一作用会持续,直到在刀盘前方的盘形滚刀产生的复原力矩克服了偏转力矩作用。为了应对这种问题,在一些情况下只能一步一步地工作:撑起护盾,推进刀盘掘进一小段距离,然后在刀盘空载时立刻推进护盾。

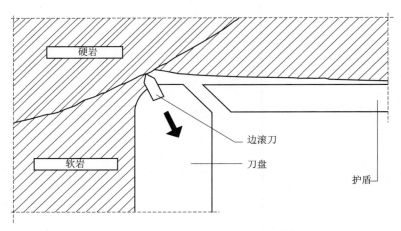

图 8-11　护盾式 TBM 掘进中从软岩开始接触硬岩出现偏移

一般来说,围岩发生不稳定情况的风险越大,护盾式 TBM 方向控制越困难。可用以下手段优化在不稳定地质条件中的掘进[143]:

(1)控制贯入度和刀盘旋转速度。

(2)检查岩渣情况以辨识是否出现坍塌。

(3)在掘进同时,持续监测推力和刀盘的旋转速度。

(4)检查护盾上部岩石的沉降量,控制刀盘进尺,以及利用膨润土悬浮液对护盾上表面进行润滑。

(5)在刀盘旋转的时候进行方向控制和调节。

(6)当一侧的岩层明显比另一侧更坚硬时,应保证方向控制操作能与之相适应,以确保轴向掘进精度。

护盾式 TBM 依靠衬砌管片来推动自己。为了上下、左右校正掘进方向,以及掘进曲线隧道的需要,最后一环由衬砌管片构成的圆柱体断面,应该与要掘进的隧道轴线方向尽可能成直角。当衬砌的一侧短于相反的一侧的时候,才可采用矫正衬砌环。这时需要重新调整护盾的支撑面方向。当衬砌系统中每个单独的衬砌环都有着不同管壁厚度的时候,需要在四个方位都使用矫正环。一般可以用中心对称的环作为矫正环安装使用。掘进机的圆柱切面与矫正环的轴向相交,当两者反向旋转时,掘进方向会变直,通过二者协调或一部分旋转可以将掘进机轴线指向所需调整的方向。

刀盘的旋转使得护盾、护盾筒反方向旋转。由支撑在衬砌上的全部推力千斤顶产生的轻微挠度变形,来形成所需的反扭矩。这种轻微的挠度变形会产生偏离轴心的力以抵抗护盾的转动,如果太大还可能出现反转。

8.3.4　双护盾式 TBM 方向控制

具有撑靴装置的双护盾式 TBM,一般是用后部护盾的撑靴单元来支撑起自身,即撑靴护盾。在不良地质条件下,支撑装置不能有效地工作时,则利用撑靴支撑和衬砌管片联合作用。装有刀盘的前护盾一般是用很牢固的墩台来支撑,与单撑靴敞开式 TBM 支撑类似。

  V 形布置的推进油缸,将护盾和推力单元连接起来(如图 8-12 所示),能够对前护盾进行精确的方向控制。连续精确调整这些倾斜推进油缸的工作,只能够依靠电脑来完成控制。正如单护盾式 TBM 一样,在掘进完成的后方,多个衬砌环也是被相互连接起来形成一个闭合的圈。

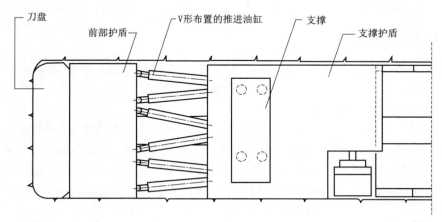

图 8-12 具有前护盾和支撑护盾及 V 形推进油缸布置的双护盾式 TBM 示意图

  在破碎的岩体中,采用双护盾式 TBM 掘进会面临很大的困难,因为在护盾和护盾之间的落石,会妨碍甚至阻止 TBM 完成一个行程后撑靴护盾的收回。这种情况与其说护盾式 TBM 被埋住了,更准确的说法应该是被卡住了。因为如果说是"机器被埋住了",说明围岩发生了非常大的变形造成了掘进机的过载。不过,这倒是把埋深较大或岩体不稳定条件下,采用双护盾式 TBM 掘进的真正危险原因解释清楚了。

8.4 监　　测

  隧道掘进机不可能精确地按照设计的三维空间路径掘进,撑靴式 TBM 可以快速地纠正掘进方向,相比之下护盾式 TBM 的纠正过程反应迟缓。

  对 TBM 位置的测量,理想状态应该在任何时候都能提供 TBM 相对于目标路径的位置,比如每掘进 0.5 m。在实际掘进中,这一目标首先是通过计算机控制的定位来实现的,此类设备代表着当前科技的最高水平[95]。

  作为一个整体概念,测量也包括了可能产生的误差。在隧道标准剖面的布置时,项目顾问应该考虑到产生误差的可能性。在现代的测量技术条件下,TBM 在所有方向上的测量精度为 8~10 cm。

  总的来说,隧道测量误差的主要来源如下:

  (1)基础测量误差。

  (2)测量误差。

  (3)放样误差。

（4）TBM 掘进的误差。

依据误差传递理论，有一种倾向，那就是计算每个单独误差的平方和的平方根作为可能的误差值。不过，这种假定并不符合实际情况。因为激光束方向的不正确产生的测量错误，会导致在不正确的理论掘进轴向，这时候产生的错误已经不再是误差讨论范畴内的问题了。

当前能达到的掘进精度，在 5 km 长的隧道能够实现所有方向的偏差在 8～10 cm。随着隧道长度的增加，基础测量误差会增加，这需要在隧道目标出口进行修正，包括改变线路。直接采用带有偏差的隧道路线，或者考虑扩挖一段隧道调整方向，后者的代价明显更高。

8.4.1　TBM 位置监测

现在的测量系统能够做到持久地监测 TBM 的位置，这是通过一个主动激光光束接收系统来实现的，在 TBM 设计制造时就已经完成系统安装，固定在护盾上，同时，它还可以在掘进时确定 TBM 的纵向位置和转角。

通过智能传感器接收光束位置偏转，得到 TBM 偏离掘进线路的角度，将接收屏上激光光束点的位置，在水平方向和垂直方向的偏差传输到工业计算机中，同时传输包含转角、仰角、偏航角等信息，以确定 TBM 的位置和偏航等级。计算的校正曲线连同设计的隧道轴线，用图表和数值在 TBM 控制台的显示器上显示，操作人员能够随时观测到控制转向过程和 TBM 的实际反应，这就保证了方向调整总是使 TBM 向着回到预定路线方向进行。

激光和目标接收屏之间的距离采用光电学方法测量，且每次激光的重新定位都会更新这一数据，任何一种类型的商业用隧道激光都可以使用。不过，激光有时候需要调整，尤其是掘进路径为弧线时。激光改变后的位置必须手动输入到系统当中。

8.4.2　TBM 推进路线的计算

在 TBM 的位置被确定之后，对于撑靴式 TBM 来说是在完成推进行程后，对于护盾式 TBM 来说是在衬砌环安装完成之后，TBM 新的掘进计划路线已经计算出来。假如实际位置和目标位置间只有轻微的偏差，那么目标路线仍然保持不变。如果有重大偏差，例如达到了几厘米，那么现代化的电脑系统能够计算出修正路线，从 TBM 实际位置开始，沿着修正路线慢慢地恢复到目标路线，否则，过快的路线修正经常会导致 TBM 轴线偏向另一侧。

9 隧 道 支 护

9.1 概　　述

岩体支护的目的,是在合适的时机采用适当手段保持围岩的稳定,从而保护工人及设备免遭落石及塌方的伤害。

只有在极少的围岩条件下,掘进出的隧道不需进行围岩支护。原生岩体多在地应力的作用下变形或破坏形成山脉,开挖后如果不进行支护,岩石没有足够自稳定时间,而且,雇主责任保险委员会(SUVA、BG Bau 和 AUVA)要求,在隧道超过一定高度时也应安装落石防护装置。

无论是采用钻爆法、TBM 还是部分断面掘进机等机械破岩掘进方法,岩体支护所采用的材料和支护方法都基本类似,甚至是所用的术语和俗称,表达所用的词汇比如"顶部防护""轻度及重度支护"等都基本一致。

一些传统的临时支护方式,如果应用得当和准确,也能被认可为合适的支护,况且人们也早已习惯这样做了。当岩体支护材料成本远大于人工成本时,这种作业优势更加明显。

当今,人工成本已经远大于材料消耗成本。隧道工程建设中主要目标是用更快的速度来完成,要求隧道施工方创新支护方式,对比支护工序占用的时间比例多,如图 3-33 所示,能够让更多的时间用在机器掘进过程中。

通常情况下支护作用举足轻重,起码部分情况下是这样。TBM 掘进与钻爆法掘进相比对围岩的破坏小,但撑靴式 TBM 对围岩施加一个较大的支撑力,则会产生另一种情况。

TBM 和钻爆法掘进最大的区别在于速度快,要求更快形成支护所需要达到的承载能力。在钻爆法的掘进速度下,即便是直径达到 20～40 m 的隧道,采用普通砂浆锚杆或者喷射混凝土方法,其承载能力都能满足要求。

迄今为止,在 TBM 周围采用喷射混凝土的支护方法,经验表明,除了存在 TBM 和喷射混凝土之间不兼容等问题外,即使是有计划有步骤的采用这种支护方法,仍然会导致掘进速度的严重下降。在 Ilanz 的 1 号隧道和 Heitersberg 东线隧道两个工程项目中等优点,所以这种工艺都导致了掘进速度的大幅下降,在直径为 10.65 m 的 Heitersberg 隧道掘进中,大部分区段的掘进速度都达不到 4 m/d,在直径 5.2 m 的 Ilanz 1 号电站小型隧道掘进速度不到 5 m/d。

为了达到高速掘进这一主要目标,需要开发能用在撑靴式 TBM 上,像护盾式 TBM 上的管片衬砌一样的支护方式,不再区分临时和永久支护,只是作为隧道支护结构的一部分。

喷射混凝土支护,喷层和岩体具有较强的黏结性和良好的延展性等优点,所以这种方式还不能被弃用,特殊需要条件下喷射混凝土支护可作为永久支护,此类支护作业通常需要在 TBM 刀盘后方 30 m 进行。

9.2　支护与掘进速度

1980 年在 SIA 198 标准中,已经对由于支护要求的提高,导致了掘进速度的大幅降低进行说明,如图 9-1 所示。

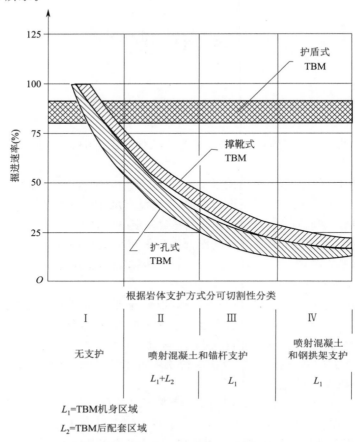

图 9-1　不同支护方式对不同类型 TBM 掘进速率的影响[135]

　　关于掘进岩体分类的国家标准(见第 13 章),基本上也认为支护是影响掘进速度的最关键因素。瑞士建筑大师协会也阐述了由于支护方法导致的掘进速度降低,如图 9-2 所示[152]。此图清楚地显示,采用传统支护方法时,掘进速度是如何随着支护措施的增加而迅速下降的,也清楚表明了应用新型支护方式后掘进速度的变化,护盾式 TBM 无论遇到什么类型的岩体,都能保持相当高的掘进速度。

　　当今制造各种常规 TBM 的目的,是为了在难以破碎的岩体中达到较高的掘进速度,而此类岩体通常不需要支护。盘形滚刀的径向速度已经达到极限,如果让径向速度进一步增加,会导致盘形滚刀和刀座磨损成比例加重。滚刀所能承受的最大荷载几乎达到材料工艺极限,在坚硬岩石中掘进滚刀的破坏形式也证实了这点。因为实际工作时,滚刀承受的荷载明显大于设计的长期工作荷载,如设计的额定荷载为 250 kN,那么实际工作时瞬时荷载能达到 450 kN。因此,只能通过缩短支护时间来提高总体的掘进速度,但是缩短支护时间所能采取的手段有限,如采用性能更好的锚杆钻头。同时,需要针对不同类型工程的地质条件,对岩体支护的方式和手段进行创新。

　　撑靴式 TBM 掘进需要更多的支护时间,支护的技术革新必须能够改善撑靴式 TBM 在岩体中的性能曲线。如果能将衬砌管片相似的一些支护方法用在撑靴式 TBM 上,那么即使在

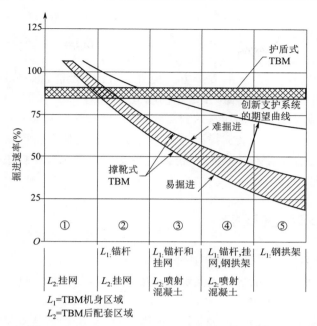

图 9-2 采用传统支护的撑靴式 TBM 和单护盾式 TBM 掘进速率对比[152]

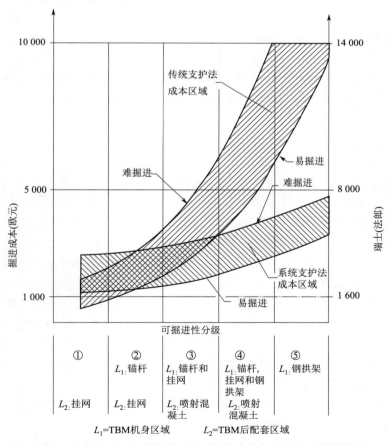

图 9-3 直径 5 m 的撑靴式 TBM 掘进成本与支护方式的关系

坚硬岩体和难以破碎的岩层中，其掘进速度将会有很大提升，除此以外还会使成本降低。

如图 9-3 所示为撑靴式 TBM 掘进成本和支护方式之间的关系，这是按瑞士建筑大师协会制定的定额计算得到的，在这里定额是否偏高或者偏低都无关紧要，主要是表达两者之间的相互关系。从图 9-2 可以看出，创新的支护方式提升了 TBM 性能，掘进综合成本也大大降低。更高性能支护材料的投入带来整体施工成本的降低，即便在一个中等支护强度需求的隧道中。

TBM 设计阶段就考虑支护问题是达到高效率掘进的前提，例如，对于护盾式 TBM，应该在尾部格栅或顶护盾，甚至在侧转向撑靴等保护位置，布置支护安装系统。安装的这些支护单元，在 TBM 完成推进前和岩体没有接触，根据这种支护工艺，TBM 掘进行程完成后，需要进行衬砌环的撑紧作业。

9.3　掘进机区域系统支护

掘进机区域的系统支护应该能够迅速支撑围岩（见第 8 章）。喷射混凝土、砂浆锚杆等支护方式，需要在实施几个小时后才达到足够的强度，这些需要较长时间才能达到目标承载能力的支护方法并不适合 TBM 掘进。

钻爆法所采用具有一定变形能力的全长锚固锚杆，众所周知其效果优良，但是如果用在 TBM 的快速推进过程中，这种支护方法存在很多问题，除非锚杆孔深处的砂浆能够加快凝结。

TBM 掘进可以采用以下支护方式：

(1)钢拱架支撑，上部或者全闭环结构，或带有可伸缩连接接头。

(2)支撑衬板。

(3)支撑管片：整圈的衬砌管片；带有底拱的衬砌管片，在隧道断面中管片内部布置主要排水系统和行车道；底拱衬砌管片，当隧道断面较大时，底拱衬砌管片还经常与临时排水管，以及底部充填结合在一起运用。

9.3.1　钢拱支护

在 TBM 旋转部位之后，可以进行轧制型钢制成的钢拱架安装，承受来自围岩的荷载。然而，对于没有顶护盾的 TBM，围岩必须有足够长的自稳时间，满足从 TBM 掘进一行程及移位，到钢拱架安装完成所需要的时间。对于有顶护盾的 TBM，支护可以作为单独的单元安装，或者最好作为整体支护的一部分，从而更好地防护隧道岩石垮落。

如图 9-4 所示，在隧道顶拱安装带有预应力的钢筋网和钢拱架，图中作为刚性支撑的钢拱架单元，是由 HEB 截面型钢制成(或工字钢)。

除了采用这些宽翼缘截面的轧制型钢，如 HEA、HEB、HEM 等(欧洲宽翼缘型钢标准)，也可以采用钟形截面型钢，它们的截面是定制的 TH 型。这种类型的钢拱架可以发生较大的收缩变形，能够在初期形成柔性支护，如图 9-5 所示为一种柔性支护的钢拱架接头结构。

如果型材开口向上弯曲，那么后来的喷射混凝土就可以无空鼓地完成，普通钟形截面型钢的外形及结构参数，见表 9-1 所示。

在尾部格栅的保护下，安装钟形截面型钢拱架有很大的优势。当 TBM 推进过之后，钟型材可以被液压系统撑起并与围岩接触。

在 1977～1982 年，在 Viktoria 和 Haus Aden 煤矿，采用可伸缩支撑钟形截面钢拱架，在

图 9-4 Walgau 隧道拱顶安装的钢拱架刚性支护[69]

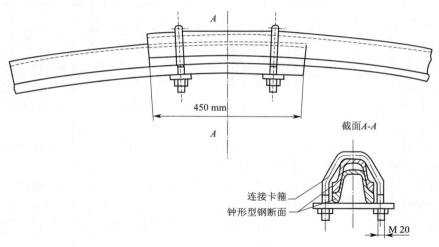

450 mm

截面A-A

连接卡箍

钟形型钢断面

M 20

图 9-5 钟形截面型钢拱架连接结构可伸缩且开口指向隧道内

大约 1 000 m 深的断层区域中成功使用。在 Viktoria 煤矿直径 6.1 m 的巷道和 Haus Aden 煤矿直径 6.5 m 的巷道中,采用 Demag 公司的撑靴式 TBM,利用型钢钢拱架支护,顺利掘进通过了砂板岩、板岩、砂岩甚至是挤压地层,达到了 13～14 m/d 较快的平均掘进速度。

中小直径隧道多采用轻型钢支护单元,优先采用 U 型钢,或组成封闭圆环,或采用拱形 U 型钢支撑与岩体锚固共同作用(如图 9-6 所示利用钢筋网和锚杆进行顶拱支护[182]),即俗称的顶拱和岩石锚杆结合在一起。锚固经常采用摩擦式锚杆,尽管它的耐腐蚀性能有限。需要注意的是当一侧的锚杆失效时,另一侧的锚杆需要能够承受最终的支护压力。

不论采用什么类型的钢环支撑单元,其尺寸都需要和 TBM 的撑靴相匹配,在相邻钢拱架之间,需要具有能够让撑靴支撑的空间,如果不能做到这一点,一方面 TBM 无法获得撑靴的足够支撑力,另一方面那些钢拱架会完全变形而失去支护能力。

表 9-1 钟形截面型钢主要参数

材质 32Mn3/E30-2；抗拉强度 588/686 MPa；屈服强度 392/441 MPa；伸长率 20%/24%

外形 钟形截面	最小弯曲半径		截面面积	单位长度质量	截面模数		惯性矩		外形尺寸		
	r	max $L=m$			W_x	W_y	I_{xx}	I_{yy}	高度	宽度	厚度
	m		cm²	kg/m	cm³	cm³	cm⁴	cm⁴	mm	mm	mm
13/48	1.5	9	16.3	13	32	30.6	137.1	150.1	85	98	9.5
16.5/48	1.5	9	21	16.5	42.8	47	190.5	266	88.3	114	10
21/48	2.0	12	26.8	21	57.8	63	293.5	385	98.5	122	12
25/48	2.0	12	31.8	25	77.2	76	428.6	466.3	111	123	14.5
29/48	2.0	12	37	29	99.6	107	600	799	119.4	149	13
36/48	2.5	15	45.8	36	137	148	926.5	1 265.5	132.3	171	14.5
44/48	2.5	15	55.6	44	179	179	1 323.7	1 558.8	144.3	174	17
21/58	2.5	15	26.8	21	61.3	64	341	398	108	124	14
25/58	2.5	15	31.8	25	80	83	484	560	118	135	15
29/58	3.0	15	37	29	96.8	106	627	783	124	148.5	16
36/58	3.0	15	45.8	36	138	151	977	1 270	138	169	17

格构梁支护系统能够适应钻爆法或部分断面掘进机掘进隧道。这一方法通常对工作区域隧道直接进行混凝土喷射，但这并不太适合用在 TBM 掘进支撑，因为喷射混凝土需要在刀盘后方 30～60 m 处进行，在此距离之前无法对围岩进行支护。

图 9-6　利用钢筋网和锚杆进行顶拱支护[182]

9.3.2　衬板支护

衬板安装在隧道内壁上，衬板为有着突起的边缘弯曲的薄板，它们能够通过突起的边缘铆固在一起。如图 9-7 所示，在 TBM 掘进一个小型的隧道时，采用衬板做支护。衬板支护是小断面隧道掘进中非常有效的支护手段。

图 9-7　采用衬板支护的 San Leopoldo 隧道[108]

9.3.3 衬砌管片

1. 底拱衬砌管片

离开了底拱管片,现代 TBM 掘进隧道的技术是不可想象的。由于性能和性价比不断提高,底拱管片既可用作隧道底部的临时支护,也可以组成隧道的永久支护。底拱同时可作为物料供应、后配套的轨道路基,还可以集成隧道排水系统。底拱管片采用设在 TBM 后方的起重机械进行安装(如图 9-8 所示)。

底拱管片在特定位置预留环形钢拱架支撑安装预制槽,钢拱架的安装需要达到一定的精度,因为最后要将将钢拱架安装进底拱预留槽中。

图 9-8 Vereina 隧道安装具有中排水系统底拱管片

2. 拼装衬砌

管片环衬砌作为一种经典的衬砌方式,如今被广泛应用于地下工程支护系统中,也包括应用在 TBM 掘进的隧道工程中(参见第 15 章)。衬砌大多由钢筋混凝土制成,也有一些采用铸铁或钢板。混凝土衬砌管片样式多样,例如弧状管片、盒式管片或简单的砖形管片。

至于采用一次衬砌还是两次衬砌,主要决定因素是工程成本和效益。如果在设计上将掘进时的临时衬砌,也作为隧道永久衬砌当然是最好的思路。采用混合护盾式或者土压平衡式 TBM 进行承压工作面掘进,管片环衬砌已经成为当今的技术标准。

不过采用 TBM 掘进隧道存在一些不利条件,所以单层衬砌只有在特殊情况下才更有选择价值。从瑞士多次大型交通隧道的招标比较中可以发现,采用双层支护的隧道衬砌成本低于单层隧道 5%～10%,其原因在于:

(1)作为临时支护的简单混凝土衬砌管片,由于不需预应力、精度低、模板简单和易操作,因此生产过程简单、成本低(如图 9-9 所示)。

(2)简单的"瑞士"型管片能够满足高速掘进。因为对于直径 12 m 的隧道,临时衬砌环的安装时间最多为 15 min,只是单层衬砌时间的 30%～40%。

(3)对于简单的不需密封混凝土管片段,可以采用气动装置吹填细砾石。对于采用单层管片支护结构,由于在离开护盾后的管片会松弛,所有接头处密封,需要对管片施加外部压力来保持。因此,至关重要的是对于管片与地层环形间隙,需要采用在软土地基中常见的方式一样进行注浆灌浆。

(4)双层支护结构中的内层支护通常不需要配置钢筋,因此双层衬砌非常经济(如图 9-10 所示)。

图 9-9　Murgenthal 隧道简易无配筋混凝土衬砌管片支护

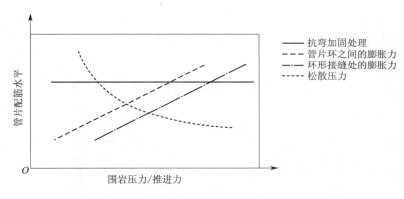

图 9-10　不同条件管片配筋需求

　　只有充分考虑设计细节的计算才能形成合理的管片结构。通常对于层状管片环计算采用杆结构模型,利用有限元计算方法也日渐增多。有限元计算的优势在于,岩石不仅仅是载荷,同时作为围岩又起着承载的作用。

　　对管片所需钢筋用量对比可以发现,其离散性非常大(详见表 9-2)。这么大幅度变化的原因,主要为了满足钢筋混凝土设计规范要求,而不是关于岩体的种种假设。由于有着严格的最小配筋率规定,因此许多工程实际采用的钢筋量都偏高。正因为两层支护,对它的防水性要求不高,支护系统应避免在极端载荷下产生微裂纹,而不是相应的应力松弛。因此,对于配筋的水平要求较低。

表 9-2　瑞士隧道衬砌管片配筋量表

隧道名称	地质条件	衬砌环长度(m)	厚度(cm)		隧道直径(m)	体积质量(kg/m³)	用钢量(kg)
Gubrist	上部淡水磨拉石	1.2	两帮/拱顶:28		11.65	98.6	1 010
			底拱:40~58				
Zurichberg	上部淡水磨拉石	1.2	两帮/拱顶:25		11.65	74	745
			底拱:40~53				

续上表

隧道名称	地质条件	衬砌环长度(m)	厚度(cm)	隧道直径(m)	体积质量(kg/m³)	用钢量(kg)
Bözberg	侏罗纪石灰石、泥灰岩	1.25	40～70	11.87	90	1 110
			轴对称:29	11.87	100	1 055
Murgenthal	下部淡水磨拉石	1.5	两帮/拱顶:28	12.03	51.2	656
			底拱:45～56			
Zürich-Thalwil	上部淡水磨拉石	1.7	两帮/拱顶:30	12.28	88.5	978
			底拱:50～60			
Sachseln	泥灰岩,石灰岩	1.25	轴对称:30	11.76	66	712
Arrissoules	下部淡水磨拉石	1.25	轴对称:30	11.76	54	583

注:瑞士不同隧道中管片钢筋配置离散性大,在底拱部分为双层结构,或系统支护时,底拱也是双层结构。

　　多种因素决定了衬砌管片的配筋需求。围岩压力和 TBM 的推力与主要截面配筋量之间的定性分布关系如上图 9-10 所示。

　　利用钢纤维作为混凝土加筋的方式,能够一定程度满足对衬砌延展性的要求。在大直径隧道的衬砌中完全采用钢纤维是不经济的,但可以采用钢纤维和钢筋混凝土的组合,尤其是用在形状复杂的衬砌位置。相应的,小直径隧道的衬砌中非常适合采用钢纤维管片(如图 9-11 所示)。

(a) 完成预制的管片

(b) 完成管片支护安装的隧道

图 9-11　Sörenberg 燃气隧道中采用钢纤维衬砌管片

3. 抗水腐蚀

作为底拱衬砌或组成完整衬砌环的混凝土管片，都可能因为地下水或者由于骨料的碱化反应而被破坏。

混凝土腐蚀破坏，主要是作为黏结剂水泥腐蚀，导致腐蚀的原因如下：

（1）软水，尤其是含有碳酸根离子的软水。

（2）大量含有高侵蚀性碳酸根离子的水。

（3）含有如硫酸钙、硫酸镁、硫酸钠等硫酸盐的水。

（4）含有氯化物的水（此情况少见），将会对钢筋产生腐蚀。

（5）路上撒盐带来的氯化物，因为农业或者其他人类行为被污染了的水。

（6）骨料的碱反应。

在以上所述的腐蚀类型中，含有硫酸盐的水带来的腐蚀是最常见的，一般采用含铝酸三钙（C_3A）成分较低的水泥，以增强混凝土抵抗硫酸盐腐蚀的能力。事实上，在 San Bernardino 隧道中发生的破坏，说明应用这种水泥的混凝土缺乏足够抗腐蚀性（如图 9-12 所示）。

图 9-12　San Bernardino 隧道排水沟被硫酸盐水质腐蚀情况

有一种设想，即可以通过利用低铝酸三钙水泥来生成硫酸钙从而避免硫化物的腐蚀，但 SBB 通过大量试验证明[137,140]，只有在以下情形这种抵抗硫酸盐侵蚀的做法才会有效：

①采用高质量波特兰水泥浇筑的高致密混凝土结构。

②水灰比小于 0.45。

③硅粉掺量为水泥质量的 8%～10%。

④采用合适的、高质量的减水剂。

混凝土的碱骨料反应会导致混凝土结构的破坏。非晶硅，也叫无晶硅，在常温中能够在强碱的作用下转化为硅酸钠[79]。

9.4 喷射混凝土支护

9.4.1 TBM 工作区域

由于喷射混凝土存在反弹问题，在 TBM 工作区域内施行喷混作业，会造成设备污染和损伤。配置有移动混凝土喷射机械手的 TBM，可以为安装支护所需的其他设备提供空间，如钻孔钻架。

刚刚完成不久的喷射混凝土层会部分被 TBM 撑靴的支撑破坏掉，因此，喷射混凝土通常会在 TBM 后配套区域进行。在较差的地质条件下，喷射混凝土作为局部支护，主要在刀盘前方和刀盘的周围实施。在 Gossensass 隧道直径 3.5 m 超前导洞施工时，长度为 2 400 m 的导洞需要采用喷射混凝土支护，占总掘进长度 46.8%，干喷工艺喷射厚度为 3 cm，实施步骤如图 9-13 所示[119]。

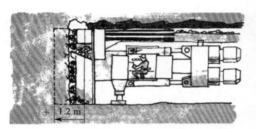

(a) 完成一个推进行程

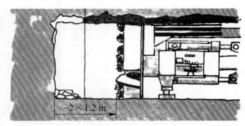

(b) TBM 回撤2或3个行程

(c) 超前喷射混凝土支护，喷层厚度3 cm

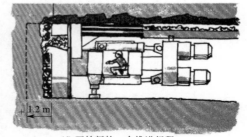

(d) 开始新的一个推进行程

图 9-13　Gossensass 隧道喷射混凝土支护应用[72]

另一个系统应用喷射混凝土的实例为澳大利亚的 Murla 隧道工程。采用 Robbins 公司的 TBM 掘进时，在作业区域系统地采用了喷射混凝土进行支护（如图 9-14 所示）[126]，在此项目中并没有更多的因喷射混凝土导致的问题出现。不过 Robbins 认识到将喷射混凝土和锚杆结合使用，将会有很大的发展潜力。Robbins 指出，利用这种组合，可以形成对围岩的柔性支护，即以喷射混凝土为基础，通过允许一定程度的支护变形以减小较高的围岩压力。

9.4.2 TBM 后配套区域

众所周知，喷射混凝土和 TBM 之间很难做到很好的兼容，正常情况下系统喷射混凝土支

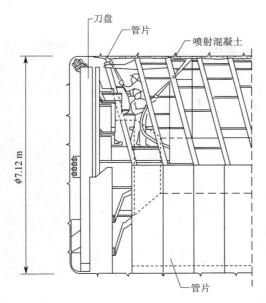

图 9-14　澳大利亚 Murla 隧道喷射混凝土支护应用[126]

护只能在 TBM 后配套区域实施。因为喷射混凝土时间的延迟,很难达到围岩与混凝土之间预计的结合强度。TBM 的撑靴对围岩产生的多循环加卸载,经常导致岩块剥落,或围岩在加固前已经松动,这样喷射混凝土只能作用在"松动"了的岩体表面。

必须在刀盘后方 30～60 m 进行喷射混凝土作业的原因,不仅只是因为喷射混凝土和 TBM 之间的不兼容,还有在 TBM 每天 20～40 m 的掘进速度下,喷射的混凝土只有加入高剂量的早强剂,才达到所需的早期强度,这样才具有承受相应荷载的能力。

在 TBM 推进时进行的混凝土喷射,包含混凝土添加剂的粉尘影响工作人员职业健康,这些还会污染设备、堵塞软管,会引发工作场所的安全问题。这种情况下,如果采用干喷会引起更多需要克服的问题。尽管如此,喷射混凝土支护的技术还应该继续发展,以期将其在传统隧道掘进工艺上的优势结合到 TBM 掘进工艺中。关于喷射混凝土支护的更详细介绍可见文献[89,96]。

9.5　局部支护

根据在实际工程遇到的地质条件,需要因地制宜进行局部支护。在阿尔卑斯山建设隧道工程中,地质条件变化很快,这要求迅速做出决策,在撑靴式 TBM 的工作区域采取最有效的支护方法。

以下方式比较适合用作局部支护,大多数是在较零星的位置进行:

(1)锚杆,或锚杆与钢筋网相结合(如图 9-15 所示)。

(2)单独钢拱架。

9.5.1　锚杆和钢筋网

在地下工程结构中,岩栓或锚杆支护通常被视为岩体重要的支护手段。相比 TBM 推进速度较低的钻爆法施工中,已经证明了这些支护方法的有效性,却并不一定适合快速推进的 TBM 工艺。

图 9-15 采用锚杆、钢筋网和喷射混凝土进行临时支护

1. 锚杆应用

这些短锚杆应用方式取决于它们的功能、类型和长度：

（1）对单独岩块或一组岩块的固定。

（2）预防岩爆。

（3）与喷射混凝土组合形成岩石承载圈。

为了能让锚杆应用最有效，应该在掘进隧道成形后迅速安装好。围岩条件越差，其变形速度就越快、越大，因此，锚杆就应尽快地安装上。容易看出，对于 TBM 掘进，要求开挖后快速形成有效岩石承载圈，实际上是很难做到的[136,158]。

2. 锚杆的类型

选用锚杆的类型应该能够满足隧道的服务年限：

（1）永久性锚杆，需要和围岩长期相互作用，而且能免受外部环境的影响，其使用寿命应该和整个隧道工程结构服务年限一样长。

（2）短期或者临时锚杆，它们并不需要在结构的整个服务年限期间实现相应功能，其功能会被后续进行的其他支护系统替换掉。

3. 失效的原因

据观察统计，有太多的锚杆实际上并没有产生所需或预计的锚固力，导致此类问题的原因，大多数是没有根据围岩的条件选择适合的锚杆类型或者型号。这些问题的出现是因为：

（1）钻孔直径的选择不恰当：对于要黏合锚杆的人造树脂药卷，钻孔直径绝不应超过锚杆基础直径 10 mm。根据锚杆直径，钻孔直径范围为 30～35 mm，这么小直径的钻孔，基本无法采用高性能冲击钻机。

（2）钻孔成孔孔壁不稳固。

（3）钻孔中充填的砂浆量不足。

（4）人造树脂药卷锚杆储存方法不当造成失效。

表 9-3 说明了在 TBM 施工中，采用普通锚杆支护系统的优点和缺点。

表 9-3 TBM 掘进中采用的锚杆系统评价

锚固方式/锚杆类型	承载能力		成本效益和结构适应性	耐久度
	常规	临时		
全长锚固不张紧				
(1)钢或玻璃钢锚杆/砂浆锚固	好	不及时	好	可用-较差(水中含化学物质)
(2)玻璃钢锚杆/树脂锚固	好	总体较好	好-优	好-优
管式、不张紧				
管缝锚杆/摩擦锚固(如:膨胀式锚杆)	好	好	好	差
管式、张紧				
(1)钢制张壳式锚杆	差	及时	差	非常差
(2)玻璃钢张壳式锚杆	差	及时	差	非常差
(3)水泥浆锚固或树脂锚固,钢锚杆,玻璃钢锚杆	中等	迅速	差	差
管式、张紧、全长锚固				
(1)早凝砂浆全黏结锚杆	好	通常滞后	差	可用(水中含化学物质)
(2)张壳式锚杆,后注浆加固,钢锚杆,玻璃钢锚杆	好	好	可用	好

当把钢拱架支护与锚杆支护组合使用的时候,一定要注意到锚杆的耐久性。一个单独的锚杆被腐蚀失效失去承载能力,会导致支护结构或隧道防水装置中出现极限荷载。

9.5.2 拱架支护

在个别条件下,采用单拱架支撑或者部分结合其他支护单元,如衬板将隧道环形封闭支护围岩方法,San Leopoldo 隧道中单拱架加衬板岩,部分形成封闭环形岩体支护[108],如图 9-16 所示。不过,如果全部的围岩都是属于易崩塌类别的,此类支护就不具有性价比优势。

图 9-16 San Leopoldo 隧道采用的拱架及衬板封闭环岩体支护[108]

9.6 刀盘前方地层稳定处理

正如第 8.1 节所说的,应用于不稳定岩体中的 TBM,必须装备有对刀盘前方地层进行岩体稳定改性的设施,且这些加固措施不能影响 TBM 掘进的连续性。在准确的风险分析基础上,施工计划中应当包括必须进行的地质勘探,以及由此导致的掘进中断。有计划、有准备的暂停往往耗时更短,还能有效提高设备的工作效率。

在加固稳定前方围岩的方法中,采用合成树脂注浆的方法特别有效。由于树脂材料在钻孔中不能充分混合,环氧树脂或者 PU 树脂注浆的应用范围受到严格限制。可以利用特殊注浆系统,长距离大范围注射丙烯酸树脂,采用多个很薄的压力软管,内径 8~10 mm、末端有 2 m 长套管,按照注浆深度组合在一起。在注浆深度为 24 m 的情况下,大约需要 10 个这样在末端有套管的压力软管,这些软管可以很容易地被插入钻孔中,并用砂浆密封其周围和孔壁间隙。聚丙烯酸甲酯(PMA)在水中具有可溶性,所以在注浆后的几分钟里,可以直接接入水管冲刷压力软管,以方便再次注浆使用。

除了通过刀盘钻孔注浆法改善地层条件外,液氮冻结也可以稳定含水破碎地层,以使其备备所需的稳定性,但在有流动水的地质中是不可用的(见第 16 章,San Pellegrino 隧道工程)。这种方法成本很高,适合在较短的断层带中使用。采用液氮冻结,工作区域的通风设备能力要满足要求。

10 撑靴式 TBM 与盾构机组合

进行 TBM 细节设计时需要特别考虑两个问题:第一,针对所遇到的地质条件,确保掘进出隧道的早期安全;第二,能够产生推进所需足够的推力,同时对刀盘部位隧道的支撑必须可靠。

除了关于这些细节以及由此而来的设计理念,本章还会进一步讨论 TBM 的发展趋势,比如用在软土地质中经典盾构机在硬岩中的应用等。

TBM 在裂隙较轻微发育的岩体中掘进时,岩体结构经常会变得松动。此时就需要在尽可能接近掌子面的区域进行支护,也就是在紧靠刀盘的后方。然而这需要占用掘进机周围已经少得可怜的可用空间,在中小直径的隧道中尤为如此,其结果就是推进速度受到严重影响。

如果采用一种移动式护盾进行支撑防护,可以有效地预防这些坍塌。具有此种功能的隧道掘进机已经在开发建造中了。根据掘进机的设计布局,这些支撑还可用来承载掘进推进力。尽管掘进机的重量可以通过径向支撑传递到围岩中,但是掘进所需推力和扭矩的反力都只能通过径向撑靴,直接或者通过衬砌管片间接传递到围岩。

决定采用什么样方式合理承载推力的反力,与决定采用什么方式支撑刀盘周围岩石是同等重要的问题。

在现今众多的解决方案中,可以分为几种有代表性的基本类型,主要从经典的护盾式掘进机通过改变支撑方式和不同支撑方式组合形式,以此为基础扩展出安装了顶护盾和侧护盾,直至形成全护盾式的单护盾或双护盾式 TBM。

除了因为岩体支护或者支撑的不同导致布局和特殊结构的不同外,现在还在探讨 TBM 中护盾结构进一步创新组合,这表明了用于软土的盾构机延伸发展成为用于硬岩 TBM 的趋势。

10.1 顶护盾式 TBM

隧道掘进,总会有碎石掉落和隧道断面变形的情况发生,因此 TBM 配备有顶护盾,以希望能够起到保护作用,使设备、人员免遭落石的伤害,如图 10-1(a)所示。

不过,顶护盾并不会对围岩施加较高支撑力,无法起到稳固拱顶的作用。它们经常向后延伸为格栅,格栅作为防止顶部落石承重部件,或多或少延长了对 TBM 的定子和支撑承重单元之间的防护距离,如图 10-1(b)和图 3-3(a)所示。这种格栅结构具有一些特点,它由相互独立的弹性钢板构成,有能力托住较大块的落石(如图 10-2 所示)。顶护盾同样也尽可能向前方延伸,以便保护刀盘免受落石破坏。

20 世纪 70 年代,多个制造商在整个 TBM 工作区域采用了铰接式承重护盾,如 Schwelme 隧道采用的撑靴式 TBM 等机型。这种设备经常被落石砸坏,通过采用向上支撑的可液压调节的多部件组成的护盾形式,如图 10-3(b)所示,就像在 Kielder 隧道中应用的撑靴式 TBM 那样支撑拱顶,不过现在已并不流行。多部件护盾如今只能在"移动采矿机"(如图 3-38 所示)和"连续采矿机"如图 3-40(b)所示,这样的特殊设计的机型中才能看到。

(a) Herrenknecht公司的TBM顶部护盾结构

(b) Robbins公司带尾部格栅扩展的顶部护盾

图 10-1　撑靴式 TBM 的顶部护盾

图 10-2　直径 5.2 m 格栅护盾的撑靴式 TBM 在 Ilanz Ⅱ 隧道破碎千枚状砂岩中掘进

(a) Schwelme隧道掘进中采用Robbins
公司顶护盾直径4.0 m的134-153型撑靴式TBM[120]

(b) Kielder隧道采用Demag可调顶护盾
直径3.5 m液压的TVM 34-38型撑靴式TBM[67]

图 10-3　不同 TBM 上的多重顶部护盾结构

10.2　顶护盾加侧转向撑靴和刀盘护盾式 TBM

　　TBM 正常掘进时,刀盘通过滚刀对掌子面施加一定的支撑力,不过这一支撑力只有在滚刀接触岩石时才能施加。在检修、保养,以及刀盘前方进行维修工作阶段,TBM 对掌子面的支撑力将不存在。

　　撑靴式 TBM 的顶护盾、侧向转向撑靴或刀盘护盾,采用放射状支撑,对刀盘周围岩体施加一定支撑力。这些支撑力可以局部稳定隧道围岩,也有一定的辅助维持掌子面稳定的作用,还可以减少边刀周围岩石的冒落,避免刀盘堵塞等。此外,护盾外表面可以清理隧道底拱的碎石,也能作为一个有效的防尘罩,提高除尘设备效率。

　　侧转向撑靴也是 TBM 保护单元之一,主要分布在刀盘后部主梁位置(见第 4 章),它和护盾功能类似。当需要覆盖支撑整个隧道圆周表面时,由底拱护盾或称滑行靴、侧护盾和顶护盾组成支撑结构,如图 10-4(a)和图 10-4(b)所示。侧面转向撑靴能够径向地扭转,而且能够像调节高度的底拱护盾一样,保持刀盘在掘进时位于准确方向上。

　　刀盘护盾早期只是出现在凯利式(Kelly)结构的 TBM 上,安装在连杆机构上的护盾只用来保护刀盘,最早应用于具有撑靴装置的双支撑单元中。因为当今的大型凯利式 TBM 的刀盘重量过大,导致可调节高度的刀盘护盾也需要承受重量,所以原先在刀盘周围用来支撑的结构被重新应用(如图 10-5 所示)。

　　根据掘进机直径及可用空间,可采用锚杆或者钢拱架支护,直接在转向靴后面或刀盘护盾后面进行安装。

(a) Herrenknecht公司的直径9.53 m的具有顶盾和转向
撑靴的主梁式S-155型TBM(1999年，Tscharner隧道)[61]

(b) Wirth公司直径8.80 m的刀盘护盾凯利
式880 E型TBM(1997年, 秦岭隧道)[182]

图 10-4　覆盖刀盘圆周区域的支撑结构

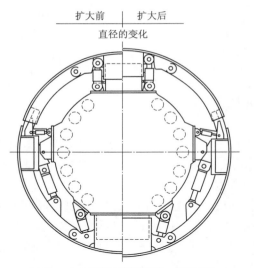
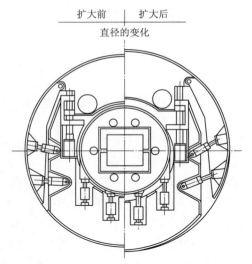

(a) Herrenknecht公司的直径9.53 m的具有顶
盾和转向撑靴的主梁式S-155型TBM
(1999年, 用于Tscharner隧道)[61]

(b) Wirth公司直径7.70 m具有刀盘护盾的
770-850E型TBM(1994年, Vereina隧道)[181]

图 10-5　护盾支撑直径的改变方式

10.3　叶片步进支撑式 TBM

　　除了前述各种类型的撑靴式 TBM 外,有时为满足特定工程项目的需求,而生产一些特殊结构的 TBM。作为众多特殊掘进机中的一种,下文将对叶片步进支撑式 TBM 进行详细的论述。因为在隧道需要穿过高应力挤压带岩体时,经常会采用这种类型的 TBM。

　　Robbins 公司曾多次提议,在挤压带岩体隧道掘进采用这种类型设备[123,124,126],但是到目前为止,只在美国犹他州的 Stillwater 隧道和 Freudenstein 隧道的超前探洞中使用过,如图 10-6 所示。

Stillwater 隧道掘进开始采用的是直径 2.91 m 双护盾式 TBM。在掘进遇到被断层带挤压的黏土板岩地层时,因为重新支撑时支撑护盾被阻塞,施工中断了 14 次,在掘进了 1 000 m 后,已无法再进一步掘进,工程不得不再一次招标。在进行新的掘进尝试之前,这台掘进机在地下被试着改造成叶片步进支撑式 TBM,采用可撑开的叶片支撑结构作为 TBM 的护盾,全部叶片被分为两组进行控制,当某一组叶片支撑住围岩以保证掘进过程所需的支撑反力时,另一组叶片和 TBM 一起向前推进。当这组叶片达到最大行程后,暂时作为 TBM 的支撑,而另一组叶片开始随 TBM 一起向前推进。这种掘进机的平均掘进速度大约是 9.1 m/d,而在隧道另一端,采用直径 3.2 m 撑靴式 TBM,配有长度 1.8 m 带 1.5 m 支撑格栅的顶护盾,在同样不利的地质条件中掘进的平均速度达到 41 m/d[129,148]。

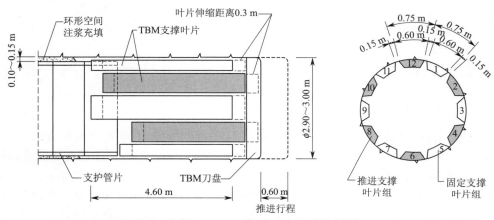

(a) Robbins公司的直径2.9～3.0 m的92-192型叶片步进支撑式TBM
(1983年, Stillwater隧道)[161]

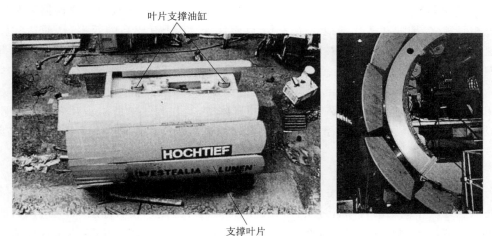

(b) Westfalia Lünen公司的直径5.4 m的叶片步进支撑式TBM
(1994年, Freudenstein隧道)[62]

图 10-6   叶片步进支撑式 TBM

Freudenstein 隧道掘进中采用了直径 5.4 m 叶片步进支撑式 TBM,在三叠纪淋溶式石膏岩体中的平均掘进速度为 2.5 m/d。这类机器对水环境极其敏感,一旦所掘进岩体的含水率超过一定限度,封闭式刀盘结构使得刀盘和铲斗都粘满岩渣,只能回撤刀盘进行烦琐的清理工作,有时也会导致隧道大量岩石塌落,降低掘进速度。在非淋溶式硫酸钙矿岩体掘进时,通过采取降水和增加压缩空气排渣,才使得掘进能抵达终点位置[74]。因为掘进速度很低以及其他延误,这种设备不再应用于三叠纪非淋溶式石膏的岩体。隧道扩挖掘进采用了另外购买具有刀盘护盾的撑靴式 TBM,在直径 5.64 m 的隧道进行掘进,使平均掘进速度达到了 20 m/d[82]。

在这两个案例中,叶片步进支撑式 TBM 的表现均没有达到设计预期中良好性能,尤其是在 Stillwater 隧道掘进中出现的转向故障,遇到疏松岩石垮落,进入长度为 0.6 m 间隔 0.15 m 未支护叶片缝隙,导致的掘进困难,表明这种类型掘进机的适用性较差。根据现有的经验,具有即时支护的短护盾 TBM,似乎更能适合这种地质条件。

随着挤压性岩体中使用柔性支护的机械化隧道施工工艺的发展(见第 15.2 节),有着直径可调节护盾的 TBM,在遇到挤压岩体时支撑结构具有一定程度上收缩功能,似乎是唯一可行的方法,虽然这种原型机的掘进速度尚未得到证明。

10.4　全护盾式 TBM

10.4.1　发展状况

从本质上来说,采用护盾式 TBM 的理念受到瑞士在自稳性差或破碎的硬岩地层掘进经验的影响。在 20 世纪 70 年代的瑞士,撑靴式 TBM 被用来掘进直径 10m 以上的隧道,而且只有遇到易于崩塌的淡水磨砾层时,掘进速度才会降低,主要因为必须采用钢拱架对围岩进行支护,很明显这些作业妨碍正常掘进。当时有个基本的想法是应该针对此类地质条件研制一种掘进机,最大程度地降低围岩稳定性对工作效率的影响。这种理念导致了配有衬砌管片的单护盾式 TBM 及掘进技术发展,如图 10-7 所示为 Herrenknecht 公司直径 12.35 m 的 S-139 型单护盾式 TBM,1998 年应用在 Zürich-Thalwil 隧道掘进[61]。这一进步,使得掘进和围岩支护过程相对独立,即便在多变的地质条件下,也能保证 TBM 有较高的效率,从而达到较高的掘进速度。同时,这种施工方法在瑞士达到了完美状态,在实际项目中表现出了较高的掘进速度。例如,在 Zürich-Thalwil 隧道(1999 年)南段护盾式 TBM 掘进机的平均掘进速度为 26 m/d,而 Gubrist 隧道(1980 年)第二段的掘进速度相比之下只有 11.90 m/d。这种方法不限于用在磨砾层或者侏罗纪岩层等易于掘进的岩体中,其在阿尔卑斯岩和片麻岩的坚硬岩体中也成功应用过。同时,这种直径 10 m 以上成功的施工经验对其他国家具有一定借鉴意义。

10.4.2　设备特性

与撑靴式 TBM 相比,护盾式 TBM 完全避免了采用喷射混凝土对围岩进行支护带来的问题。在软土地层中应用的衬砌管片支护,经过调整后同样适用于硬岩地层,而且应用后的围岩并未出现开裂情况,地质原因造成的地层垮塌趋势得到控制,且未对掘进速度造成影响。

相对在软土中使用的盾构机,这种类型 TBM 除了掌子面支护方式不同外,还展示了其他方面的特性,下面对此做进一步讨论。

1. 刀盘和护盾

护盾式 TBM 的刀盘,如图 3-3(c)和图 3-3(d)所示,直径通常要略大于护盾直径,以形成一定的超挖,从而防止圆柱形护盾体被卡住。刀盘的轴线要略高于护盾体的中心线,使得在护盾外表面和隧道顶拱之间存在一个小间隙(如图 10-7 所示)。这是为了在掘进过程中没有侧护盾支撑

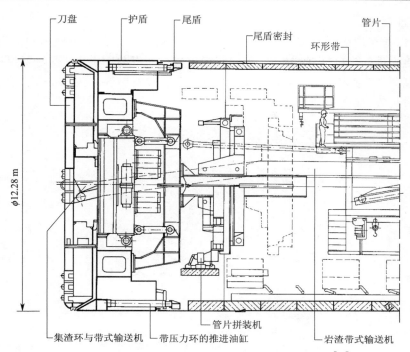

图 10-7 Herrenknecht 公司 S-139 型单护盾式 TBM[61]

的情况下稳定刀盘,确保刀盘上的盘形滚刀沿着它们的轨迹滚动而不发生偏移。如图 10-8 所示,1999 年在 Metro Porto 地铁隧道,采用直径 8.7 m 的 S-160 型护盾式 TBM[61],将两个液压稳定支撑的扶正器,布置在护盾上半部分 1/2 位置,它们能够通过护盾上的开口伸长以支撑隧道顶部围岩。在隧道掘进机上采用扶正器的方法,源自双护盾式 TBM(见第 10.5 节)。

图 10-8 Herrenknecht 公司的直径 8.7 m 带扶正器的 S-160 型护盾式 TBM[61]

2. 推力环

在疏松岩体中采用护盾式 TBM 掘进,在安装衬砌环的过程中,一般使用剩余的推力油缸支撑衬砌来维持掌子面的稳定。不同的是,在硬岩中掘进的护盾式 TBM,如果采用五段式衬砌管片支护,并且封块在底部的情况下,则 TBM 在推力油缸和最后安装完成的衬砌环间存在一个推力环,推力油缸均依靠推动推力环来获得反力。在一个行程完成后,推力环和这些推力油缸均缩回,以便在护盾尾部腾出空间来安装下一个衬砌环。在瑞士使用的护盾式 TBM 掘进机配备了更先进的衬砌环安装设备,他们就像旋转的承托辊,用于布设侧面管片,并通过扩张管片来安装封块,通常称为封顶块,即最后一片安装的楔形管片,在 Zürich-Thalwil 隧道项目中位于底拱位置,如图 10-9(b)和(c)所示。

(a) 推力环

(b) 旋转支撑的承托辊

(c) 机械扩张底部衬砌管片安装封块

图 10-9　用于 Zürich-Thalwil 隧道的护盾式 TBM 的管片拼装辅助设备

10.5　双护盾式 TBM

10.5.1　发展概况

伴随着单护盾式 TBM 在瑞士的成功应用,人们又进一步开发了一种新型掘进机,这种设计将护盾和撑靴结合起来,构成新型的双护盾式 TBM。这种类型的掘进机由 Carlo Grandori 在 1972 年研制成功[52],设计的目标是在不良和多变的地层条件下达到较高掘进速度。同单护盾式 TBM(见第 10.4 节)相同,它的支护安装过程和掘进过程互不干扰。与撑靴式 TBM 相比的优势还有,它在软岩掘进中控制掘进方向更容易,并能适应不同类型衬砌管片的安装。与单护盾式 TBM 不同的是,双护盾式 TBM 具有推进和支撑方式相互转化的优势,因为它既有敞开撑靴支撑系统,又有与沿隧道轴线方向的可伸缩式推力油缸。

这种双护盾式 TBM 在直径 3.8~7 m 的水工隧洞,尤其是采用特殊形状管片支护系统,如六边形或者蜂窝状的衬砌管片(见第 15 章)的隧道工程中,取得较大成功。根据全衬砌的压力管道掘进和减少工期需要,由于掘进和衬砌同时进行,即使在较适合撑靴式 TBM 的岩石条件下,也多采用双护盾式 TBM 掘进。

在理想条件下,直径 5~7 m 的双护盾式 TBM 能够达到平均掘进速度 35~70 m/d。在直径 5 m 的隧道施工中,掘进和安装一个长 1.3 m 的六边形衬砌环所需的时长为 15 min。每次重新安装定位时间为 1.5 min,装配一个封块大约 3 min[174]。

10.5.2　功能原理

双护盾式 TBM 由配有前护盾的刀盘、主轴承、驱动系统,以及配有撑靴支撑单元的支撑护盾、尾盾和辅助推进液压油缸等组成。两个护盾之间通过一个伸缩护盾的单元连接。伸缩护盾上配有可伸缩推力油缸,其操作与主推力油缸一致(如图 10-10 所示)。

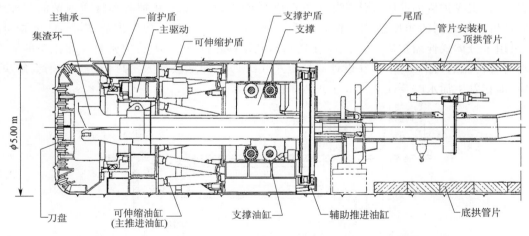

图 10-10　Robbins 公司的直径 5.0 m 的双护盾式 TBM[128]

双护盾式 TBM 基本工作原理:利用支撑护盾的撑靴径向支撑在隧道壁的围岩上,保持掘进机自身工作稳定,同时完成破岩掘进和衬砌管片的安装。刀盘和前护盾在伸缩油缸的作用下向前推进,在尾盾处的辅助推进油缸只是用来稳固已经安装完成的衬砌管片。在可伸缩油缸完成一个推进行程后,支撑护盾的支撑力被释放,同时支撑护盾被伸缩油缸拉动向前护盾移动,同时辅助推进油缸逐渐伸出,以维持最新衬砌环的位置稳定。支撑护盾在重新支撑前,掘进机由撑靴、前护盾和辅助推进油缸提供支撑,撑靴可以向侧面支撑,然而,为了把支撑护盾向下推动,通常来说是向斜上方 45°角位置进行支撑。这种类型的支撑是通过在摆臂上布置的多个撑靴来实现的,使支撑更加稳定,并能够抵抗来自前护盾垂直反力。

如果岩石条件不允许进行径向支撑,破岩掘进推力通过固定的支撑护盾可伸缩的油缸或者辅助推进油缸来产生。在可伸缩油缸推进的第一种模式下,辅助油缸只负责将推力反力传递到已完成的衬砌上。在辅助推力油缸推进的第二种模式,也称为单护盾模式,前护盾和支撑护盾形成一个整体结构,可伸缩接头部位完全闭合,而且在这区域内的所有油缸处于缩回状态,辅助推力油缸提供必要的向前推力,这样隧道掘进和衬砌的安装这两个环节不能同步,施工速度也会相应地降低。

10.5.3 特殊工况

1. 护盾和膨润土润滑

双护盾式 TBM 的护盾很长,如果掘进机遇到了挤压岩体,有可能会被卡住。一般来说,并不是掘进机的护盾本身被卡住,而是在伸缩接头附近的落石阻碍了支撑护盾的收回。从设计的角度来看,双护盾掘进机面临的危险,是由其直径的变化、刀盘的垂直偏移,以及前护盾、支撑护盾的结构特点造成的。在护盾上采用膨润土进行润滑,可以在掘进推进行程和伸缩支撑护盾时减少摩擦力。

如果掘进过程中遇到挤压性岩体,双护盾式 TBM 能够在其中高速度推进,这种优势只有在 TBM 不断推进且不停机条件下达到。

2. 伸缩护盾

伸缩护盾设计需要特别注意,侧盾的转向作用和主机的纵向行程运动是重叠的,这里汇集的岩渣,在支撑护盾的前缘和伸缩接头处形成“硬饼”,还会堆积在护盾和隧道内壁的间隙中。不同护盾组件之间的角度造成了伸缩接头的单边间隙。基于最初双护盾式 TBM 的掘进经验,采用了分体式伸缩护盾(如图 10-11 所示),利用伸缩油缸运动,达到密封伸缩接头的缝隙,清理自身铲泥的目的[51,53]。在设计双护盾式 TBM 时,伸缩接头的密封仍是一个需要解决的问题,即在发生涌水时要防止泥和水进入护盾中。

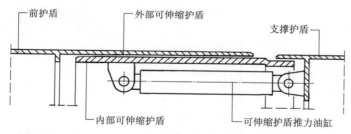

图 10-11　Herrenknecht 公司的分体式伸缩双护盾式 TBM[61]

现代双护盾式 TBM 内部伸缩护盾长度在 600～800 mm 范围内可调节,因此允许 TBM 在特殊情况下敞开,给作业人员提供一个通道,方便在刀盘上方执行必要的支护工作。在 Evinos Mornos 隧道中工作的“Ginevra”TBM 就有进行此类工作的需求[54]。当隧道掌子面处于复理石地段发生坍塌后,TBM 上方区域和掌子面前方都需要进行支护,如图 10-12 所示为处理坍塌的工作顺序。

为了在 TBM 上方安装管棚支护,在设计阶段就要考虑勘探钻机和钻杆拆接的位置,它们通常位于双护盾的尾盾区域。因此,除了特殊的必须敞开的区域,整个掘进机均可被管棚支护所保护。

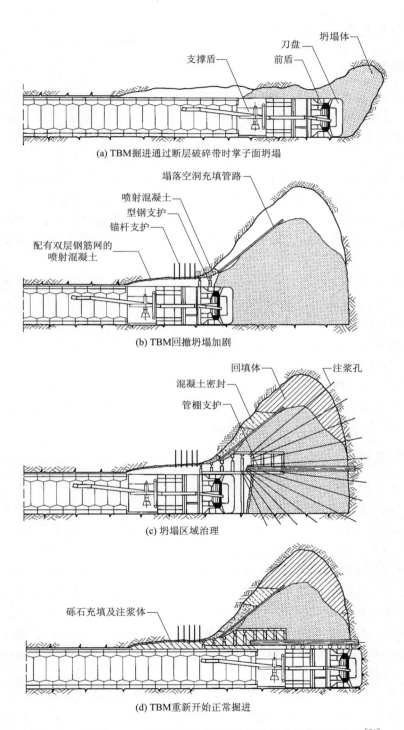

(a) TBM掘进通过断层破碎带时掌子面坍塌

(b) TBM回撤坍塌加剧

(c) 坍塌区域治理

(d) TBM重新开始正常掘进

图 10-12　直径 4.04 m 的双护盾式 TBM 掘进过程岩体坍塌治理[54]

10.6　泥水平衡护盾式 TBM

10.6.1　发展概况

TBM 掘进岩渣排出常用的装备为带式输送机。然而对于 TBM,除了在其移位重新支撑阶段外,其余时段都在连续运转,并同步将破碎的岩渣运离掘进机位置,但接续的机械运渣方式的连续性受到限制。

在竖井和隧道中,有一种可以做到连续运输岩渣的方式是水力输送。选择后续岩渣运输方式的依据:隧道内的运输能力、运输安全性、延误隧道掘进工作的可能性和通风成本等。水力输送能够在小直径管道达到较高运输量,对于那些运渣车不能通过的小直径长距离隧道,能够保证隧道掘进达到较高的速度[58,130]。与当今 TBM 的高推进性能相比,在隧道中采用带式输送机和在竖井中采用的袋式输送机等排渣方式,都存在需要对岩渣进行分离和倾倒等不可忽视的弊端。

如果隧道必须穿过有问题的地质和水文条件地层时,如遇有破碎带或者河流下方等渗流较发达的岩体,可能会有较大的涌水量时,在进行掘进时需要对刀盘区域进行完全的密封,在此类情况下,值得考虑采用泥水循环的排渣方法。

在这种地质条件下,可通过将硬岩刀盘和混合护盾结合,这也代表着 TBM 和盾构机的另一种组合方式,如在 Muelheim[95]和 Sydney 隧道中,曾经成功采用了这类掘进机。此类设备对于松软夹坚硬孤石的地层更加适应。

在 Grauholz 隧道[95]和 Zürich-Thalwil 隧道 2.01 标段[17]掘进时,采用了将土压平衡盾构机和单护盾式 TBM 结合形成了混合护盾式 TBM(见第 16 章)。

10.6.2　工作原理

后部配有水力排渣系统的撑靴式 TBM(如图 10-13 所示),其破碎的岩渣由刀盘上的铲斗排到刮板输送机上,经过伸缩式带式输送机转载,进入水力输送系统的给料容器内,岩渣和液体(一般是水)混合,生成能泵送的混合液,最后岩渣通过泥水输送系统运到隧道外,进入泥水分离装置,固液分离后,作为输送载体的液体被泵送回隧道中。

相反,结合了掌子面压力平衡特点和硬岩滚刀的掘进机,具有独立的压力室,内部设有不同功能的舱室,并利用隔板隔开了工作室和掘进室。而配有滚刀的硬岩刀盘需要在混合液中旋转,刀盘等工作部件的磨损加剧。如图 10-14 所示为 Herrenknecht 公司装有硬岩刀盘的 S-52 型混合护盾式 TBM,1989～1991 年用于修建横穿 Ruhr 区的 Muelheim 地铁隧道。

即便应用于中等强度岩石的 TBM,在刀盘设计时,也需要考虑铲斗和溜渣槽较好水力特性、滚刀轴承的密封性及盘形滚刀耐磨性。

岩渣在穿过刀盘上铲斗开口后开始下落,下落速度的快慢取决于岩渣碎片的尺寸,并在刀盘旋转带动下掉落到隔板开口处。接着,岩渣和输送液混合,从工作室里被吸出来,通过布置在隧道内的泥浆管,输送到地面的分离装置中,进行岩渣和泥浆分离。通常采用水作为输送液,为了减少对 TBM 后部的输送系统包括泵和管道的磨损,即使在掘进支护不需要膨润土情况下,也可以考虑采用膨润土作为输送液的添加剂。

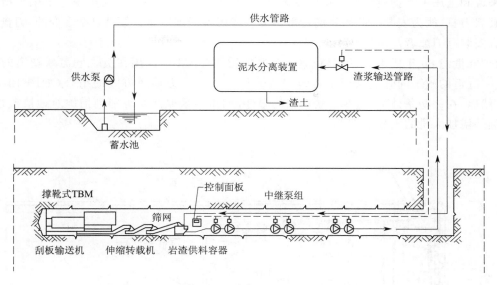

图 10-13　TBM 掘进中的水力排渣系统（1997 年，Radau 隧道）[58]

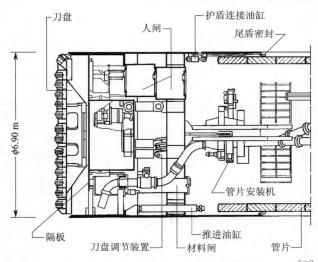

图 10-14　Herrenknecht 公司的 S-52 型混合护盾式 TBM[95]

10.7　螺旋排渣护盾式 TBM

10.7.1　发展概况

螺旋输送机是替代带式输送机和泥浆输送系统的一个非常有创意的方案，用来将岩渣从刀盘后部的渣舱输送出来。

这种类型的护盾式 TBM 最重要的优势在于，不需要任何繁琐的机械改造或耗时的调整，就能够实现 TBM 从敞开模式向封闭模式的转变。在岩体中采用配有螺旋输送机的 TBM，本质上来说和土压平衡护盾式盾构机的基本结构类似,不同的是将用于软土掘进土压平衡盾构机的破岩刀具,改为安装破碎硬岩的盘形滚刀。考虑到掘进岩体多数是复杂多变的,刀盘上经常组合安装刮刀或者刮齿。

在 20 世纪 80 年代末,采用螺旋输送机的护盾式 TBM 已经用在英吉利海峡隧道的建造中,这一隧道的施工同时还采用了传统岩渣输送方式和水力输送方式的组合(如图 10-15 所示)。然而,在一些条件下,这些方法存在局限性,如需要采取注浆等辅助措施对地层改性时,就会额外增加大量的工程成本[95]。

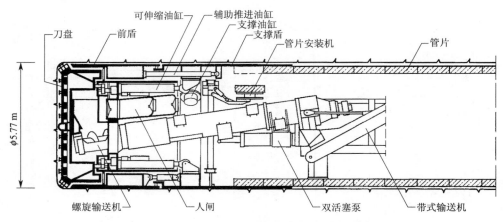

(a) 用于隧道掘进的直径为5.77 m的双护盾式TBM(Robbins)

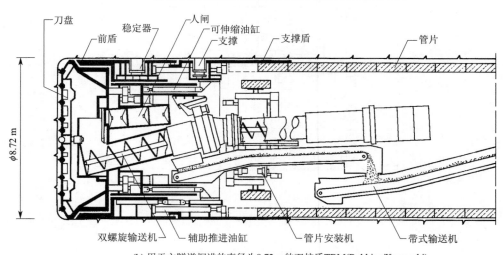

(b) 用于主隧道掘进的直径为8.72 m的双护盾TBM(Robbins/Kawasaki)

图 10-15　1988 年用于 Channel 隧道法国端配有螺旋输送机护盾式 TBM[95]

如果在同一隧道工程中,有的地段岩体疏松适合土压平衡掘进,其他地段适合采用硬岩滚刀敞开掘进,而整个工程只能限定采用一种类型的 TBM 时,上述采用螺旋输送机的护盾式 TBM 比较适合这种工况下运用。其应用的另一种情况是有一定涌水且自稳时间较短的节理发育地层。在疏松岩体中,采用硬岩刀盘将会变得很必要,否则掌子面一旦出现大块卵石或者中小厚度的岩层将会阻碍正常掘进。

10.7.2　工作原理

上述类型的 TBM 或者盾构机都要依靠安装在旋转刀盘上的刀具破碎岩石,掘进时推力会直接施加在掘进的破岩刀具上。

1. 掘进出的土体要求

在不稳定、含水的疏松岩体中采用带有螺旋输送机的掘进机时,必须对掌子面施加支撑压力,以避免其失稳。在此工况下,当掘进机工作在封闭模式,部分推力可以通过压力墙传递到岩渣舱中,这是土压平衡操作模式。土压平衡式和其他的护盾式 TBM 施工方法不同,它可以不需要辅助支护媒介如压缩空气、泥浆、机械式支撑掌子面,因为挖掘出的土体本身就可以作为支撑介质。为了能使用土壤作为支撑介质,掘进出的土壤必须满足以下要求[98]:

(1)良好的塑性变形特征。

(2)柔软合适的黏稠度。

(3)较低的黏聚力。

(4)弱渗透性。

2. 掘进土体改良

如果掘进出的岩渣不满足这些条件,那么必须对其进行一定改良。改良方法的选择,主要根据原位土壤类型和土壤物理参数,如颗粒级配、含水率 $\omega(\%)$、塑性极限 $\omega_L(\%)$、可塑性 I_n 和黏稠度 I_s[104]。通常采用以下改良方法:

(1)添加水。

(2)添加膨润土、黏土或者聚合物悬浊液。

(3)添加人工泡沫。

在硬岩地层中掘进时,上述条件基本无法满足,地层改良措施只有在严重风化岩层中有可能成功。这样,带有螺旋输送机的土压平衡式 TBM 在岩体掘进中的作用有限,而且需要配备额外的设备。

掘进出的岩渣在隧道内进一步运输,可以通过散装(带式输送机、轨道车或汽车)物料运输方式,或者混合添加悬浊液,由柱塞泵通过管道实现液力输送。碎渣的直径和级配必须能保证螺旋输送机的正常工作,这需要在刀盘的设计阶段开始进行考虑,与有压力掌子面采用的混合护盾式 TBM 相比,其岩渣舱内没有安装碎石机。

10.7.3　机器类型

根据岩渣的排出方法,在原理上对螺旋排渣式 TBM 进行分类,如图 10-16 所示。

1. 开放模式(螺旋输送机-带式输送机)

大多数配螺旋输送机的掘进机在岩体中掘进,采用的是开放工作模式,即不需要对地压或水压采用支撑措施,刀盘设计成安装有盘形滚刀结构或将刮刀也组合其上。在含水区域掘进时,可以将螺旋输送机上的闸阀关闭,在掘进室内施加压缩空气或水压对掌子面进行支撑。

2. 封闭模式(螺旋输送机-带式输送机)

无需对上述机型进行改进就能达到封闭式掘进,将 TBM 渣舱内的岩土提高到一半的位置,在渣舱内岩土渗透性较低时,通过对渣仓上部空间区域加入压缩空气,从而平衡节理、孔隙水压及减小涌水。这种工作状态,不推荐采用安装有铲斗的鼓式或圆盘形刀盘,因为底部区域

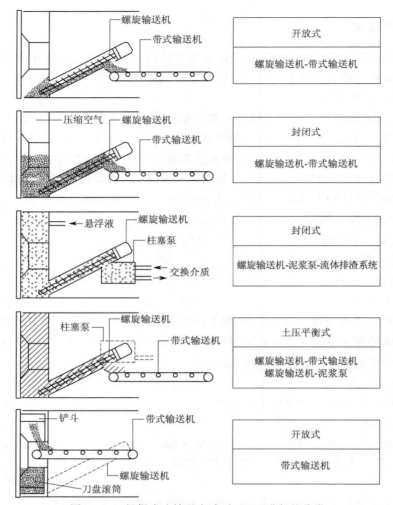

图 10-16　根据岩渣输送方式对 TBM 进行的分类

的接头结构,使得岩渣无法满足将螺旋输送机填充到所需的高度,这主要是由螺旋输送机内岩渣不受控的溅落引起的。在遇到黏土或者高度风化岩石时,这种类型的掘进机唯一可能的作业方式是对其足够密封以形成一个封闭的系统,在未来也可能会使用人工泡沫压力平衡介质。

3. 封闭模式(流体排渣)

若螺旋输送机出渣口存在喷渣的危险,可以通过连接封闭的排渣系统来避免。实践证明用于干燥岩渣输送传输舱、旋转给料锁或者是双螺旋的密封和锁定系统,在应用中都存在很多问题,然而,柱塞泵和泥浆泵的流体输送系统,已经被证明是成功的。泥浆既能直接输送到压力岩渣室内,也可输送到螺旋输送机后部的泥浆箱内。根据岩石强度、磨蚀性和掘进难易程度,将刀盘和螺旋输送机的能力相互匹配。在设计阶段应该考虑,是否在螺旋输送机与输送泵之间增加岩石二次破碎机。

4. 土压平衡模式(螺旋输送机-带式输送机/螺旋输送机-泥浆泵)

大多数带有螺旋输送机的护盾式 TBM,用于岩石条件掘进时,如在英吉利海底隧道或 Athens 地铁隧道等,一般被描述为土压平衡模式,但是实际上这类设备从未在土压平衡模式下工作。在岩石中采用土压平衡模式掘进,需要对设备进行极其复杂的调试,主要是因为地层性质难以满足要求,见 2.封闭模式(螺旋输送机-带式输送机)[102],因此这种模式似乎只能适合用在黏稠度合适的细粒软土中(图 10-17)[104]。由于这些原因,隧道掌子面的支撑,以及石渣运输和石渣处理等掘进方案的选取,都应该在最初的工艺决策时考虑进去,从而掘进前确定最佳的掘进方案。

区域编号	地层条件	改性材料
1	支撑媒介 I_c = 0.4 ~ 0.75	水 黏土和聚合物悬浮液 泡沫
2	$k < 1 \times 10^{-6}$ m/s 水压力小于 0.2 MPa	黏土和聚合物悬浮液 聚合物泡沫
3	$k < 1 \times 10^{-6}$ m/s 无地下水压力	高浓度泥浆 高分子聚合物悬浮液 聚合物泡沫

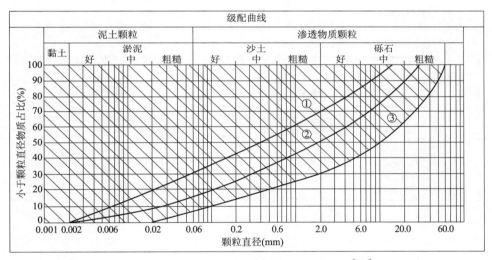

图 10-17　土压平衡护盾式 TBM 的应用范围[104]

在土压平衡模式下,从隧道掌子面上剥离的岩土并不像泥水平衡护盾式 TBM 或敞开式 TBM 那样直接落到岩渣舱内,而是通过刀盘的多个开口位置,被挤压入岩渣舱并和那里的泥浆混合。TBM 通过压力墙将推力传递到岩土混合浆液中,能够控制岩土从隧道掌子面向岩渣舱的涌入。当岩渣舱内的岩土混合浆不能再被地层压力和水压压实时,就达到了稳定的状态。如果 TBM 继续对岩土混合浆液施加压力超过这一状态时,那么岩渣舱岩土浆液和掌子面都会被进一步压缩,这可能导致在护盾前方掌子面出现起伏变化。如果掌子面压力降低,那么地层中的岩土会不受控制地进入岩渣舱,同样也会引发掌子面沉降。

岩渣舱内的岩土混合浆液被螺旋输送机排出,这一过程需要进行控制,若岩渣舱内压力出现短暂的降低,都会导致掌子面沉降。岩土混合浆液在隧道内的输送,可以采用带式输送机、轨道或自卸车散装运输,或者在添加液体之后采用柱塞泵液体输送,在文献这些中特别提到了岩土的改良方法[95,98,104]。

5. 开放模式(带式输送机)

不同厂商都在开发双模式掘进系统,使护盾式 TBM 既可以采用螺旋输送的封闭模式运行,也可以利用中心区域带式输送机在开放模式下运行。开放模式本质上和全断面护盾式 TBM 在功能和机器结构上基本一致。当围岩足够自稳且隧道地层中涌水量可控时,可以采用开放模式。当需要将设备变为封闭模式,停止设备掘进,很短时间内将带式输送机撤出,刀盘中心采用压盖密封,恢复到主要依靠减压阀和泵排渣系统的封闭模式。

此类 TBM 的刀盘一般设计成滚筒形式,上面安装有一定数量的刮削板和铲斗,以将岩土运输到刀盘中心区域,破碎的岩土在重力作用下穿过位于刀盘中心的岩渣环,掉落到运输皮带上。然而,对于土压平衡掘进模式,这种结构的刀盘使地层改性变得非常困难。

当今很多厂商可以提供上述掘进和岩土输送的组合方案。如图 10-18 所示,这是一台 Herrenknecht 公司制造的土压平衡护盾式 TBM,1997 年用于马德里地铁隧道工程。这台设备既可以在开放模式下工作也能在封闭模式下工作,从开放的带式输送机出渣模式转变为螺旋输送机出渣的封闭模式,只需要几分钟的转换时间。

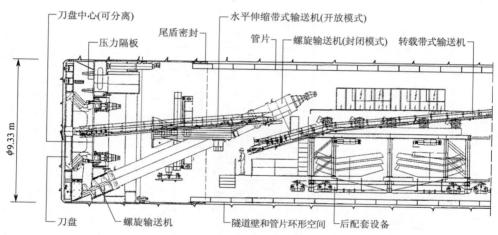

图 10-18　Herrenknecht 公司的 S-165 型土压平衡护盾式 TBM 开放工作状态[61]

加拿大 Lovat 公司护盾式 TBM 采用的典型导渣环排渣系统(如图 10-19 所示),实践证明非常耐用。其"泄压闸门"专利,可以在封闭状态下实现闭仓和定量排渣。将岩渣舱改造成螺

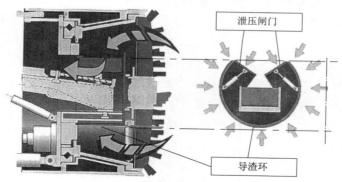

图 10-19　Lovat 公司土压平衡导渣环带式输送系统[86]

旋输送机排渣也是可以的,但需要更长的变更时间。为了精确地控制土压状态,此系统需要地层土质有良好的变形特性。

如整体施工方案确定采用带有螺旋输送机的护盾式 TBM,必须对地层状态进行详细的调查分析,因为在封闭模式下掘进,对复杂的地层土质进行成功改性的手段受到很大限制。

当今实践中,开放模式下采用螺旋输送机是可行的。遇到的主要问题是在磨蚀性地层中设备磨损严重,需要采取适当的抗磨措施。

10.8　硬岩微型 TBM

布置在坚硬岩石中管道工程,如供水、排水、供气、供电及通信电缆等管道,由于直径小无法采用明挖或者钻爆法施工,这些工程推动了微小直径隧道掘进机的发展。

当前硬岩微型 TBM 发展有两条主流路线:

(1)以标准硬岩 TBM 为基础进行尺寸缩小,形成微型掘进机("迷你"TBM)。

(2)以护盾式掘进工艺为基础,装备有硬岩刀盘的顶管式 TBM。

10.8.1　"迷你"TBM

各个生产厂商制造的"迷你"TBM 掘进直径大都在 2 m 左右,基本采用单撑靴或双撑靴支撑系统。这类机器适合应用在相对稳定的岩体中,因为本来就有限的隧道空间会被设备本身进一步占用。相比于正常的 TBM,在采用"迷你"TBM 掘进时,由于掘进直径的缩小,观察到的围岩自稳时间加长,但是通常情况下,仍然需要顶盾作为设备前部和后配套区域防护。

相对于大型 TBM,需要对设备进行拆解运输和现场组装的劣势,"迷你"TBM 具有能够使工程快速开工建设的优势。

"迷你"TBM 相对较新的发展是采用具有撑靴支撑的双护盾 TBM 比较,掘进直径仅2 m。与顶管方式相比,这类设备操作上的优势是易于掘进曲线管道,不需在中间加入顶推站,也不需将管道按照承受推进力的外形尺寸设计。

由 Boretec 公司研制的"迷你"双护盾式 TBM 中最小设备直径只有 1.60 m(如图 10-20 所示)。随着掘进直径的减小,除了必要的电力供应和液压驱动外,还需要进行通风解决设备工作发热问题,因为还有一位工作人员位于护盾尾部进行设备操控(如图 10-21 所示)。由于大

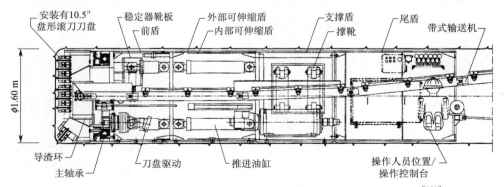

图 10-20　Boretec 公司的"迷你"双护盾 TBM(1996 年,Knoxville 管道)[178]

型 TBM 上的标准破岩滚刀不能直接应用,刮刀又无法破碎坚硬岩石,因此,还开发出相应的破岩刀具,将盘形滚刀的直径减小到 10.5″。

根据地质条件的不同,这类"迷你"TBM 的掘进速度一般为 9~18 m/d。

图 10-21　Boretec 公司直径 1.6 m 带控制电缆的"迷你"双护盾 TBM(1996 年,Knoxville 管道)[178]

10.8.2　顶管式 TBM

通过采用特殊的硬岩刀盘,可以实现将顶管工艺应用在硬岩地层。可能采用的顶管方式如下:

(1)压力顶管掘进。

(2)护盾顶管掘进。

两种方式均需要预先掘进工作始发井,通过液压油缸推进管道,向目标靶位一次顶进最终管道(一级顶管)或者先顶进临时管道(两级顶管)。

1. 压力顶管

在压力顶管掘进时,由若干推进油缸(千斤顶)推动管线运动,同时顶管机头刀盘破岩掘进,采用螺旋输送机排出掘进的岩渣。这种方式所需的机械设备少,特别适合短距离管道掘进。

当在大颗粒岩土层中掘进时,刀盘上安装盘形滚刀可以像破碎机那样,将大颗粒渣土进一步破碎,满足螺旋输送机对岩渣的尺寸要求,因此顶管系统的应用范围可以扩展到岩石。随着特殊的小直径盘形滚刀的发展,最小的掘进直径只有 600 mm。

2. 护盾顶管

带有护盾的顶管机掘进作业,采用临时或者永久的管路推进机头的同时,刀盘全断面破岩掘进,利用液力方式连续排出岩渣。

在根据 DIN 18300 标准分级的 6 级和 7 级岩体掘进时(见表 10-1),采用安装有特殊破岩刀具的硬岩刀盘,刀盘的最小直径可以做到 400 mm(如图 10-22 所示)。

这种类型的微型 TBM 掘进直径 1 600 mm,能够钻进单轴抗压强度 100 MPa 的岩石。对于直径 800 mm 的设备,就可以在抗压强度 100 MPa 以上的岩石中掘进,但需要特别注意设备磨损问题。

掘进直径 1 200 mm 及以上的微型 TBM,可以在设备上开出一个门(人孔)通向掌子面,

(a) 装配7″滚刀掘进直径600 mm刀盘

(b) 装配12″盘形和镶齿滚刀掘进直径1.5 m刀盘

图 10-22　Herrenknecht 公司的微型岩石顶管机头刀盘[61]

这样可以人工清除在隧道掘进路线中的障碍物,或进行破岩滚刀更换作业。在岩石中顶管长度可以达到 500 m,减少了中间检修竖井的数量。

当设备需要穿过夹有岩石的非均质土层时,在微型 TBM 水力除渣系统中,额外的安装一套高压水喷射系统,用于清洗泥包的岩石刀盘及滚刀。

表 10-1　根据德国标准委员会岩体分类(DIN 18300)

岩体分类	描　述
6 类围岩:容易掘进或类似土壤	岩石内部矿物具有相对的一致性,但节理、断裂较发育,岩块呈脆性、易碎、片状、柔软易风化,以及可以合并为非黏性和黏性的岩石类型。 非黏性和黏性土质占总重量 30% 以上或每立方米含岩石 0.01～0.1 m³
7 类岩体:难以掘进	岩石内部矿物具有相对的一致性,具有较高的节理强度,节理部发育、弱风化。 如坚硬的板岩、未风化的板岩、磨拉石砾岩层、矿渣堆和类似物质。每立方米含孤石体积超过 0.1 m³

注:体积 0.01 m³ 对应直径为 0.3 m 球体;0.1 m³ 对应的球体直径为 0.6 m。

3. 铰接钢管护盾顶管

Dyckerhoff 和 Widmann 在 1984 年首次开发了铰接钢管护盾顶管,它具有两级式顶管的特性。第一阶段,将一定长度的钢管(外径 860 mm)和护盾式 TBM 一起向前推进,第二阶段在完成掘进的管道内,最终顶进定制直径和内截面形状钢管,替换掉铰接钢管。

在每段长 2 m 掘进用钢管中,都安装有必要的液力除渣、液压油循环、压缩空气、供水、供电等管路和缆线系统,如图 10-23(b)所示。

采用刮刀和镶齿滚刀组合刀盘破碎岩土,如图 10-23(a)所示,由于此类刀盘具有刮刀和镶齿滚刀独立推进的特点,因此可以选择不同的破岩方式,能够在掘进中快速应对地质条件的变化,特别适合在不均质和多变的地质条件采用,甚至适用含水土层或夹有不同尺寸和形状的卵石地层。当在黏土中掘进时,由于泥包刀具问题出现,可能会造成设备性能降低。

通过采用相互铰接的钢护管作为推进主体,相对于直接应用成品管道,可以达到较高的推力,使得铰接钢管护盾式 TBM 掘进的理念,在坚硬岩石应用具有优势,管道的偏斜控制也相对简单。

(a) 装配有刮刀和镶齿滚刀刀盘[40]　　　　　(b) 内有电缆和排渣管道的顶进钢管[40]

图 10-23　Dyckerhoff & Widmann 直径 860 mm 铰接钢管护盾顶管式 TBM 机

　　这种掘进工艺技术虽然在设备概念上复杂,但是掘进长度可以达到达 250 m 以上。在土质地层中其掘进速度可达 20 m/d,在岩石地层中掘进速度会降低到 4~6 m/d[80]。此系统的另一个缺点是掘进直径限定为 860 mm。

11　TBM 掘进与钻爆组合特殊掘进工艺

在个别工程特定的条件下,考虑到隧道穿过地层岩体的特性和工程成本,将机械破岩和常规的钻爆掘进方法进行组合,也可能是最佳的选择。下文对 TBM 破岩结合锚喷支护的掘进工艺进行论述。

11.1　应用范围

TBM 与锚喷支护组合工艺,适用于埋深较大或接近地表的隧道工程,能够形成非圆形的隧道断面。通常是利用 TBM 在开挖断面内先掘进出圆形断面的超前导洞,然后采用钻爆加喷射混凝土支护,通过扩挖形成最终的隧道断面形状。例如奥地利的 Amberg 高速公路隧道就采用了这种掘进方法,如图 11-1 所示,另一条高速公路隧道 Pfaender 隧道也采用了同样的作业方法[96]。

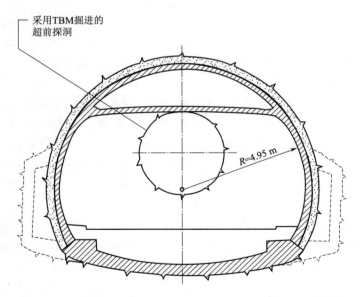

图 11-1　带有超前探洞的 Amberg 高速公路隧道断面形状[57]

把经济的 TBM 掘进方法和灵活的钻爆方法结合起来使用,具有以下明显的优势:

(1)TBM 掘进过程可以提前探明隧道穿过地层的地质及水文条件,减少地层的不确定因素带来工程风险,避免出现对后续扩挖的不良影响。

(2)扩展了 TBM 的适用范围。

(3)避免了通过降低爆破效率减少对周围环境的影响。扩挖钻爆工艺降低了噪声和减轻了震动对居民的骚扰。

（4）改善了钻爆法工作期间的通风和排水条件。

（5）降低了工程总体成本控制风险。

11.2　施工方案

根据项目特定的工作条件，可选用的组合掘进施工方案如下：

（1）TBM 掘进超前探洞：主要用于埋深较大的隧道，在 TBM 掘进的超前探洞全部完成，或部分探明隧道穿过的地层条件后主洞开始掘进。超前探洞通常作为一个单独的标段在主洞掘进前完成，可以在全部隧道线路或者部分区段采用。超前探洞获得的信息还可用于主洞施工方法的选择，以及用作为招标文件部分。

（2）TBM 掘进超前导洞：超前导洞布置于主洞的开挖断面内，属于主洞工程合同的一部分，超前主洞一段距离掘进。从建筑工艺学的角度看超前导洞属于主洞的施工工程，同时也具有超前勘探洞的功能。

（3）局部断面扩大隧道：因为用途不同，适用于采用 TBM 掘进的主洞隧道附近的车站、旁轨、道岔或者拆解硐室等，需要进行断面扩大的工程。

11.2.1　超前探洞

超前探洞主要用于对主洞的工程地质、水文地质、瓦斯气体分布和岩体特性做进一步详细调查。超前探洞通常作为独立的合同标段优先进行，其目的是为主洞招标和施工提供更加可靠的基础资料。将这些资料和前期勘探得到的地质信息，整合到主洞的施工合同中，并可将全部地质风险转移给承包商。

如果隧道埋深较大，采用超前探洞对主洞隧道穿过的岩体进行初步勘探特别有效，例如穿过阿尔卑斯山脉隧道工程，因为选择了正确的施工工艺，隧道施工过程的风险得到控制。采用超前探洞最好的实例是 Gotthard 隧道[183]、Loetschberg 隧道[166]和阿尔卑斯铁路枢纽的 NEAT 基础隧道。特别是当隧道面临复杂岩体条件时，需要采用超前探洞作进一步探测。例如，位于海平面以下的 Seikan 隧道[45]，以及涌水导致考依波统土体地层膨胀的 Freudenstein 隧道[63]（如图 11-2 所示），都采用了超前探洞方法。

在长大隧道中，也可以在采用超前探洞，为支洞分隔的一段隧道进行超前探测。例如，在 Nürnberg 到 Ingolstadt[78]的新干线铁路隧道中，在 Irlahüll 和 Euerwang 支洞开始的隧道，以及阿尔卑斯的 NEAT 铁路枢纽的 Gotthard[183] 和 Loetschberg[166] 隧道段均采用了超前探洞。

在不利的岩体条件中，超前探洞也可以分段进行，特别是预计可能发生涌水地段，或者在隧道全长内都存在涌水危险的时候。超前探洞通常布置在隧道断面内，也可以布置在最终隧道断面外。超前探洞的掘进断面，由当时能够选用的 TBM 而定，通常掘进直径为 $3.2 \sim 4.2$ m，掘进面积为 $8 \sim 14$ m^2。

在隧道断面外布置超前探洞最好的案例是 Raimeux 隧道（如图 11-3 所示）。超前探洞掘进采用的是服役了 20 多年的 Robbins 公司的 122-133 型撑靴式 TBM，掘进直径是 3.65 m，最终和主洞交叉连接。在主洞施工期间超前探洞还用作主洞排水和材料运输。

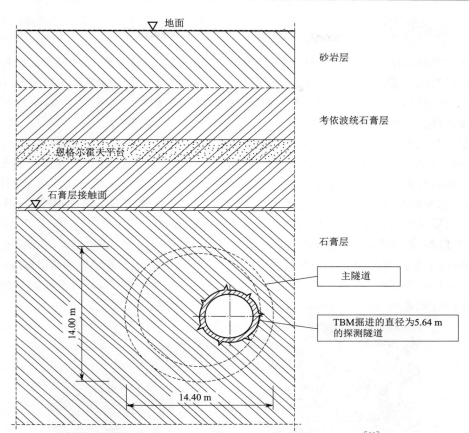

图 11-2 复杂地质条件的 Freudenstein 隧道超前探洞[63]

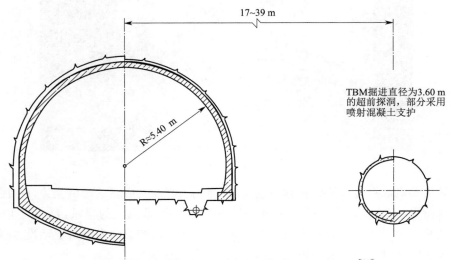

图 11-3 布置在 Raimeux 隧道最终截面以外超前探洞[60]

在公路隧道施工期间,超前探洞是整个隧道工程的一部分,并且可以作为主洞隧道的维护服务及应急救援通道。TBM 掘进超前探洞,还可用来探测溶洞及最终隧道所在地层的水文地质条件。

11.2.2 超前导洞

超前导洞通常还具有超前探洞的勘察功能。依据本文分类,超前导洞和超前探洞的区别在于其掘进时间。超前导洞一般和主洞同时推进,主要作用为辅助主洞开挖的措施工程。例如,如果预计地层会有大量的涌水,超前导洞可作为主洞掘进期间的排水通道,从而改善主洞岩体水文条件,让岩体中的水得到充分疏放,以此降低岩层中较高的水压。

根据主洞地质条件、断面尺寸和形状,采用钻爆法扩挖,喷射混凝土支护,超前导洞的存在,为主洞扩挖的炸药消耗和减少掘进工作量创造良好条件。因此,可以将超前导洞看作预先开挖出的爆破自由面,并且释放了掌子面的地层应力[96]。当隧道在建筑物下方通过,且较接近地表时,超前导洞掘进的优势更加明显。如应用此工艺建设的 Uznaberg 交通隧道[105](见11.3.3),钻爆法安全通过了地面人口稠密、工业园区和古建筑区域。

采用 TBM 掘进的超前导洞,除了具有超前探洞的所有优势外,还能够对隧道穿过地层进一步勘查,同时还能够用来在主洞掘进时高效通风。例如,在位于苏黎世的 Milchbuck 隧道,采用了 Robbins 公司的 TBM 掘进了直径 3.20 m 超前导洞,保证了采用部分断面掘进机掘进主洞期间的有效通风(如图 11-4 所示)。

图 11-4　苏黎世的 Milchbuck 隧道配有通风筒的超前导洞

在传统的钻爆法掘进隧道的过程中,有效的通风具有非常明显的经济优势,在钻孔、爆破、清渣等工作阶段,都会产生大量的瓦斯和粉尘,从而造成隧道空气的严重污染,对工人的身体健康造成威胁。这对于长距离隧道而言尤其如此,因为大量的柴油发动机驱动设备,往往使得现场的通风系统达到了工作能力极限。

11.2.3 局部断面扩大

采用 TBM 掘进隧道在遇到交叉点等面临新的特殊问题,因为此类特殊段隧道不是整个隧道扩大,而是隧道掘进过后进行局部扩大,如建造车站、旁通道、专用线、道岔或公路隧道应急停车港湾等,此时就需要进行隧道的局部扩挖。采用机械掘进隧道进行扩挖的实例,如 Zürich-Thalwil 铁路的支线隧道[17]、两条轨道在 Vereina 隧道交汇处,以及 Sachseln 公路隧道的应急停车港湾等[133]。

如图 11-5 和图 11-6 所示,为 Mülheim 地下铁道的车站扩挖过程。主隧道采用复合护盾式 TBM,土压平衡方式掘进,配有破碎硬岩的刀盘,掘进直径为 6.90 m,掘进面积为 37.5 m²,在车站部位需要扩挖面积至 73 m²。首先将隧道掘进形成的衬砌管片拆除,采用普通方法扩挖,并喷射混凝土进行支护。

图 11-5 Mülheim 地铁扩大管片支护隧道断面建设车站[65]

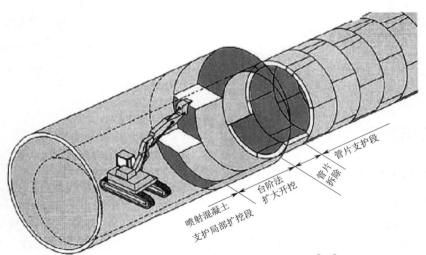

图 11-6 Mülheim 地铁车站扩建工序示意图[106]

喷射混凝土和 TBM 结合施工方法,在相应的地质条件下,交叉点或分支隧道为变化的断面形状,这种方法具有明显的优势。这点在英吉利海峡隧道的工程中也得以证实,采用 Howden 公司的护盾式 TBM 掘进形成了直径 5.76 m 的辅助隧道,因为后勤服务原因,需要对长度超过 65 m 的一段隧道进行断面扩大,其扩挖过程如图 11-7 所示。在需要扩挖的区域采用铸铁管片进行支护,将一侧的管片拆除后,进行隧道断面扩挖施工。扩挖后,将原隧道顶拱的铸铁衬砌通过连接件固定,然后采用喷射混凝土对扩挖部分进行支护,扩挖形成隧道底拱后采用锚喷支护。实际上,施工一开始为人工扩挖,后来采用了小型部分断面掘进机,将断面分成拱顶、台阶和底拱三个区域开挖。扩挖完成后才可施工入口隧道,将它和主隧道进行贯通。扩大断面区域用来为主隧道施工的骨料、水泥和混凝土拌和及轨道提供运输空间。

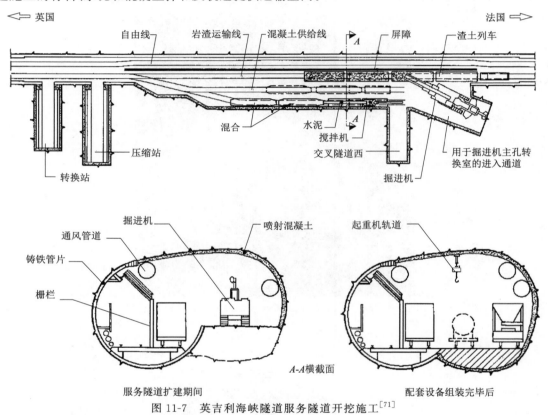

图 11-7 英吉利海峡隧道服务隧道开挖施工[71]

11.3 应用实例

11.3.1 Piora-Mulde 断层超前探洞

1. 工程概况

全长为 57 km 的 Gotthard 铁路隧道,计划穿过被称为 Piora-Mulde 断层破碎带区域。根据现有的地质资料,Piora-Mulde 断层带具有类似浮动楔形的糖稀状白云石构造,并且地层可能存在承压水,也不能排除其向下延伸到铁路隧道位置的可能。为了保证铁路隧道掘进的连续性,必须取得 Piora-Mulde 断层带的结构产状及岩性的准确资料。因此,利用 TBM 从 Faido 向北掘进了长度为 5 552 m 的超前探洞。

2. 勘察方案

  超前探洞掘进采用 Wirth 公司的 TB Ⅲ-450 型撑靴式 TBM,1993 年开始掘进,掘进直径 5.0 m,到 1996 年 3 月,掘进长度大约为 5 552 m,处于拟建铁路隧道上方 350 m,Piora-Mulde 断层前 50 m。然后,从勘察探洞开始掘进两个横向探洞,两者最后在主隧道位置相交,如图 11-8(a)所示。

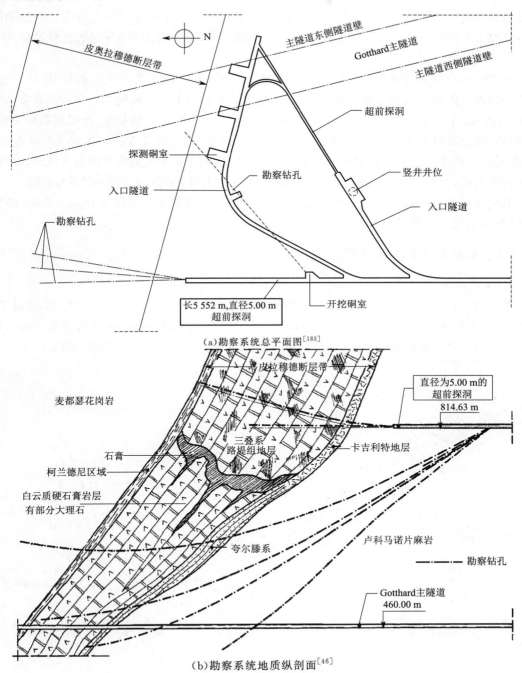

（a）勘察系统总平面图[183]

（b）勘察系统地质纵剖面[46]

图 11-8 Gotthard 基线隧道中 Piora-Mulde 断层区域超前勘探系统布置

位于前端掘进的探洞还预留出勘察硐室的入口,以此在 Piora-Mulde 断层中掘进直径 4~5 m 探洞,取得地层资料,用于评测其对掘进机械、材质以及工序的影响,作为主洞施工的基础参考资料。后部掘进的探洞主要目的是设置一个竖井井口位置,如果从勘察探洞得到的信息不足以支撑主洞施工,则需要通过竖井到达 Gotthard 主隧道的水平,在竖井的底部布置勘察探洞对断层带做进一步探查。实际的勘察工作从 1997 年 8 月开始持续到 1998 年 3 月。在这期间,一些钻探是在探洞的避车洞中进行的,对探洞进行超前勘探同时对主洞水平进行地质勘察。

3. 勘察初步结论

在 Gotthard 铁路隧道主洞和 Piora-Mulde 断层带相交的宽度约为 200 m 范围,进行了包括钻探等勘查工作,取得资料表明,断层带在主洞位置的地层为干燥坚硬的白云岩和硬石膏,如图 11-8(b)所示,这一区域的厚度为 125~155 m。在超前探洞高程进行的钻探,探测到断层位置存在糖稀状白云岩和 10 MPa 的承压水。出现这种差异的原因,是由于在主洞上方 250 m 左右位置,存在的石膏带对断层的结构面起到了充填密封作用,阻止了上部岩溶水的向下流动,导致在主洞位置附近,处在地下水循环的地层下方,形成了一个完整密封的白云石和硬石膏岩体[184]。

在此条件下,Gotthard 铁路隧道主洞采用正常的工艺就能可靠地穿过 Piora-Mulde 断层,此外,也没有必要再开凿竖井做进一步勘探。

11.3.2 Kandertal 隧道超前探洞

1. 项目概况

为了进行长 34.6 km 的 Löschberg 铁路隧道的立项和招标,从 1994 年到 1997 年,掘进了长度为 9.5 km 的 Kandertal 隧道的超前探洞如图 11-9 所示,北侧从 Frutigen 开始到 Kandertal(阿尔卑斯山的一个小镇)结束,对这一段的地质条件、水文条件及瓦斯赋存状况进行勘察。

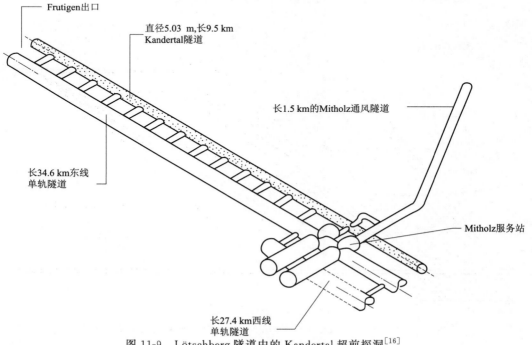

图 11-9　Lötschberg 隧道中的 Kandertal 超前探洞[16]

为了节约主洞的工程成本,只在主洞的东部平行于主洞的位置,从北侧的 Frutigen 入口到拟建的 Mitholz 服务站之间施工了一条探洞。由于 Kandertal 探洞和主洞平行,可以用作为主洞施工期间的救援和安全通道。在 Mitholz 以南计划施工两条探洞,在第一阶段,位于西部的探洞没有轨道铺设计划,在这里不对 Löetschberg 隧道断面采用单车道的问题做进一步讨论。

Kandertal 超前探洞的路线是:从 Frutigen 北侧入口 30 m 到 Kandertal 山谷的西侧主隧道以东方向。大约 7.2 km 后,Mitholz 超前探洞和主隧道侧帮相连接,以提供通风。当掘进了 9.5 km 后,地质条件发生变化,从 Wildhorn 山覆层变为 Doldenhorn 山覆层后,决定停止隧道掘进。从 Kandersteg 开始,向南的隧道段地质已经探测准确了。

2. 隧道施工方案

超前探洞掘进采用了一台直径 5.03 m,Robbins 公司新生产的 1610-279 型撑靴式 TBM,如图 11-10 所示,具有 20 cm 超挖滚刀布置,掘进面积大约为 20 m^2,隧道的掘进速度为 2～45 m/d,平均掘进速度为 19.5 m/d。在掘进期间,电子仪器自动记录了 TBM 推力、隧道掘进速度及各种探测数据,这些数据用来评估所掘进地层的地质状况。

根据围岩的稳定性分析,有可能需要在刀盘后方直接进行支护,可以采用的支护方式,包括安装锚杆、顶拱或者额外的钢衬砌环。在刀盘后方 40 m 处,采用了喷层厚度为 8 cm 钢纤维喷射混凝土支护。接着,在后方 55～65 m 处,安装了底拱衬砌(如图 11-11 所示)[165]。这些长 1.5 m,重 5 000 kg 的底拱砌块集成了排水系统,放置在预填充的隧道底部,并用砂浆灌浆固定。为做进一步的探测,又在刀盘后方施工了多个独立的探孔,用以调查掌子面超前 80 m 范围的岩体条件。

图 11-10　Robbins 公司的直径 5.03 m 的 1610-279 型撑靴式 TBM[165]

图 11-11　Kandertal 超前探洞中底拱衬砌的安装[20]

3. 初步勘察结果

在掘进的前 4 km，Kandertal 超前探洞穿过了 Wildhorn 覆层下方的 Taveyannaz 系地层和复理石层。这一覆层的平面底部重叠在隧道的上方稍高于隧道的水平，隧道下方的 Doldenhorn 推覆体的上部，地质预测结果如图 11-12 所示。

探测表明，超前探洞中，水主要以滴水或者裂缝渗水的形式出现，没有发现大型岩溶系统或者含水裂隙。总出水量平均为 15 L/s，这对于约 9.5 km 长的隧道而言是非常低的。同时，从许多锚杆钻孔处探测到瓦斯存在，尤其是在 Wildhorn 板岩层内，实际中没有记录到瓦斯突出现象。

得到的地质信息也表明，铁路隧道路线位置的选择是可行的。此外，通过对岩石样本进行力学试验测量到的数据，说明 Kandertal 超前探洞所处的"软岩"地层，既能够采用钻爆法施工，也可以利用 TBM 掘进法施工，故这两种方法都包括在招标文件中。

11.3.3　Uznaberg 隧道超前导洞

1. 工程概况

Uznaberg 隧道工程项目，包括长度分别是 923 m 和 937 m 的双线隧道，为 ZürichChur 复线中 Wagen- Eschenbach- Schmerikon 段最长的隧道项目。隧道最大的上覆地层厚度约为 50 m，要穿过建筑密集的区域。由于上覆地层较薄，有些地方只有 12 m，因此只能采用低震动的开挖方式。除了采用纯粹的传统钻爆法之外，还有另一种方法是采用 TBM 掘进出超前导洞，然后再用钻爆法形成最终隧道断面形状。业主最终决定采用包括 TBM 掘进超前导洞的变更方法（如图 11-13 所示），因为这样成本不会增加很多，并且尽量降低了对沉降敏感区域建筑的影响。

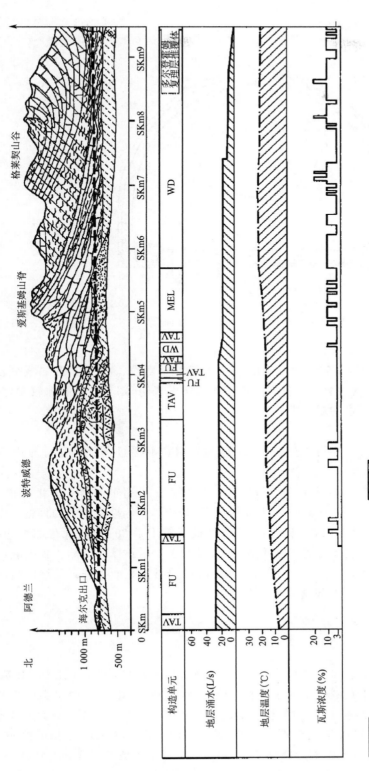

图 11-12 Kandertal 超前探洞探取得的地质资料结果[165]

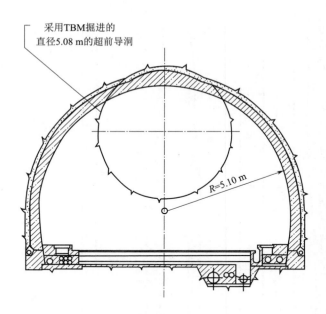

采用TBM掘进的
直径5.08 m的超前导洞

R=5.10 m

图 11-13　Uznaberg 隧道包括超前导洞的断面形状[105]

2. 地质和水文条件

Uznaberg 丘陵区域的地质层条件，主要是由灰色、细到中等颗粒、含淡水磨拉石成分较低的砂岩，在这些地层下部为泥灰砂岩和泥灰岩。水文地质条件表明，部分砂岩裂隙较发育，会有少量的水沿着缝隙渗透到掘进的隧道中。

3. 施工方案

两条隧道均采用 Robbins 公司的 MK15 型撑靴式 TBM 掘进超前导洞，掘进直径 5.08 m，掘进长度大约 800 m。

超前导洞的截面位于最终隧道截面的顶部。西部隧道的超前导洞，从北向南，以 15.7 m/d 的平均掘进速度施工了 50 d。在 TBM 撤出后，开始了东侧勘察隧道的掘进。由于工作流程的优化，第二段超前导洞以 27.5 m/d 的速度，仅仅施工了 28 d 后，就在 1999 年 11 月份完成了整个施工过程。在贯穿之后，TBM 被拆除，以便于采用钻爆法开始扩挖。隧道工程爆破孔断面布置和施工现场，如图 11-14 所示。两个隧道同时全断面掘进到最终的断面为 80 m²，东部隧道的扩挖进度落后西部隧道大概 100 m。

11.3.4　Nidelbad 隧道连接线扩挖

1. 项目

Nidelbad 的地下连接段，位于 Zürich-Thalwil 双线道隧道末端接近 Thalwil 镇（和第 16 章相比较）。在连接处，两个单线隧道单独掘进相互分离，没有在 Thalwil 方向贯穿。两者相错开的部分，由大约宽 22.4 m，长 155 m 的隧道以及长 12 m 的分支结构构成。交叉点最大断面面积为 280 m²，采用由钻爆法扩挖配合喷射混凝土支护。此条 1 376 m 长的隧道，从 Thalwil 方向的第一个爬坡的分支结构开始分叉，然后在一个弯道下坡处再次合并成双车道，成为一条 703 m 长（通过另一扩挖工程形成）的双车道，并延伸到 Thalwil 出口。

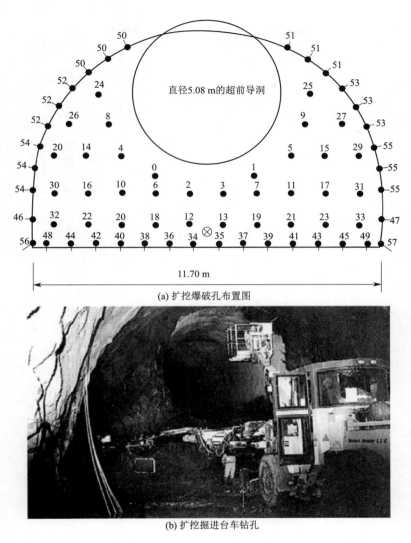

(a) 扩挖爆破孔布置图

(b) 扩挖掘进台车钻孔

图 11-14 Uznaberg 隧道钻爆扩挖超前导洞断面设计及施工[105]

2. 扩挖方案

直到接近 Thalwil 合同划定范围边界的双车道主隧道,采用 Herrenknecht 公司的 S-139 型护盾式 TBM 掘进,2000 年初完成直径为 12.28 m 的主隧道,在现场对 TBM 进行解体后,开始采用传统的钻爆法掘进朝向 Thalwil 的单线隧道,以及主隧道的分支结构的扩挖。如图 11-15 所示为向着 Zürich 方向、位于交叉隧道 1 位置的分支结构,以及钻爆法掘进施工布置,同时显示了交叉隧道 2 和 3 需要衬砌管片的隧道扩挖支护方式。

分支结构的扩挖所用工序如图 11-16 所示。首先,粗砂被用来填充主隧道的后部交叉隧道位置的底拱,顶部衬砌管片用锚杆进行加固。接着拆除左侧衬砌管片,仰拱衬砌管片在后交叉隧道整个宽度上被切割。衬砌被移除后,开始交叉隧道 2 的钻爆法施工。

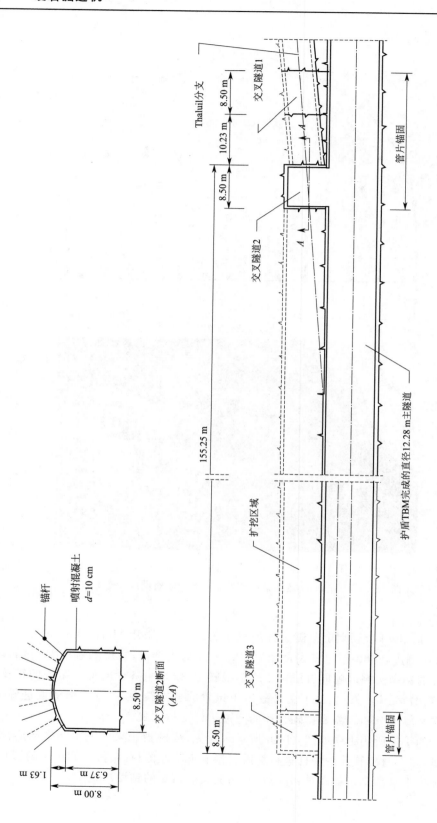

图 11-15 Zürich 方向掘进的分支隧道结构平面图[116]

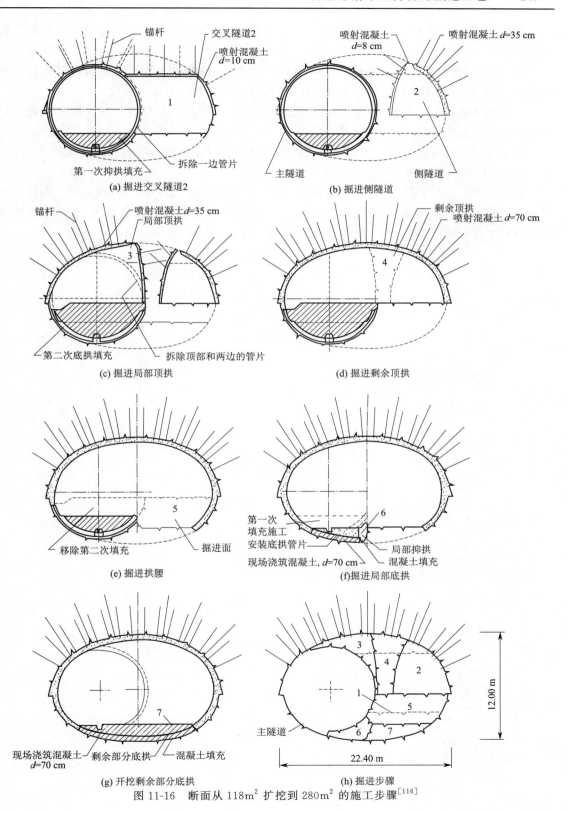

图 11-16 断面从 118m² 扩挖到 280m² 的施工步骤[116]

随后,作为实际扩挖的第一步,进行了一个平行于标段隧道、朝向交叉隧道 3 单侧的隧道的掘进。

下一步是,使用粗砂进一步填充主隧道的底拱部分,并除去主隧道的侧面和顶部衬砌管片,能够首先掘进顶部区域的部分半球状区域,接着掘进其余的半球状区域。

所有的断面扩大部分都采用钻爆法,断面宽度在 3.0~3.5 m 范围。在顶拱区域的支护为钢筋喷射混凝土,喷层厚度加大到 70 cm。

在第二个底部区域的填充去除以后,其余的台阶也被移除,这里的断面宽度同样为 3.0~3.5 m,采用钢筋喷射混凝土来支护,厚度也为 70 cm。

然后,清除底拱的填充物以及进行底拱衬砌拆除,接着底部进行第二阶段开挖。利用现浇混凝土浇筑新的底拱衬砌结构,混凝土厚度为 70 cm,用来控制隧道底部围岩,底拱上部隧道整体最后采用现浇混凝土支护,浇筑长度一般为 10 m,最大不超过 20 m。

12　地质勘察及其影响

12.1　概　述

工程地质、水文地质和岩土工程条件等资料,是作为进行隧道工程规划和建设的基础。采用适当的手段对地质和岩石力学性质进行勘察,提供隧道穿过地层尽可能详细的描述图。这些调查的目的是描述和评估出穿过地层条件对工程建设的影响。在此基础上,形成关于施工安全和经济的设计文件、隧道开挖后采用的临时或永久性支护方案。这些设计需要适应预定的施工工艺,从而提供具体的细节和数据,服务于工程的详细设计、招投标、预算、计价和合同等。因此,这些工作必须紧密依靠地质学、岩石力学、工程设计、工程管理等方面的专家,以及掘进机制造厂商,在前期勘探阶段进行紧密合作。

作为初步设计的一部分,采用适当的勘察方法和对一般和专业地质图评价,再结合技术和经济分析,尽早确定所选区域进行隧道建设可行性。然后,对施工区域的地质、水文地质、岩土工程条件和岩体特性进行勘探,以确定是否会对工程结构有不利影响。此外,作为工程准备的一部分,有待通过深入勘察确定更详细的地质和岩石工程条件,将获得的准确的数据提供给承包商,以方便进行工程项目的施工计划、评价、进度计划,以及实际掘进工作的开展。

由于岩体条件只有通过实际隧道的掘进才能完全揭露出来,因此,预测的岩体条件在推进过程中不断检查、核对,并不断修正以适应岩体条件的变化。负责项目的专家应该对掘进的岩体情况有深入了解,而且必要时,对隧道支护的方案进行修正。

初步调查以及掘进过程中获取整个工程结构的地质和岩石力学资料,将这些成果收集整理形成相应的档案文件,档案的编纂应该符合相关国家标准[37,155],将这文件同设计和招标文件、计算和竣工资料一起,成为以下方面评估的重要基础:

(1)结构的安全评价。

(2)目的功能性评价。

(3)索赔背景资料及其他评价。

(4)缺陷和损坏的补救评价等。

所有调查的类别和详细程度必须与工程项目的规模和目的,以及岩体特性(例如:稳定性、工作性能、渗透力、地应力)的准确评估相一致。通过详细的地质勘查及资料描述得到以下结论:

(1)正确选择工程结构和施工技术装备(TBM)。

(2)工程的临时和永久支护的设计。

(3)掘进施工过程对环境的影响。

为了使设计、招标和施工文件中的数据尽量准确,尽量避免因勘察失误影响施工,需要对地层岩土和地下水条件,以及岩土的力学性能进行高度可信的评估。

设计工程师,必须对结构的安全性进行验证,还必须参与不同勘察程度下的决策过程,因为 TBM 机型的选定,受到假设地层荷载和计算的影响。

根据德国地下建筑委员会(DAUB)、瑞士工程师与建筑师协会(SIA)、奥地利地质力学学会与地下建筑专家小组(OGG)单独或合作制作、发布的联合建议,可以做出系统的地基土评估记录[33]。SIA手册的第199号,1998年出版的"地下建筑中岩石的记录",提供了一个良好的描述和评估现有地层条件的基础方法[155]。然而,其中并未对危险和风险进行足够清晰的定义。

在SIA手册199号中,提供了限于坚硬岩石专业标准记录格式(见表12-1),SIA手册中仅有这条规定明显不同于DAUB和OGG的建议。

表 12-1　硬岩岩石条件描述[155]

隧道几何形状	(1)以km为单位隧道长度分段; (2)隧道轴线空间走向; (3)隧道埋深(上部覆盖层厚度)	
地质概况	(1)隧道地层构造单元; (2)隧道地层地质单元	
地质单元边界 (地层界限)	(1)地质剖面图及进一步规划; (2)地质单元长度	
岩石性质的描述	(1)岩性及矿物; (2)各向异性程度; (3)硬度<3的矿物含量; (4)硬度≥7的矿物含量	(1)膨胀性矿物成分; (2)不利掘进的矿物成分(石英,煤,云母,硫酸盐类,石棉)
裂隙	单一裂隙条件: (1)几何位置; (2)相对于隧道轴向的几何位置; (3)裂隙长度; (4)裂隙规模; (5)裂隙开口尺寸; (6)裂隙充填物; (7)粗糙度/起伏高差; (8)抗剪强度(c,ϕ值)	节理体/缝隙体: (1)基本产状(块状、片状); (2)体积、尺寸
岩体	(1)矿物颗粒间黏聚力/凝聚力; (2)体积密度; (3)孔隙率; (4)含水率; (5)单轴抗压强度(垂直与层理或水平与层理); (6)劈拉强度(垂直与层理或水平与层理)	(1)弹性模量(垂直与层理或水平与层理); (2)峰值及残余强度; (3)磨蚀性; (4)膨胀性(膨胀系数); (5)水理性
地质	(1)层压分布; (2)主地应力(应力各向异性,残余应力)	(1)杨氏模量E; (2)地热; (3)放射性
水文地质	(1)赋存水类型(孔隙、节理、喀斯特水); (2)孔隙率; (3)隧道区域水压力及底拱位置水压变化; (4)水的流向和流速; (5)掘进时的涌水量,永久涌水量; (6)水质和水温; (7)隧道周围存在水力资源; (8)泉水或集水区(热水或矿泉水)	
可燃气体	(1)可燃气类型及储量; (2)赋存方式(依附型、蓄积型); (3)涌出方式; (4)人造的或原生的(储气罐、污染地层等)	

　　岩体的特性参数为评估岩体的稳定性、确定施工方法、探查结构的安全、设计隧道的支护方式、预测岩体变形、地表的沉降及确定现场测量方法都有极大的指导意义。

　　然而,任何标准或指南都无法代替地质专家和设计工程师之间的深入讨论,只有这样的研讨分析,才能实现由地质向土木工程结构的转化。以上分析表明简单地将所有地质资料提供给承包商是不够的,顾问工程师代表业主取得的地质和水文地质信息成果,对于承包商、投标人、合同伙伴来说,同样意义重大,因为这会影响地质和岩土纵剖面和投标文件等资料准确性。

　　地质信息的获取,特别是地层的走向,如岩石到软土层的变化、明显断层构造带等,相比于钻爆法或 TBM 掘进工法而言更为重要。

　　除了传统的地质勘察手段外,当今还可利用地震反射波法等补充勘察手段。通过这种方法,可以在高分辨率下显示岩石层理分布及地层情况(如图 12-1 所示)。

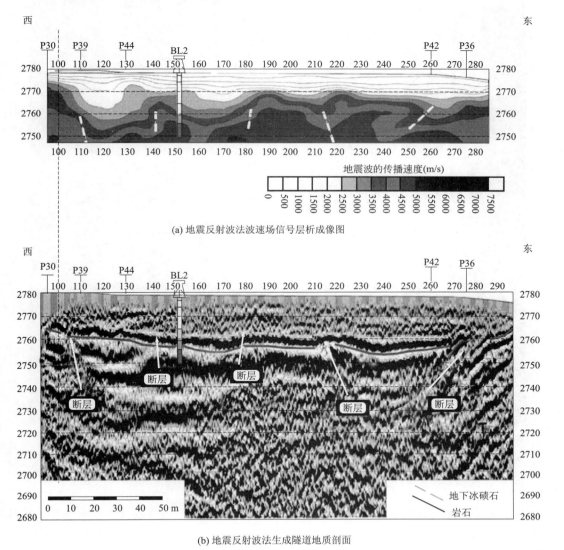

(a) 地震反射波法波速场信号层析成像图

(b) 地震反射波法生成隧道地质剖面

图 12-1　地震反射波法揭示的断层带和岩石到软岩变化的地质剖面[49]

对于埋深较浅的隧道,风化的围岩是否进入到隧道断面内,这对于掘进方法的选择具有重要的影响。通过地震反射波法探测,在瑞士的 Oenzberg 和 Murgenthal 隧道(铁路 2000 项目)中发现了断陷层系,从而通过采取逐渐降低隧道的埋深,使其关键位置覆盖厚度增加,增强承载能力。

钻孔摄影技术可以迅速生成一个关于岩层节理和分层的完整图像,甚至无需进行取芯钻进,可以利用潜孔锤快速冲击钻进勘探孔,然后通过钻孔摄影机拍摄孔内岩石状况,即使在钻孔内充满水时,仍可采用这一探测方法。如图 12-2 所示为钻孔摄影得到在长度约 2.6 m 的360°岩石结构图像,最左侧为石灰岩地层喀斯特的发育状况。

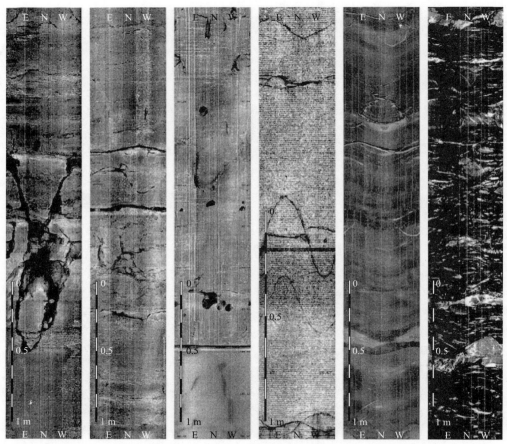

石灰岩(孔深38 m)　石灰岩(孔深62 m)　石灰岩(孔深103 m)　片麻岩(孔深15 m)　砂岩(孔深16 m)　复理层(孔深14 m)
(GW 104.80 m)

图 12-2　钻孔摄影得到的长度约 2.6 m 的 360°岩石结构图像[49]

本书并没有提供当今地质和岩土工程勘察最新技术的细节,建议读者可以参考相关文献,如 Maidl 的文章[88]。关于施工现场勘察的详述也可以查阅相关文献,如在 DIN 中第 4020号"施工用岩土工程勘察"等[37]。

12.2　对掘进过程的影响

影响隧道机械掘进速度的因素如图 12-3 所示,对岩石和地质这两个影响因素这里再重复说明一下(也可参见第 3 章)。

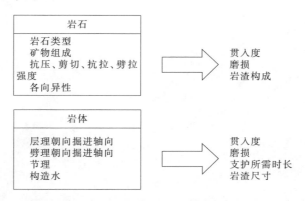

图 12-3　影响隧道掘进速度的主要因素

岩石的力学特征、磨蚀性、节理尺寸和密度等对掘进过程有重要影响,这些最终确定 TBM 刀盘上的滚刀刀座采用螺栓连接是否可行。这种连接方式常用于小直径 TBM 中。进入隧道断面内的节理裂隙是导致刀盘损坏的主要因素,在掘进过程中调整刀盘结构和更换滚刀,不仅会增加工程成本还会延误工期。例如,Amsteg 水电站的压力管道工程,采用 Jarva 公司的 Mk15 型撑靴式 TBM,Colorado-Arizona 灌溉系统隧道,采用护盾式 TBM 掘进,在掘进过程中刀座均磨损殆尽,不得不在掘进中对刀盘进行改造。

岩石的磨蚀性与采用 CAI 测试方法结果吻合度较高。在不太稳定的岩体中掘进,如非常易碎的砂岩中,设备的磨损是相当惊人的。在此类岩体中,磨损测定的常用方法往往与实际值不符,此时可以通过 LCPC 研磨性能测试方法来进行测定,如 3.3.5 小节所述。如果在这种易碎、高石英含量的砂岩中发生渗水,尤其岩体是常见的深部淡水磨拉石,则砂和水的混合物类似一种研磨膏在工作。在 Murgenthal 隧道中,正是像这样的磨削型砂岩导致了刀盘的格栅异常磨损(如图 12-4 所示)。

岩体强度通常通过取芯测定就能够得到很好的结果。但是在具有较高地应力(主应力)、埋深大或由于存在残余应力的岩体中,钻取的岩芯被提取出数天内仍会发生变形,这期间微裂纹在试样中继续发展,使得样本测得的强度偏低。依照这种错误的岩石强度测定值,进行 TBM 和破岩滚刀的选择结论将会出现错误。为了达到隧道的设计掘进速度,如果其设备条件允许,承包商不得不对 TBM 的滚刀施加较高的压力,当然这是以设备选择具有余量为前提。

在如下项目中通过显微镜观察致密花岗岩或花岗片麻岩岩芯,证明这种微裂纹发展的存在:

(1)Amsteg 电站压力管道中部的 Aare 花岗岩。

(2)Piora 隧道超前导洞工程中的 Leventina 花岗片麻岩。

(3)厄瓜多尔 Paute 电站项目中的花岗闪长岩。

（4）Lötschberg 隧道中的 Gastern 花岗岩。

图 12-4　Murgenthal 隧道 TBM 刀盘格栅的异常磨损

Amsteg 电站压力管道中部的 Aare 花岗岩，岩芯提取 4d 后微裂纹仍在发展，导致岩芯的轴向波速平均下降了 15%。很明显，岩芯的抗压、剪切强度及抗拉强度均受微裂纹影响而降低。对于实际和测量的强度值之间的偏差，可以假定该强度随着裂纹形成的轴向波速的降低而降低。在电站 Aare 花岗岩的某些部分，如果岩芯不存在明显、单向云母类矿物的分布，这一情况非常显著。因为云母的这种层理结构，使得其垂直于层理面方向的抗压强度远高于平行于层理面的抗压强度，这种情况下的岩石各向异性因子总是大于 1。但是通过取芯测量，结果却往往相反，这种矛盾只能由微裂纹的出现来解释，从岩石的切片证实了这些假设。取芯试验所确定各向异性值在 0.91～0.75，而并非逻辑上的 1.2 左右。

掘进过程中，掌子面岩石应力还不能得到及时释放，这种情况下，为了破岩必须克服这些比常规方法测定的更大岩石强度值。如果在初步勘察中，显示出岩石具有这种程度的各向异性值，则建议对岩体进行补充勘察以澄清差异原因。

由于岩石的抗压强度与抗拉强度一般具有正相关性，预测的岩石抗压强度，往往足够接近岩体的工程性质。对于韧性较强的岩石，一般将其归类为非常难掘进类，往往不得不进行切片等更详细的实验。如果不进行这些工作，那么可能达不到预期的掘进速度。隧道要想按时完工，就必须在掘进过程中进行滚刀更换，由盘形滚刀改为硬质合金镶齿滚刀，只能接受由此产生的成本提高。

12.3　对设备支撑的影响

TBM 掘进隧道时，撑靴施加到隧道壁围岩的支撑力大约为破岩推力的 2 倍（见第 4 章）。目前，采用大直径滚刀，需要增加相应的推力，同样通过撑靴单元传递到围岩上压力也在增加，如图 12-5 所示为敞开式 TBM 支撑力、推进力与岩石可钻性及掘进直径之间关系。

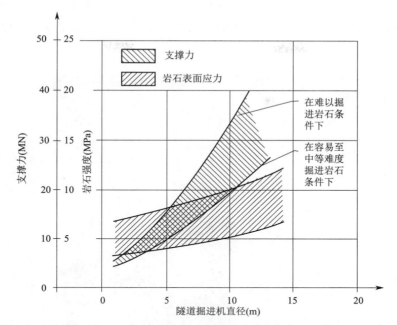

图 12-5　敞开式 TBM 的支撑力、推进力与岩石可钻性及掘进直径之间的关系

对于不同类型的护盾式 TBM 的测试表明,支撑系统对隧道壁围岩施加 2~10 MPa 的压应力,与岩体中的主应力相比,这一数值也是相当大的。

通过对可靠地质和岩土工程勘察及地层敏感性的分析,可以选择出最适合的 TBM 类型,还可以制订相应的应急预案,防止意外事故发生。

从本质上讲,影响撑靴式 TBM 的支撑包括如下三个不同方面的地质问题:

(1)围岩强度不足以承受撑靴式 TBM 支撑力,像频繁穿过胶结较差的沉积地层、地质断层等区域,围岩无法提供足够的支撑反力给支撑单元。在 St. Gallen 的 Rosenberg 入口隧道,不得不在软弱磨拉石地层采用橡木垫板来增加支撑面积(如图 12-6 所示)。

图 12-6　Rosenberg 隧道采用辅助垫板配合支撑装置进行超前导洞掘进

(2)在 Bochum 隧道的西切线,由于断层带的存在,"迷你"全断面 TBM 在开始挖掘时无法进

行有效支撑,不得不浇筑拱台作为临时支撑(如图 12-7 所示)[162]。在 Bessolow 和 Makarow 的报告中,令人印象非常深刻地描述了西伯利亚的 Baikal Amurmagistrale 隧道工程 TBM 掘进出现同类现象[12]。

图 12-7　"迷你"型全断面 TBM 在 Bochum 西切线断裂带的混凝土拱台支撑

　　(3)对极坚硬的隧道围岩(归类为非常难掘进类)施加很高的支撑压力,导致围岩岩体内应力的重新分布,这也可能加剧围岩的坍塌破坏(见第 4 章)。

　　(4)Amsteg 电站压力管道掌子面,在定子和前支撑单元之间(定子和撑靴之间的距离大概是 1 m),花岗岩岩体中发生了类似于岩爆的破裂(如图 12-8 所示),这一破坏的原因是支撑力引起的围岩应力重新分布造成。Myrvang[109] 报告了在挪威的 Kobbelv 水电站中,很古老的花岗岩隧洞中的岩爆,这一岩爆剧烈得令人震惊,其位置在 Robbins 公司的 TBM 上定子和支撑单元之间的拱顶围岩。在一些局部区域,掘进机必须在围岩进行支护后才能进行 TBM 支撑,否则隧道围岩会发生较大的变形和破坏。

　　(5)随着支撑单元的逐渐前移,施加在节理发育岩体表面荷载释放,岩块之间位移增加,往往也会导致 TBM 附近的围岩发生坍塌。

　　通过岩土工程勘察和地质力学调查,可以对岩石隧道掘进和相应支护系统进行分级,在较高的掘进级别中,针对 TBM 支撑区域及支撑区域前方采取所必需的支护措施,既可以作为防护手段也可以作为掘进系统的一部分。围岩的支护措施和设备的支撑单元需保持协调,否则安装好的支护可能会被支撑单元的高压力破坏(见第 9 章)[131]。

图 12-8　Amsteg 电站压力管道岩爆式的坍塌

12.4　对围岩支护的影响

掘进时,隧道掌子面前方的地层已经发生了一定程度的沉降。根据岩体的地质力学特性,在挖掘之后的很短时间里,隧道围岩也会或多或少地发生变形,这取决于隧道断面尺寸的大小。这种变形必须通过围岩的支护措施控制在一定幅度内,利用岩体力学特性曲线方法能够很好地解释这一现象[85]。

因此,岩体支护的目的是,选择允许在一定范围内变形的支护材料,可以采用特定配套设施及系统进行安装,并且不应降低 TBM 较高的掘进速度(见第 1 章)。

虽然在简单的掘进压力前提下,可以采用刚性支护,有时也利用刚性支护来减少地表的沉降,但在实际施工中,通常岩体应力的释放需要安装允许变形的柔性支护。实践中可选的柔性支护类型主要有:

(1)带有钟形截面的型钢支护,其连接位置在一定载荷作用下可以相对滑动。

(2)带有变形槽的锚喷支护。然而,此类结构很难应用于 TBM 的掘进隧道中,因为这种支护作业需在工作面后方 40~50 m 位置进行,这一区域中的围岩变形已经不再增加,几乎达到变形的极限值。

(3)在衬砌接头处运用可变形的螺栓或底拱衬砌中采用的液压油缸支架支撑。

(4)隧道壁围岩和支撑管片间的柔性充填,采用气动充填可变形骨料灌浆,如水泥浆包裹的聚苯乙烯球充填材料。

因此,选择一个合适的支护系统时,首先要考察隧道岩体的变形特性(见第 15 章)。

13 掘进与支护基础上的岩体分类

13. 1 隧道机械破岩掘进分类总体目标

无论是从科学的角度还是实用的观点来看,隧道工程岩体分类的历史都很长,为此出版的论著非常多,读者从中不仅可以找到综述性的文章,也可以找到像 Maidl 对传统钻爆法掘进隧道的岩体分类详细论述[88]。本书讨论了机械破岩掘进隧道相关分类的基本原理与实践,其中除了注重岩体特性外,对地应力的类型也特别关注。

地质学家在很早就开始了关于地应力对岩体影响的研究,当今地质力学工程师通过测量岩石的物理力学性质来描述岩体,而承包商则是依据掘进成本平衡来描述岩体,他们主要关注掘进设备单位时间掘进的进尺量、支护方式,以及由于地层涌水可能造成的工期延误。

地质学家偏好采用地质的方法对开挖岩体的进行分类,例如稳定、易塌落、破裂、挤出等岩体状况。在工程实践中这些工作根据自身经验,由了解岩体的工作人员来进行。同样,采用岩体支护方法进行分类,其前提是假定对岩体特性有充分的了解。

地质力学工程师定量描述的目的,一方面保证了完整准确地获得地质纵向剖面,另一方面保证支护方法选择合理。这对实际预算并无太大的用处,承包商对隧道工程的掘进和支护进行预算,并且将资金分派给各个特定的工序。只有将所有的因素都考虑在内,相应的掘进分类才算真正具有实用价值。

德国已经建立了关于岩体分类 tunnelling classification 体系,在设计阶段服务于确定掘进方法和支护方法,以及工期和目标成本。同样,这也帮助业主在工程建设阶段,测算成本和工期,并体现在业主和承包商之间的合同条款中。

到目前为止,所知的岩体分类方法都是源自传统的钻爆法,正如以上所讨论的,岩体分类可应用于成本与工期核算。采用 TBM 方法掘进,岩石的可切割(钻)性成为关键性因素。如果在难以破碎的岩体中掘进,则 TBM 的每一次推进行程所用的时间都会增加,也为岩体支护留出更多时间。

除依据岩体稳定性来分类外,更多的分类方法是根据支护材料的用量划分,而岩石的可切割性也应以适当的形式加以考虑,从而完成基本目标。如果在合同条款中没有体现出这些事宜,执行过程中合同各方的分歧是不可避免的。

13. 2 岩体分类方法

13. 2. 1 根据岩体性质分类

根据岩体特征或岩体力学性能,Terzaghi 和 Stini 及后来的 Lauffer、Packer 和 Rabcewicz 对岩体质量进行了分类,他们将岩体从"稳定的"到"可挤压的"特性范围内分为若干等级。根据理论分析得到的岩石力学特性，Bieniawski 创立了岩体地质力学分类方法，即 RMR 分类，Barton 创立了岩体质量分类方法，即 Q 分类[96]。这些分类都是依据定量的岩体参数，没有考虑 TBM 掘进岩石的可切割性因素。

1. RMR 分类

RMR 岩体分类是由 Bieniawski 在 1972 年和 1973 年创建[14、15、96]，主要用于受美国影响较大的一些地区。RMR 分类也称为"岩体质量分类"或"岩体地质力学分类"。在过去的 20 年中，该分类方法在超过 350 个实际工程应用中得到证明，而且不断地扩充和发展。RMR 分类，就像巴顿 Barton 的 Q 分类一样，作为岩体质量分级方法，都是在实际工程中不断地校正和持续更新。

在缺乏针对 TBM 掘进隧道的岩体分类的条件下，RMR 分类结果也可以为隧道的机械破岩掘进提供参考。

1）分类流程

在 RMR 分类系统中，采用以下六个参数指标对岩体进行分类：

（1）无侧限压力的岩石抗压强度（岩石单轴抗压强度）。

（2）岩体质量评定的 RQD 指标。

（3）节理的间距。

（4）节理面特征。

（5）地下水。

（6）节理面走向。

岩体地质力学分类，将具有几乎相同特征的岩体，划归为同一级别范围内，尽管岩体本质并不是均质的。级别的划分可以根据上述六个参数指标和参考地质调查确定（均质范围）。将每一个级别的特性都记录在数据表格中，并利用表 13-1 和表 13-2 进行计算。从本质上来说，表 13-1 与可能出现的断层带的方向无关，其结果可用考虑了断层走向和工程平面结构的表 13-2 进行修正。

表 13-1　RMR 分类相关参数及估值[14,96]

	分类参数		估值范围						
1	岩块强度（MPa）	点载荷强度指数	>10	4～10	2～4	1～2	对强度较低的岩石宜用单轴抗压强度		
		单轴抗压强度	>250	100～250	50～100	25～50	5～25	1～5	<1
	评分值		15	12	7	4	2	1	0
2	岩芯质量 RQD 指标（%）		90～100	75～90	50～75	25～50	<25		
	评分值		20	17	13	8	3		
3	节理间距（cm）		>200	60～200	20～60	6～20	<6		
	评分值		20	15	10	8	5		
4	节理条件		表面很粗糙、不连续未张开，未风化	表面粗糙，张开<1 mm	表面粗糙，张开<1 mm，极风化	擦痕面或位移<5 mm，张开 1～5 mm，连续	擦痕面或填充物厚度>5 mm，张开度>5 mm，节理连续		
	评分值		30	25	20	10	0		

续上表

分类参数			估值范围				
5	地层水条件	每 10 m 隧道涌水量(L/s)	0	<10	10～25	25～125	>125
		节理水压(MPa)	0	<0.01	0.01～0.02	0.02～0.05	>0.05
		一般条件	完全干燥	潮湿	只有湿气(裂隙水)	中等水压	水的问题严重
	评分值		15	10	7	4	0

表 13-2　对断层走向方向的修正因子[14,96]

断层的走向和倾向方向		很有利	有利	适中	不利	很不利
计算分值	隧道和矿山	0	-2	-5	-10	-12
	基础	0	-2	-7	-15	-25
	边坡	0	-2	-25	-50	-60

将两个表格中的结果综合起来得到一个确定的数值,利用表 13-3 来最终确定岩体分类级别。数值相加得到的是在 0～100 之间的数值,来表明岩体质量从差到非常好,此值越高,表示岩体品质越好。

表 13-3　按总分值确定的岩体级别[14,96]

计算得分	81～100	61～80	41～60	21～40	<20
岩体分类	Ⅰ	Ⅱ	Ⅲ	Ⅳ	Ⅴ
岩体描述	非常好	好	一般	差	非常差

在表 13-4 中,对具体岩体种类的实际评估主要依据于工程实例进行,由于隧道穿过地层由不同的地质区域组成,但其中最重要的区域是对拟建工程最不利的区域。在今后的建设工作中,必须以此最不利区域为基础进行评级,而不是单独依靠稳定性较好岩体或其他优良的岩体参数。如果在隧道内两种主要岩石占整个断面大部分,那么依据每一个区域出现的权重,经加权计算得出一个平均的特征值。

表 13-4　岩体稳定性评估[14,96]

岩体分级	Ⅰ	Ⅱ	Ⅲ	Ⅳ	Ⅴ
平均稳定时间	20 a(15 m 跨度)	1 a(10 m 跨度)	1 星期(5 m 跨度)	10 h(2.5 m 跨度)	30 min(1 m 跨度)
岩石的黏聚力(kPa)	>400	300～400	200～300	100～200	<100
岩石的内摩擦角(°)	>45	35～45	25～35	15～25	<15

表 13-5　奥地利标准委员会标准(2203)与 RMR 分类对应关系

RMR 分类指标	ÖNORM B(2203)分类	RMR 分类指标	ÖNORM B(2203)分类
>80	A1	40～50	B2
60～80	A2	20～40	B3/C1
50～60	B1	<20	C2～C3

2)RMR 分类的优势和局限性

RMR 分类方法使用非常简便,通过对岩芯或者地质力学数据分析中获得分类指标。这种方式适用于采矿工业、堤坝稳定分析、地基稳定和隧道掘进工程。地质力学分级非常适合建立岩体分类专家系统。

事实上,RMR 分类方法得出的结论相当保守,利用这些结果大都会导致对岩体的过度支护。这可以通过施工过程中连续的监测手段,以及现场采用适当的评估系统进行修正。

1996 年,Bieniawski 为岩体分类系统与建议的支护措施之间建立了对应关系,并收录在 ÖNORM B 2203(奥地利标准第 2203 条)(依据 ÖNORM 标准的岩体分类,见第 13.2.2 节)中。

岩体分类是在钻爆法的基础之上发展起来的。但是由于机械破岩掘进隧道时,不会发生传统爆破引起的隧道围岩无序破坏,因此,这种分类系统对机械破岩隧道掘进不太适用。将机械破岩掘进的有利因素考虑进去,Alber 等人对 RMR 分类进行了修正得到了以下公式[1]:

$$RMR_{TBM} = 0.84 \cdot RMR_{D+B} + 21(20 < RMR_{D+B} < 80) \tag{13-1}$$

RMR_{TBM} 为适用于 TBM 掘进的岩体 RMR 分类指标值,RMR_{D+B} 为用于钻爆法的岩体 RMR 分类值。对于质量非常差的岩体,传统钻爆法和机械破岩掘进之间的差别并不显著,但也应该注意到 TBM 掘进时撑靴对岩体持续施加的动态荷载过程,对围岩稳定的负面影响。

2. 岩体质量 Q 分类

1974 年,由 Barton、Lien、Lunde 等人在挪威提出了岩体质量 Q 分类[8],随后由 Grimstad 和 Barton 针对 TBM 机械破岩掘进工艺进行改进和发展[55]。Q 分类的依据来自对斯堪的纳维亚地区掘进的超过 200 条隧道工程的分析,依据这些分析研究 Q 分类被认定为是岩体的一种定量分类方法。它为工程师提供了一个分类系统,以便于隧道支护系统的设计。

Q 分类依据以下六个参数估计数值:

(1)RQD——岩芯的质量指标。

(2)J_n——节理组系数。

(3)J_r——节理组粗糙系数。

(4)J_a——节理组风化蚀变系数。

(5)J_w——节理水折减系数。

(6)SRF——应力折减系数。

这六个参数组合为三个比值的形式,得出以下 Q 数值的计算公式:

$$Q = \frac{RQD}{J_n} \cdot \frac{J_r}{J_a} \cdot \frac{J_w}{SRF} \tag{13-2}$$

采用此公式计算出来的 Q 值,其范围从 0.001 到 1000,采用图形方式表示岩体分类,将计算出的 Q 值的对数值输入图 13-1 中,可以得到相应的岩体质量指标。

1)分类步骤

表 13-6～表 13-11 提供了各种系数的取值范围,对这些系数说明如下:

首先讨论 RQD 和节理组系数 J_n 两个因素,这两个因素是对岩体宏观结构的描述,两者的比值反映岩芯提取的相对尺寸。RQD 指标是由 Cording、Deere 和 Hendron 提出来的[26],以百分比的形式展示了 L_{10}/L 的关系,其中 L_{10} 为长度 10 cm(含 10 cm)以上岩芯累计长度,L 为钻孔取出的岩芯总长度。

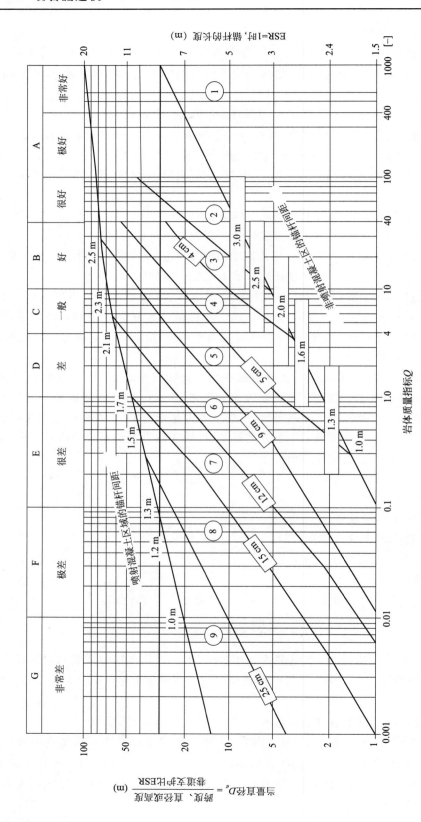

图 13-1 支护方式与岩体质量指标 Q 之间的关系[7]

①—不支护；②—随机锚杆支护；③—系统锚杆支护；③-④—系统锚杆支护和锚杆支护 4～10 cm 喷射素混凝土；④—系统锚杆支护和锚杆支护，喷层厚度 4～10 cm 喷射素混凝土；
⑤—喷射钢纤维混凝土和锚杆支护，喷层厚度 5～9 cm；⑥—喷射钢纤维混凝土和锚杆支护，喷层厚度 9～12 cm；⑦—喷射钢纤维混凝土内层衬砌；
喷层厚度 12～15 cm；⑧—喷射钢纤维混凝土和锚杆支护，加强筋网喷混凝土，喷层厚度>15 cm；⑨—现浇混凝土内层衬砌

　　第三个参数节理组粗糙系数 J_r 与第四个参数节理组风化蚀变系数 J_a 的比值,可以看作是在岩体中各个岩块接触面上的剪切强度指标。

　　第五个参数节理水折减系数 J_w,是通过测量水压得到的参数,第六个参数应力折减系数 SRF,可以有以下不同的解释:

　　(1)当岩体节理中含有黏土或节理错动表面松动应力。

　　(2)坚硬岩体中存在的地应力。

　　(3)塑性、不稳定岩体中的挤压或膨胀压力。

　　第六个系数也被认作总的压力参数,第五个系数和第六个系数的比值表示主动应力。

　　Barton 认为系数 J_n、J_r 和 J_a 在岩体的节理产状上有着至关重要的作用,J_r 和 J_a 的作用是间接表达的系数,因为它们都以最不利的节理为基础。

表 13-6　岩体质量指标 RQD 取值[7,8]

描述	RQD 取值范围	备注
非常差	0~25	(1)若地质报告中或测得到的 RQD 值≤10 时(包括 0),则在 Q 计算中取 10;
差	25~50	
一般	50~75	(2)RQD 的值以 5 为间隔取值,如 100、95、90 等,这样得出的计算结果已相当准确
好	75~90	
非常好	90~100	

表 13-7　Q 分类中节理组系数 J_n 的取值[7,8]

岩体节理描述	J_n 取值范围	备注
完整岩体,没有或极少节理	0.5~1	
一组节理	2	
一组节理和一些不规则节理	3	
二组节理	4	
二组节理和一些不规则节理	6	(1)隧道间的交叉连接段取:0.3J_n;
三组节理	9	(2)在隧道出口附近处取:0.2J_n
三组节理和一些不规则节理	12	
四组或多于四组节理,不规则的严重节理化的立方体	15	
碎裂岩体,近似土体	20	

表 13-8　Q 分类中节理组粗糙系数 J_r 取值[7,8]

岩体节理描述		J_r 取值范围	备注
岩块接触状况	节理描述		
岩块接触错动距离小于 10 cm	不连续的节理	4.0	(1)如果相关节理组的平均间距大于 3 m,则 J_r 取值增加 1.0;
	粗糙且不规则或波状的节理	3.0	
	光滑波状的节理	2.0	
	有光滑面波状的节理	1.5	
	粗糙或者不规则平直的节理	1.5	(2)平直、光滑且具有线理的节理,如果线理方向合适, J_r 取 0.5
	光滑平直的节理	1.0	
	有光滑面平直的节理	0.5	
岩块存在剪切不直接接触	节理之间有黏土状物质阻止节理面相接触	1.0	
	节理之间有沙或碎石阻止节理	1.0	

表 13-9 Q 分类中节理组风化蚀变系数 J_a 取值[7,8]

岩体节理描述		J_a 取值范围	ϕ_r(近似)
岩块接触(没有矿物充填,只有接触面)	A)密实的、固结的、无软化、不渗透填充物	0.75	—
	B)节理面无变化,只有颜色改变	1.0	25°～35°
	C)节理面无变化,无软化,矿物表面,砂质颗粒,无黏土,松散的岩石块	2.0	25°～30°
	D)粉质或砂质黏土表面,无黏土组分(无软化)	3.0	15°～20°
	E)软化或低摩擦,显示黏土矿物表面	4.0	8°～16°
岩块接触错动小于10 cm(少量矿物充填)	F)砂质颗粒、无黏土、疏松岩石块	4.0	25°～30°
	G)强固结状、无软化黏土矿物充填(连续厚度<5 mm)	6.0	16°～24°
	H)中、低固结状、软化黏土矿物充填(连续厚度<5 mm)	8.0	12°～16°
	J)膨胀黏土充填,如蒙脱石(连续厚度<5 mm);J_a 值与膨胀矿物颗粒尺寸及含量,以及水的补充相关	8.0～12.0	6°～12°
错动节理岩块之间不接触(厚层矿物充填)	K,L,M)破裂或破碎的岩石和黏土的充填或黏土充填条或带(见G、H 和 J 层的描述)	6.0,8.0,8.0～12.0	6°～24°
	N)黏土或砂质黏土以及小黏土组分充填条或带(无软化)	5.0	6°～24°
	O,P,R)厚、连续的黏土充填条或带(见 G、H 和 J 对黏土地层的描述)	10.0 或 13.0 13.0～20.0	

注:如果节理中存在充填的话,ϕ_r 值应被视为不同类型的充填矿物性质的近似参考值。

利用 Q 值可以间接地确定必需的支护方法,考虑到实际的断面尺寸和未来工程的用途。支护比是上述参数的函数,通过将开挖断面的直径或高度除以规定的数 ESR 来确定。掘支比用 ESR 表示,它是基于工程的用途确定的,此值为图 13-1 的输入值。

ESR 表征的是硐室的用途和所需的安全防护范围,详见表 13-12。

表 13-10 Q 分类中节理水折减系数 J_w 取值[7,8]

节理水折减系数 J_w			
岩体节理描述	J_w 取值	水压估值(MPa)	备注
A)掘进断面干燥或少量渗水,局部出水不大于 5 L/min	1.0	<0.1	(1)C)～F)是粗略估测的,如果没有排水设备,要增大 J_w 的取值; (2)未考虑因冻结引起的特殊问题
B)中等程度流入量或具有水压,节理充填无偶尔涌出	0.66	0.1～0.25	
C)在未充填的节理中高压水或较大流量涌水	0.5	0.25～1.0	
D)较大流入量较高压力涌水,单独节理水流量急剧减少	0.33	0.25～1.0	
E)极大量地下水流量,随时间推移减少	0.1～0.2	>1.0	
F)极大地、不间断地涌水时间增长无明显减少	0.05～0.1	>1.0	

Q 分类指标和支护的参考值间的关系决定了适当的支护措施,对于临时支护来说,如需维持一年以上,则 Q 值需要增加到 $5Q$ 或者 ESR 应该增加到 1.5ESR。对于较长的交通隧道来说,ESR 可以降低到原来的一半。所需锚杆长度可由图 13-1 确定,需要考虑到 ESR＝1。

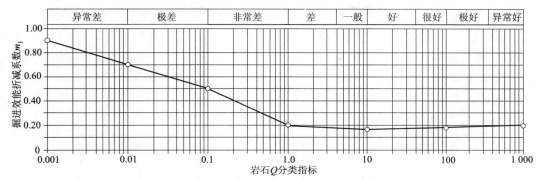

图 13-2 取决于 Q 值的折减系数 m_1[7]

表 13-11 Q 分类中应力折减系数 SRF 取值[7,8]

<table>
<tr><th colspan="2">岩体状态描述</th><th>取值范围</th><th>备注</th></tr>
<tr><td rowspan="7">破碎带和
开挖结构
交叉,引
起岩体的
松散</td><td>A)含有黏土或因化学作用碎解岩石的多组破碎带,在任意埋位置深的围岩非常松散</td><td>10</td><td rowspan="7">如果相关的剪切带没有直接与掘进区交叉,而是仅对其有影响,可相应减小 SRF 值 25%～50%</td></tr>
<tr><td>B)含有黏土或因化学作用碎解岩石的一组破碎带(埋深＜50 m)</td><td>5.0</td></tr>
<tr><td>C)含有黏土或因化学作用碎解岩石的一组破碎带(埋深＞50 m)</td><td>2.5</td></tr>
<tr><td>D)稳固岩石(无黏土)中多组剪切带,在任意埋深位置围岩非常松散</td><td>7.5</td></tr>
<tr><td>E)稳固岩石(无黏土)中一组剪切带(埋深＜50 m)</td><td>5.0</td></tr>
<tr><td>F)稳固岩石(无黏土)中一组剪切带(埋深＞50 m)</td><td>2.5</td></tr>
<tr><td>G)松散的张节理,严重节理化或结晶体等(任意埋深)</td><td>5.0</td></tr>
<tr><td rowspan="7">完整岩石、
围岩应力
问题</td><td>应力描述</td><td>σ_c/σ_1</td><td>σ_θ/σ_c</td><td>数值范围</td><td rowspan="7">对于测量出的强各向异性应力分布地带:如果 $5 \leqslant \sigma_1/\sigma_3 \leqslant 10$,那么 σ_c 减小到 $0.75\sigma_c$;如果 $\sigma_1/\sigma_3 > 10\sigma_c$,那么 σ_c 减小到 $0.5\sigma_c$;其中 σ_1 为最大主应力,σ_3 为最小主应力。根据弹性力学理论,σ_c 为单轴抗压强度,σ_θ 为最大剪切强度。
覆盖层厚度小于隧道直径的情况很少见,建议将 SRF 值由 2.5 增加到 5.0(如 H 项)</td></tr>
<tr><td>H)低应力、近地表、张开节理</td><td>＞200</td><td>＜0.01</td><td>2.5</td></tr>
<tr><td>J)中等应力,最有利的应力条件</td><td>10～200</td><td>0.01～0.3</td><td>1.0</td></tr>
<tr><td>K)高应力,非常紧密结构,一般利于稳定,也可能不适于帮部稳定</td><td>5～10</td><td>0.3～0.4</td><td>0.2～0.5</td></tr>
<tr><td>L)块状岩石中 1 h 之后产生中等板裂</td><td>3～5</td><td>0.5～0.65</td><td>5～50</td></tr>
<tr><td>M)块状岩石中几分钟内产生板裂及岩爆</td><td>2～3</td><td>0.65～1</td><td>50～200</td></tr>
<tr><td>N)块状岩石中严重岩爆(应变突然出现以及直接的动力变形)</td><td>＜2</td><td>＞1</td><td>200～400</td></tr>
<tr><td rowspan="2">挤压岩体,
在高围岩
应力作用
下致密岩
石中有塑
性流动</td><td>(O)轻度挤压岩体应力</td><td colspan="3">5～10</td><td rowspan="4">如果隧道埋深 $H > 350Q^{1/3}$,岩石可能出现挤压状态。
岩石的抗压强度 $q \approx 0.7Q^{1/3}$(MPa)</td></tr>
<tr><td>(P)严重挤压岩体应力</td><td colspan="3">10～20</td></tr>
<tr><td rowspan="2">膨胀岩体,
由水压诱
发的化学
膨胀活动</td><td>(R)轻度膨胀岩石应力</td><td colspan="3">5～10</td></tr>
<tr><td>(S)严重膨胀岩石应力</td><td colspan="3">10～15</td></tr>
</table>

表 13-12 根据用途确定的 ESR 值[7]

隧道类型	ESR	隧道类型	ESR
仅作为临时支护	1.5ESR,5Q[1)]	水工或排水隧道	1.5
超前导洞	2.0	交通隧道	0.5～1.0[2)]

注:[1)] 如果临时支护的使用期限多于 1 年,则此数值变为 2.5Q;

[2)] 如果为长距离的交通隧道,ESR 应该降低到 0.5。

Barton 等人尝试开展了以 Q 分类指标为基础,建立 TBM 掘进的 Q_{TBM} 分类指标[7]。利用这一指标综合预测 TBM 掘进的岩体支护、岩石可切割性及刀具磨损等,或服务于某个单项。然而,通常来说岩石的可切割性和刀具的使用寿命与岩体分类指标并不协调。Barton 尝试利用 Q 值和 Q_{TBM} 值及其他参数,来计算 TBM 的推进速度 PR 和掘进速度 AR。刀具使用寿命指标 CLI 作为一个磨损指标(如图 13-3 所示)尚未经证实,因为滚刀的寿命跨度很大,从少于 200 km 到超过 20 000 km 的滚动距离不等。

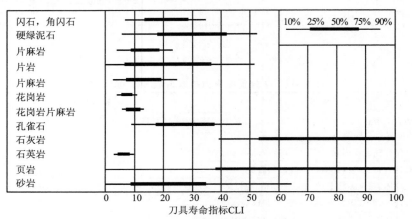

图 13-3 不同岩石类型对应的磨损指标 CLI[7]

推进速度 PR(m/h)和掘进速度 AR(m/h)分别由式(13-3)和式(13-4)计算:

$$PR = 5 \cdot Q_{TBM}^{-1.5} \tag{13-3}$$

$$AR = 5 \cdot Q_{TBM}^{-1.5} \cdot T^m \tag{13-4}$$

在以下应用:

$$Q_{TBM} = Q_0 \cdot \frac{SIGMA}{F^{10}/20^9} \cdot \frac{20}{CLI} \cdot \frac{q}{20} \cdot \frac{\sigma_\theta}{5} \tag{13-5}$$

$$SIGMA = SIGMA_{cm} = 5 \cdot \gamma \cdot Q_c^{1/3}(当 \beta > 60°时, Q_c = Q_0 \cdot \frac{\sigma_c}{100}) \tag{13-6}$$

$$SIGMA = SIGMA_{tm} = 5 \cdot \gamma \cdot Q_t^{1/3}(当 \beta < 30°时, Q_t = Q_0 \cdot \frac{I_{50}}{100}) \tag{13-7}$$

SIGMA 的值是为了将岩体的强度考虑在内,考虑到单轴抗压强度 σ_c 和抗拉强度(这里用稳定指数 I_{50} 来表示),用 β 表示岩层层面和轴线的夹角。另外 m 值需要通过式(13-8)计算出来,从而将 TBM 的磨损形式考虑在内。

$$m = m_1 \cdot \left(\frac{D}{5}\right)^{0.20} \cdot \left(\frac{20}{CLI}\right)^{0.15} \cdot \left(\frac{q}{20}\right)^{0.10} \cdot \left(\frac{n}{2}\right)^{0.05} \tag{13-8}$$

一台 TBM 掘进一个隧道或特殊地质区域,当掘进长度为 L 时,其耗时 T 估计为:

$$T = \left(\frac{L}{PR}\right)^{\frac{1}{1+m}} \tag{13-9}$$

式中,m——因磨损导致的进尺下降;

T——完成一段隧道掘进的耗时;

F——每把盘形滚刀的推力;

m_1——因为磨损导致的进尺下降的初始值(如图 13-2 所示);

　　D——隧道直径,m;

　CLI——刀具寿命指标,盘形滚刀特定磨损值由实验室测得;

　　q——岩石中石英的含量,%;

　　n——岩石的孔隙率,%;

　　γ——岩石的容重,kg/dm^3。

2)Q 和 RMR 分类系统的关系

基于 100 多个工程项目的研究,在 RMR 和 Q 分类系统之间建立一种经验关系[14,15]。针对隧道建设来说,两者有如下关系:

$$\mathrm{RMR} \approx 9 \cdot \ln Q + 44 \quad 即\ Q \approx e^{\frac{(\mathrm{RMR}-44)}{9}} \tag{13-10}$$

Barton 认为此关系可用下式表示:

$$\mathrm{RMR} \approx 15 \cdot \lg Q + 50 \quad 即\ Q \approx 10^{\frac{(\mathrm{RMR}-50)}{15}} \tag{13-11}$$

Q 与 RMR 分类之间的关系还可以从图 13-4 中得出。

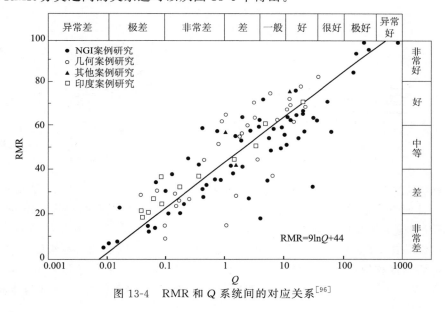

图 13-4　RMR 和 Q 系统间的对应关系[96]

13.2.2　根据可切割性和磨蚀性分类

单纯的岩体掘进分类对于 TBM 来说是不够的,因此,要得到准确的贯入度的指标,必要对待掘进岩体进行综合评估。

这种分类可以通过了解地层的地质特点,或者通过直接试验掘进的方法测定贯入度等参数来获得,见 SIA198。

1974 年,Rutschmann 确定了岩石分类和可切割性[131],这两个重要指标决定了 TBM 工作性能。他认为岩石的可切割性由以下的四个因素决定:

(1)应力应变关系:弹性模量 E 和岩石 50%抗压强度时的弹性模量 E_{t50}。

(2)圆柱试样单轴抗压强度 β_D。

(3)劈裂抗拉强度 β_Z。

(4)硬度指标,如切割硬度 SH。

对 Rutschmann 的分类系统来说,其主要目的是突出 TBM 的支撑能力,两种岩体的分类都尝试用定性的方式表述。

Rauscher 依据岩石可切割性的模型建立了一个分类系统,将可切割性表达为独立变量 F_v(推力)、关联变量 N_B(刀盘驱动功率)和 v_n(纯掘进速度)之间的一个解析关系。利用此表达式,他建立了一个列线图,将不同种类岩石的分类展示出来(如图 13-5 所示)。不同切割系数 f_{sp} 可以用一组双曲线表示,功率系数 κ 值($\kappa = N_B/N_v$,传递功率 $N_v = F_v \cdot v_n$)作为 v_n 和 p(推进速度)的函数,一方面 κ 作为 F_v 的变量,另一方面可以作为岩体分类的确定值。

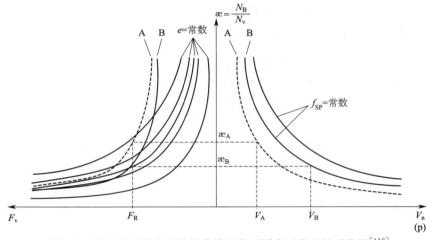

图 13-5　利用岩石特有的特征曲线评价不同岩石类型的列线图[118]

在此基础上还应参考 Beckmann 的工作成果。基于超过 40 km 的 TBM 隧道掘进的经验和数据[11],他研究出了关于 TBM 掘进速度的影响因素及各个因素的权重。Beckmann 的研究表明,围岩的稳定性和可切割性对隧道掘进都有影响。由原位测试测得的岩石可切割性和围岩的稳定性一样,分为 6 类。这两个参数现在可归类为一个附加的指标来评估绩效成本,即将岩石的可切割性和稳定性分类合并为一个价目表,然后将价目表与承包商的绩效表相匹配。

1988 年,Schmid 为瑞士建造师协会制定了按地质条件划分的可切割性分类标准,如图 13-6 所示。

岩石的磨蚀性直接影响了隧道掘进成本。这些影响只能在磨损造成滚刀更换时间的增加,以及维修更换铲斗和铲齿等磨损部件导致的掘进临时停止等,一定范围内取得。将磨损率分类作为可切割性分类的互补手段,在成本控制上有意义,但是很难将岩石分类作为提高掘进速度的基础。

13.2.3　根据岩体支护分类

经验丰富的隧道建造者通常能够与地质学家密切合作,对支护措施的类型、范围和位置进行分类。一般可以将地质勘察的结果与已建成的类似工程的实际情况进行比较,或与类似的施工中可能发生的变化进行比较,这种方式与采用岩体特征分类相比,得到的结论是否具有优势是值得怀疑的。一个较好的方法是在充分考虑了按岩体特征进行分类的基础上,再去发挥建造商自身的经验优势。

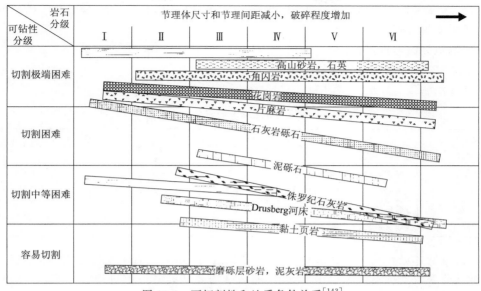

图 13-6 可切割性和地质条件关系[143]

必要的支护范围,包括作业人员人身安全的强制性安全界限确认,很明显这些只能在掘进开始后在工作现场进行。

正是由于这一原因,德国、瑞士和奥地利的国家标准,都是以岩体支护安装方法为基础制定的。

然而,这些标准都是以钻爆法为基础的岩体分类。这种分类并没有将 TBM 考虑在内,一些支护方法并不能在 TBM 所有地点采用,如仍然把在 TBM 工作区域内进行的混凝土喷射,作为一个分类参数写入了以上标准。

这些标准均认为,在稳定围岩条件下,即便分类等级很低,也不需要采取支护措施。但是SUVA、BG Bau、AUVA 等保险组织要求隧道断面高度达到 3 m 以上的情况下,必须要对顶部进行防护。根据定义,如果围岩的分类以掘进中安装的支护为基础,实施支护措施的原因就不重要了,因为分类就可以在任何情况下确定。

13.3 机械破岩掘进推荐分类

13.3.1 德国分类

1. 德国国家标准

在德国进行的隧道建设工程项目,其分类主要参照德国国家标准《建筑工程合同的通用技术条件——地下工程》(DIN 18312,1998-05)。按此标准进行的合同分类,基于以下假设,隧道的形状和尺寸,以及施工过程和掘进的方法、支护等都已确定,只需要通过这些默认的资料,就可以将土壤和岩体各自归到特定的类别中。与 1992 年 12 月颁布 DIN 18312 号标准在开挖分类条款不同,此标准必须选择描述隧道掘进类型,其余两者基本上没有太大差别。

根据支护强度和由此导致工期延误的程度或对掘进的影响,在传统工法将隧道掘进普遍划分为 1~7A 的级别,将盾构机掘进隧道工法的划分为 SM1~SM3 三个级别,对 TBM 掘进

隧道工法分为 TBM1~TBM5 五个级别(见表 13-13)。在 TBM 工法中,掘进分类的根据是:

(1)所需支护方式。

(2)影响机械破岩掘进的因素。

(3)TBM 工作区域所需的支护。

(4)特殊措施。

表 13-13　适合 TBM 掘进隧道的岩体分类[38]

分类	掘进形式
TBM1	无支护下掘进
TBM2	有支护,支护不会影响掘进
TBM3	TBM 后方或 TBM 工作区域内立即实施支护,且支护不会影响掘进
TBM4	刀盘后方立即实施支护,支护安装会导致掘进中断
TBM5	需要采取特殊措施才能掘进,这些措施的实施会导致掘进中断

在不需对岩体进行支护的 TBM1 级别隧道掘进时,如果围岩不稳定性增加,影响了掘进速度甚至需要采取支护不得不中止了掘进,那么就需要调高隧道掘进级别。TBM5 级别的隧道掘进需要采取特殊的措施,例如需要进行机械撑靴支撑系统的改造、超挖岩渣的清除、超前探测及超前地层加固等手段。

这些分类将实施支护措施的范围,划区分为 TBM 工作区域、TBM 后配套区域和后部区域。这只是一个笼统的划分,具体的分类或细节并未在此标准中体现,只在其第三部分,与掘进、支护工作相关的"施工"的章节里提到。所有支护措施由业主负责,除非已经达成关于支护范围、类型的特定协议。

对于盾构机或护盾式 TBM 的掘进来说,定义了从 SM1 到 SM3 等三个级别(见表 13-14),但并没有对 TBM 和(或)盾构机进行区别划分。

表 13-14　盾构机掘进隧道的岩体分类[38]

分类	掘进形式	分类	掘进形式
SM1	无支护下掘进	SM3	全部支护下掘进
SM2	部分支护下掘进		

2. 德国铁路股份有限公司

德国铁路股份有限公司发布的《铁路隧道的设计、施工和维护》(指南 853,德国铁路出版社,1998-10)[29],主要应用于铁路隧道的设计、施工和维护等,规定了依照 DIN 标准 18312 划分的隧道掘进分类应当包含在招标文件中,对类似地质条件隧道的施工经验应加以考虑。并给出相对于隧道掘进分类的安全及支护措施。另外,应按分类不同的隧道段进行单独招投标。

每个项目中的隧道掘进分类和采用的掘进方法,都要根据经业主批准的承包商的意见来确定。隧道掘进分类的共识需要以隧道掘进的最新进展来确定。为了解决可能产生和难以解决的有关掘进隧道分类确定的方面分歧,合同签署时应提名一个合同双方(业主和承包商)均认可的独立专家作为仲裁者[29]。

3. 德国岩土工程学会

德国岩土工程学会"隧道施工"工作组,根据 DIN 标准 18312,发布的《隧道施工规范》(1994),推荐了通用的隧道掘进分类系统,而这应该作为特定隧道项目分类的依据。根据

DIN 标准 18312 的分类除了有 TBM1~TBM5 和 SM1~SM3 级别之外,还有专门针对全断面开挖盾构机定义了 SM-V1~SM-V5 分类级别(见表 13-15)。

表 13-15　TBM 和盾构机掘进的岩体分类[30]

掘进方式	分类	特征	说明
TBM	TBM 1	无支护掘进	根据支护的类型与范围,以及支护的部位(隧道断面内和沿隧道轴线方向)来进行 TBM 的掘进分类,同时考虑到支护安装的次序和对掘进的影响
	TBM 2	实施支护,但不会影响掘进	
	TBM 3	需要掘进机后方或掘进机工作区域内立即进行支护,影响掘进	
	TBM 4	需在刀盘后方立即实施支护,支护导致掘进中断	
	TBM 5	需要采取特殊措施才能掘进,这些措施会导致掘进中断(如,掘进机的支撑措施,清除掘进机区域落石,对掘进机前方岩石进行地质勘探或/和对其进行前方围岩加固)	
盾构机 (SM-V)	SM-V1	掌子面不需要支护,不会影响掘进	对于盾构机的掘进分类,掌子面的支护形式及是否对掘进造成影响,作为分类的决定性因素。在护盾的保护下,安装封闭的临时或永久支护。这些技术流程无法调整
	SM-V2	对掌子面进行部分或全部的机械支撑,不影响掘进	
	SM-V3	利用压缩空气对掌子面进行全部支撑,不影响掘进	
	SM-V4	采用泥浆对掌子面进行全部支撑,不影响掘进	
	SM-V5	采用土压对掌子面进行全部支撑,且不影响进尺;采取特殊措施进行掘进的情况,此种情况下掘进会受到影响,并根据影响因素划分子类(如改进支撑措施为 SM-V1 的子类 SM-V1.1,地层勘察为 SM-V1 的子类 SM-V1.2)	

图 13-7 为根据德国岩土工程学会推荐规范分类的示例。这一分类也是基于德国标准 DIN 第 18312 号划分的。这一示例的基础是支护措施不会导致掘进的中断。

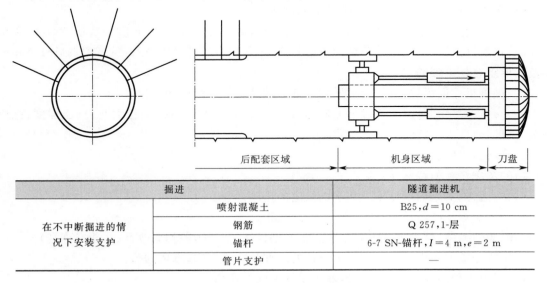

掘进	隧道掘进机	
在不中断掘进的情况下安装支护	喷射混凝土	B25,d=10 cm
	钢筋	Q 257,1-层
	锚杆	6-7 SN-锚杆,I=4 m,e=2 m
	管片支护	—

图 13-7　TBM2 级隧道掘进示例[30]

图 13-8 为根据德国岩土工程学会推荐规范对盾构机分类的示例。这一示例展示了一种从掘进机位置进行超前钻孔勘探特殊掘进条件,隧道采用钢筋混凝土管片拼成的衬砌环支

护,在掘进机护盾防护下安装。此种分类中存在子类的目的,是为了做一个基于通用隧道掘进分类的细化,例如需要考虑较极端复杂困难地质条件,这就需要更多地去考虑项目的特殊情况。

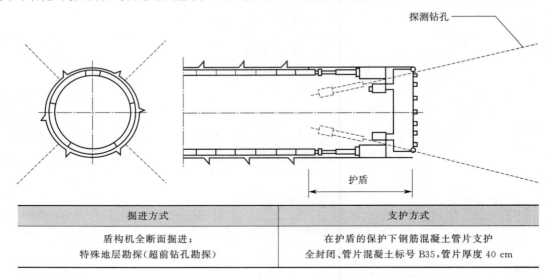

掘进方式	支护方式
盾构机全断面掘进; 特殊地层勘探(超前钻孔勘探)	在护盾的保护下钢筋混凝土管片支护 全封闭、管片混凝土标号 B35,管片厚度 40 cm

图 13-8　SM-V1.2 级隧道掘进示例[30]

1)此推荐规范的特殊情况有:

(1)异常的地质和水文地质条件。

(2)隧道掘进分类的变化(应该考虑的不是隧道分类本身,而是工程量清单中的适当项目)。

(3)地下水的影响,如需要采取相应的应对措施。

(4)由投标人指定的每个类型隧道的掘进速度。

(5)在工业或建筑等沉降敏感区域下掘进隧道。

(6)支护的类型、范围和体积的需求(如,喷射混凝土的厚度、锚杆长度和数量、管片的类型和间隔,钢筋网类型,双层或是单层,在德国岩土工程协会的意见中,相近的隧道掘进分类在一定范围的重叠是合理的)。

(7)掘进机作业区域、后配套区域和后部区域的支护安装顺序及位置。

(8)岩石的可切割性(矿物成分尤其是石英成分),矿物的形成、晶粒大小、抗压强度、抗拉强度、硬度、研磨性、节理结构。

(9)以纯掘进速度来分类。

(10)考虑竖井的特殊性。

(11)刀盘前实施的维持掘进掌子面稳定的措施。

(12)影响掘进的隧道壁和支护环形空间注浆。

(13)预防措施,例如对掘进前方天然土的勘察和/或岩体的加固改良(注浆或冻结)。

2)掘进分类工作应该由业主作为设计的一部分完成,其基本依据为:

(1)岩土工程勘察中所记录的地基土及隧道施工评估。

(2)隧道的形状和尺寸。

(3)由开挖和支护方式决定隧道掘进方法。

在对工程项目隧道掘进分类之后,应当先预测掘进路径中不同掘进分类段所占的比例,清楚地界定不同岩体的条件。在现场经业主和承包商对支护措施达成共识形成批准的文件后，以此为基础确定隧道掘进分类。在意见分歧的情况下，由业主指定隧道掘进分类。已竣工部分的隧道掘进分类应该以适当的图形形式记录在案，并与计划中的预测隧道掘进等级进行对比[30]。

13.3.2 奥地利分类

在奥地利对地下结构工程的分类，依照奥地利标准委员会颁布的《地下工程施工》(ÖNORM B 2203,1994-10)的规范[111]。与德国一样，在掘进过程中的围岩条件、相关支护以及安全防护措施是隧道掘进分类和(或者)岩体分类的基础。

1983 年版本的奥地利标准委员会标准 B 2203 规范的修订版，将 TBM 连续掘进引入到分类系统中。奥地利的隧道掘进分类是根据不同支护方法导致的掘进工作所受到影响的程度来划分。这种影响可以根据支护的安装位置和最后安装时间来量化。这一标准定义了三种岩体(A 类，稳定型至松动型岩体；B 类，裂隙发育型岩体；C 类，挤压型岩体)，描述了在岩体中采用敞开式 TBM 进行循环或连续掘进的工程性能。这三种类型又被细分为十个子类，(A1，A2，B1～B3 以及 C1～C5)。这些类型是根据地质力学的描述，以及奥地利标准委员会标准 B 2203 规范的表 1 确定(见表 13-16)。该表还提出了一个指导方针，要求和支护措施通常与特定的岩体类型相关联。

对于被预测的岩石类型，在认定为均质岩体的一定范围内，可以指定支护和安全措施，采用标准中推荐的表格进行计算，转换成一个特征支护数(见表 13-17)。知道了支护的数量和安设位置，就能计算出评估数，据此进行隧道掘进分类。

奥地利标准委员会的规范 B 2203，提供了一个如图 13-9 所示的表格形隧道掘进分类图，必要时可以辅以相关项目的数据。

序号	第一参考值 最迟支护安装时间	第二参考值 支护措施数量								
		0.7	1.2	2.0	3.0	4.5	6.8	10.0	15.0	23.0
1	—									
2	3星期		2/1.0							
3	4 d			3/1.6	3/2.5					
4	2 d				4/2.5					
5	10 h					5/3.75	5/5.65			
6	5 h						6/5.65	6/8.4		

图 13-9 对于 TBM 连续掘进的隧道分类矩阵图[111]

表 13-16　连续进尺条件下岩体类型

岩体类型	岩体性能	满足循环进尺需求的支护措施
A 稳定的岩体(可能会发生落石):这包括所有能承受荷载且不会发生破裂的岩体	A1 稳定 围岩发生沉降速度非常快,且变形很小,去除浮石后不会发生岩石偏落	不需要支护。 岩体自稳时间:超过 3 星期
	A2 可能会发生落石 发生沉降的速度非常快,且变形很小。由于节理裂隙的原因,拱顶的石块可能会落下	只需对拱顶、拱腰及上部进行支护,防止单块岩石落下。在工作区域 2 中实施支护不中断掘进。 岩体自稳时间:4 d~3 星期
B 破碎的岩体:这类岩体涵盖了所有由于节理没有足够的结合强度,缺乏黏聚力,有松垮趋势的岩体	B1 破碎岩体 发生沉降的速度非常快,且变形很小。由于节理,岩体的强度较低,爆破震动会导致岩块松脱,主要发生在拱顶和拱腰上部区域	B1.1 需要系统的实施支护措施,在工作区 2 较小范围内对拱顶拱腰及隧道两侧进行支护,不会中断掘进。 岩体自稳时间:2~4 d。 B1.2 需要系统的实施支护措施,在工作区 1 和 2 对拱顶拱腰及隧道两侧进行支护,进尺会受到一定的影响。 岩体自稳时间:10 h~2 d
	B2 破碎严重 变形快速发生,由于节理影响,岩体强度很低,缺乏黏聚力,岩体移动或在爆破影响下较快,松弛,未支护表面会发生垮塌	B2.1 需要系统的实施支护措施,支护需要紧接刀盘后进行,支护时长决定了进尺速度。掘进机行程中只有部分是用来掘进。 岩体自稳时间:5~10 h。 B2.2 对刀盘区域进行预支护,同时对工作区域 1 的整个工作区域进行系统性支护。 不采用临时支护的自稳时间:2~5 h
	B3 不稳定 当掌子面开口较小时,岩体发生破碎、变形,黏聚力过小是造成不稳的主要因素	只有通过特殊措施才能进行连续进尺。 岩体自稳时间:不足 2 h
C 挤压岩体:此类岩体中地应力过大。掘进后,此类岩体易发生膨胀和坍塌	C1 岩爆 大多数情况下,弹性能储存在密度大、硬度高的脆性岩体中,表现为高地应力。应力的突然释放,会造成岩块迅速飞出、塌落。从岩爆面崩出的石块常为片状,崩塌的程度往往深度较浅	在工作区 1,安装短、小间距的锚杆,或按需要配备钢筋网。一般不会对机器进尺造成较大影响
	C2 挤压岩体 围岩会法生长期缓慢而显著的变形。裂隙不断发育,塑性区逐渐扩大	C2.1 系统性的实施支护措施,在工作区 1 和 2 对拱顶拱腰及隧道两侧进行支护;掘进会被支护的安装中断,需要注意掘进机不要被卡住。 岩体自稳时间:10 h~2 d C2.2 系统性的实施支护措施,在刀盘后立即进行支护。支护的耗时决定了进尺速度,只有部分行程能够进行破岩掘进。谨防掘进机被卡住。 岩体自稳时间:5~10 h
	C3 强挤压岩体 最初变形较快,沉降变形量大、时间长、缓慢。深裂隙和塑性区持续发展	C3.1 对拱顶拱腰和两侧区域实施系统性支护措施,在工作区 1 和 2 逐步进行。支护工作会中断掘进,注意防止机器被卡住。 岩体自稳时间:2 h~10 d C3.2 在刀盘后立即实施系统性的支护措施。支护耗时决定了进尺率,行程只有部分用来掘进。注意机器不要被卡。 岩体自稳时间:5~10 h

岩体类型	岩体性能	满足循环进尺需求的支护措施
C 挤压岩体此类岩体中地应力过大。掘进后，此类岩体易发生膨胀和坍塌	C4 流土 黏聚力和内摩擦角，塑性结持度非常小，导致土流入。只有暂时暴露和难以维持的表面	敞开式掘进机必须依靠特殊手段才能掘进。 岩体自稳时间：少于 2 h
	C5 膨胀岩体 土中的某些矿物质遇水会膨胀，从而使土体积增大。例如膨胀性黏土矿物、盐、无水石膏	采取长期支护的方式来应对膨胀，或者采取预防措施来使土不发生膨胀。利用撑靴式掘进机，必须配合相应的特殊手段。 岩体自稳时间：无法确定

表 13-17　对 TBM 连续掘进下实施的支护措施的评估[111]

支护措施		根据图 13-10 对 TBM 工作区域 1 和 2 的评估因子		单位	备注
		区域 1	区域 2		
锚杆	张壳式锚杆	3.0	2.0	m	
	SN 砂浆锚杆	4.0	3.0	m	
	自钻锚杆	5.0	3.5	m	
	注浆锚杆	6.0	4.0	m	
	预应力砂浆锚杆	10.0	6.0	m	
钢筋网	第一层	1.5	1.5	m²	
	第二层	3.0	1.5	m²	
管片	拱顶管片	3.0	2.0	m	
	环形管片	4.0	3.0	m	
喷射混凝土		50.0	15.0	m³	理论质量，不考虑特殊加厚和喷射混凝土回弹
岩锚	无砂浆岩石锚固	5.0		m	
	砂浆岩石锚固	7.0		m	
	自钻岩石锚固	7.0		m	
	注浆岩石锚固	9.0		m	
	注浆岩石锚固	12.0		m	
垫板	柔性垫板	10.0		m²	垫板安装
	机械垫板	15.0		m²	

隧道掘进分类的划分是按照两个参数进行，从上次支护措施实施开始到本次掘进开始之间的时间差，作为第一个参数的标准。这取决于不同类型岩体的自稳时间（见表 13-16）。根据这一标准，为了规范撑靴式 TBM 的掘进，要求岩体的自稳时间最少为 2 h，如果岩体实际自稳时间少于 2 h，则可依据标准规定获得额外的成本补偿。

第二个参数是支护措施数量，源自上面确定的支护措施的范围和类型，根据国标表中罗列的细节来确定。每一具体情况对应一种设计的掘进断面，并进一步分为两个工作区域，如图 13-10 所示。

第一和第二参数的交集构成一个矩阵区域表，图里承包商必须填入承诺的掘进的每立方米岩石的成本和隧道每天的工作进展。表格的横向相邻区域，依靠隧道掘进分类的限定，构成了一个水平和垂直掘进支付区域。如果在隧道掘进过程中遇到未预期的区域,那么矩阵图里的新支付区域必须从现有的表格中线性插值得到。这既保障了业主的成本,又降低了支付问题上潜在的分歧。

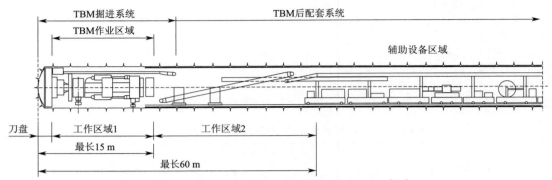

图 13-10　采用 TBM 连续掘进隧道的作业区域[111]

由刀盘向后延伸 15 m(最大值)的隧道区域被定义为工作区 1。工作区 2 为离掘进掌子面最大 60 m 的区域。掘进过程中,当遇到了必须采取支护措施的地质条件时,支护的安装需要在区域 2 的后方进行。在工作区域 1 中安装的支护措施,将根据其影响隧道掘进工作的时间长短,往往评估更高一些。

TBM 前方掌子面并没有单独划分出区域,如果要在刀盘的前面实施支护等特殊的安全措施,那么这需要在工程量清单中列出特定项目。

Ayaydin 总结了按照图 13-11 进行现场分类的流程,主要目的是用于仅仅以所遇到的地质条件分类,而不是以经济优先为基础分类,这与业主和承包商的观点不同[6]。

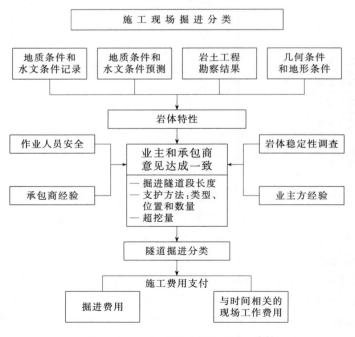

图 13-11　现场岩体分类的流程图[6]

示例:如图 13-12 所示,根据奥地利标准委员会规范划分的隧道掘进分类,"3/5.4"表明支护必须在掘进完成 10 h 以内安装(第一建议数)。第二个参考数字显示,例如对一个直径 5 m的隧道,需要进行 5 个长 2 m 的膨胀式锚杆的安装,以及对机器区域 1 的围岩,进行厚度为10 cm 的喷射混凝土的施工。支护措施数由算得的支护措施总数除以掘进的隧道横截面面积得到。

序号	第一参考值	第二参考值				
	支护措施最晚的安装时间	所需采用支护 较低支护材料消耗→较高的支护材料消耗				
		0.7	……	……	5.4	…… …… 23.0
1	3 星期					
2	……					
3	10 h				3/5.4	
4	……					
5	2 h					

(a)TBM 掘进隧道分类实例

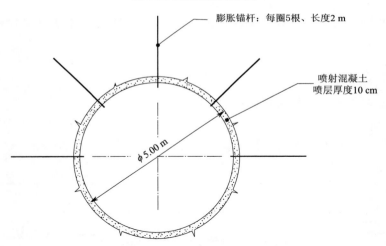

膨胀锚杆:每圈5根、长度2 m

喷射混凝土喷层厚度10 cm

φ5.00 m

(b) 隧道支护的断面结构

TBM 工作区域 1 的支护措施参数					
支护措施	每米隧道	长度/厚度	数量	区域1系数[111]	合计
膨胀式锚固	5 根(钢制)	2.0 m	10	3	30.00
喷射混凝土	15.4 m²	0.1 m	1.54 m³	50	76.97
合计					106.97
断面面积:$5.00^2 \times \pi/4 = 19.63$ m²					
支护措施系数:$106.97 \div 19.63 = 5.4$					

(c)隧道支护参数计算

图 13-12 根据 ÖNORM 标准得到的隧道掘进分类示例

13.3.3 瑞士分类

1993年,瑞士将工程师与建筑师协会颁布的《地下工程施工》(1993年版,1994年3月重印,SIA 198)标准引入,作为招标文件和施工合同的一部分。它适用于隧道、超前导洞、硐室、竖井等地下工程建设项目招投标和施工。隧道掘进包括了掘进机法和钻爆法。掘进机法包括全断面掘进机和部分断面掘进机掘进的工法,以及适用于软土地层的其他掘进方法等。

标准的第5.4节,涉及硬岩隧道采用TBM掘进的结算问题。这一结算基于的前提是工程成本与所需采取的支护措施的类型和范围,以及这些手段生效的时间点直接关联。

瑞士隧道掘进分类的根据是瑞士工程师与建筑师协会SIA198(1993版)标准,以进尺的成本为基础确定。掘进分类在A(全断面掘进)到E(有超前导洞的隧道或存在导井的竖井的扩挖掘进,两者采用TBM或竖井掘进机)之间。以下概述了应用这些两个分类的条款。

隧道掘进分类的结果是从掘进和岩石的可切割性组合得到的,与德国、奥地利一样,掘进的分类是基于所需要的支护措施及沿着TBM设备安装支护的位置。总的来说,在隧道掘进区域,掘进分为五类,从分类Ⅰ(不需要支护)到分类Ⅴ(机器区域内需要坚固的支护)。但是如果支护是立即由持续安装的封闭衬砌管片组成,那么掘进分类的再细分没有意义,在这种情况下才会引入掘进分类T。

在TBM工法中,支护安装位置的确定比利用钻爆法更复杂。瑞士TBM隧道掘进的工作区域的划分如下:

(1)TBM工作区域L1。

(2)TBM后配套区域L2。

(3)TBM后配套后方200 m以内区域L3。

在L1、L2和L3区域内,又划有L1*、L2*和L3*等工作区域,根据工程项目的需要和TBM类型的特点,在这些区域内进行支护系统的安装(如图13-13所示)。

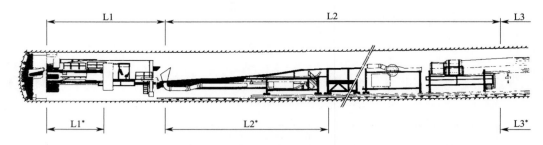

图13-13 隧道掘进机工作区域和工作范围划分(根据SIA)

承包商有责任在竞标文件中,标出L1、L2和L3区域,以及L1*、L2*和L3*等作业带的长度,并在投标时表明在这些区域中可能进行的支护工作。他们必须遵守招标文件中有关支护安装位置的规定。

支护安装的类型、范围和位置之间的关系确定了相应的掘进分类,因此指定的工作区以外的支护作业不会影响掘进的分类。

掘进分类定义背后的基本思想应该是,在每一个工程条件下,支护工作对隧道掘进工作的影响程度(见表13-18),采用表13-21进行准确的分类。

表 13-18　根据瑞士标准规范 SIA 的掘进分类[154]

掘进等级	影响掘进的因素
AK Ⅰ	支护对掘进循环有影响不显著
AK Ⅱ	支护对掘进循环有轻微影响
AK Ⅲ	支护对掘进循环有一定影响
AK Ⅳ	支护需停止掘进循环(如在每掘进行程完成后必须立即进行支护)
AK Ⅴ	需在掘进的同时进行连续的支护,需要对掌子面支撑或超前支护
AK T	采用管片衬砌环组装支护,且需立即支护不能拖延

掘进分类通常可应用在坚硬岩石采用钻爆法(见第 5.2 节)、悬臂式掘进机(见第 5.3 节)或 TBM 掘进(见第 5.4 节),只是瑞士工程师与建筑师协会(SIA)198 号标准中提供了不同的评估方式。

掘进分类在隧道及斜井中的应用是一致的,对于垂直竖井的施工,采用钻头由下向上扩孔钻进的方法,并没有单独再进行掘进分类的细分。

针对 TBM 掘进的岩体进行可切割性分类,需综合考虑贯入度和刀具的磨损率这两个决定性因素。业主可根据岩体和地质的特征值进行可切割性分类,通过这种方式,可以将隧道路线按地质构造相似、可切割性接近的原则划分标段。可切割性类别值由现有条件决定,并且应在项目的招标文件中体现,岩体特征值的确定应尽可能准确地以其离散值的形式呈现。

按照可切割性将岩石分为 X、Y、Z 等级别,代表在相关隧道中具有不同可切割性的岩石类型。在一项工程地质条件中,X 可以是片麻岩,Y 是花岗岩,在另一工程项目中,X 可以代表一种侵蚀石灰岩,Y 代表瑞士的 Drusberg 地层的泥灰岩,Z 代表一种硅质白垩岩石。

基于原位的掘进速度试验结论,SIA198 标准也可以转化为可切割性分类。根据隧道掘进路径和日常掘进机方式的不同,利用合同约定的测试程序,如实验推进长度、推力、刀具类型和刀具磨损程度等确定条件下,测量 TBM 纯掘进速度。这种测试试验只是适合一种类型岩石条件,因为有太多因素会对掘进速度造成影响,以至于经常难以确定代表性测试段。

通过适当的方式将可切割性分类和掘进分类联系起来,从而将掘进再划分为各个不同的类别,使隧道掘进分类和可切割性分类的组合,并强调具体分类(见表 13-19)。表格中的每一项都对应着一个掘进及支护对掘进的影响程度,以及提供了在这个隧道掘进分类中,按每米的价格来核算的费用。

表 13-19　根据 SIA 198 标准制定的掘进与可切割性组合分类表

掘进分类	可切割性分类		
	X	Y	Z
Ⅰ	Ⅰ X	Ⅰ Y	Ⅰ Z
Ⅱ	Ⅱ X	Ⅱ Y	Ⅱ Z
Ⅲ	Ⅲ X	Ⅲ Y	Ⅲ Z
Ⅳ	Ⅳ X	Ⅳ Y	Ⅳ Z
Ⅴ	Ⅴ X	Ⅴ Y	Ⅴ Z
T	TX	TY	TZ

通过表 13-19 可以看出,隧道掘进的进尺很有可能只取决于可切割性分类。对于难掘进的岩体,只要不是采用喷射混凝土支护,可以在 TBM 掘进的同时进行Ⅱ、Ⅲ或Ⅳ级支护。

13.4　作者建议分类

以上讨论的分类系统在很大程度上取决于支护方法,这些方法并不总能与机械破岩掘进兼容,或者忽略了可切割性和撑靴支撑的问题,而这些对隧道的机械掘进又非常重要。

这些缺陷的存在经常导致缔约双方产生重大意见分歧,从而不能达到预计施工计划,或因为地质条件变化而导致的索赔悬而未决。

表 13-20　依据 TBM 掘进中的支护确定的掘进分类[1]

级别	Ⅰ	Ⅱ	Ⅲ	Ⅳ	Ⅴ	T
	隧道的掘进分类					
TBM 工作区域 L1	—	不超过环绕隧道断面一周安装的锚杆数量 n	大于环绕隧道断面一周布置的锚杆数量 n,并增加钢筋网和/或柔性金属垫板	带有部分钢拱架和钢筋网的锚杆;喷射混凝土覆盖了大于 1/4 的断面;在撑靴部设置分散压力单元	柔性或刚性钢衬砌环	管片封闭衬砌
		系统性支护				
TBM 后配套区域 L2	通过岩栓和锚杆固定防落石的钢筋网	大于安装 $2n$ 的锚杆,且安装拱梁大于 1/4 的隧道断面周长;钢筋网和喷射混凝土覆盖了 1/2 的隧道断面周长	除底拱外全部安装钢筋网、喷射混凝土;钢拱和锚杆覆盖断面的 3/4	在无底拱衬砌管片的情况下,利用喷射混凝土实施了底拱支护;安装了封闭的钢支撑环,可能架设在底拱衬砌上	—	
		随机支护				
	底拱衬砌,如果项目中提供了全部岩体分类	大于 n 的锚杆数量	钢筋网和喷射混凝土覆盖了 1/2 的断面周长;大于 n 的锚杆数量,部分钢拱覆盖了 1/4 的断面	钢筋网、喷射混凝土覆盖了除底拱外所有围岩表面;钢拱架配合锚杆布置在 3/4 隧道断面中;柔性或刚性的钢支撑环		
区域 L3,直到后配套后方 200 m 范围	L3 区域中的支护对于掘进分类并不重要,除非对其有特别要求					
n 值(每米隧道环安装所用锚杆数量)	最大掘进直径(m)	4.00	6.00	9.00	12.00	
	n	2	3	4	6	

[1] 如果表中所示区域中应用了两种及以上的支护措施,则每种措施都可以确认相关分类等级。

为此我们必须进行更有针对性的分类,即创造一种沟通方式,使缔约双方尽可能公平相待,而不应该错误地认为掘进过程遇到的情况变化都已经被纳入到了分类系统中。

根据隧道作业,除了极端的情况外,一般只将岩体的支护和 TBM 的掘进速度用作掘进分类的决定性因素。因此,掘进分类主要包括这两个部分的主要内容,而磨损主要影响掘进的成本。

对于 TBM 隧道掘进的系统分类应尽可能考虑以下因素：

(1)将支护系统作为掘进分类的实际操作可行性。

(2)与地质条件和/或类似其他条件相关的可切割性,能够作为掘进速度的限定指标。

(3)掘进过程中,基于岩石磨蚀性的磨损,如 Cerchar 要求的(见第 3 章),如果不能按照 Cerchar 的方法进行测试,那么无法得到导致刀具剧烈的磨损矿物准确含量。

1. 掘进分类建议

建议基于可快速安装的支护系统建立分类系统,这会使得掘进的中断程度最小并提高整体的生产效率。表 13-21 给出了基于这些掘进支护措施的掘进分类建议和指导值,相关的工程状况定义为支护特征类型。

表 13-21　作者建议的掘进分类

撑靴式 TBM					护盾式 TBM
支护系统	非常简单(在大断面-掌子面防护)	简单	中等	重度	管片
	带有底拱管片				
TBM 作业区域	防落石钢筋网	轻型钢拱架,间距 1~1.5 m,具有部分柔性,例如以钢筋网作为支护单元	中等钢拱拱架,间距 0.8~1.2 m,柔性单元	重型钢拱架,间距 0.75~1.0 m,具有较强柔性	
后配套区域	距刀盘 30~50 m 进行喷射混凝土				
	无底拱衬砌管片				
TBM 作业区域	类似于带有底拱,钢拱需要在底部区域连续支护				
后配套区域	包括底拱在内的喷射混凝土				
支护特征	支护单元以特征类型招标确定				
类型	1 类	2 类	3 类	4 类	T
掘进分类	I	II	III	IV	T

2. 可切割性分类建议

将具有相似可切割性的一段隧道,定义为一个特定的可切割类型,这可以归入各个标段的地质类别(如图 13-5 所示)。或者,在特殊情况下,也可以在使用盘形滚刀和一定推力的特定条件下,利用测试行程来现场验证合同约定的掘进速度。

然而测试行程的方法存在重大的缺陷。如果承包商在慎重考虑各种条件后部署了一台性能卓越的 TBM,那么他会得不偿失。因为高性能的 TBM,施工性价比显得过低,即大材小用、浪费资源了。如果部署的 TBM 性能相对较弱,则相对于业主而言是不利的。

根据第 13.2.2 节对地质条件做出的分类,以及有关岩土力学性能的抗压强度、抗拉强度、磨蚀性(Cerchar 方法测定)等,都是建立良好合作的基础。

承包商可依照表 13-19 的价格表进行投标。

在掘进中对掘进速度进行修正后,可以很好地和格林方法预测的抗压强度相吻合。通过修正参数的介入,形成一个新的贯入度曲线,如图 3-18 所示(见第 3 章)。

$$K_p = \cfrac{1}{\left(\cfrac{\sigma_{\text{pressure·measurement}}}{\sigma_{\text{pressure·prognosis}}}\right)^{\lambda}} \qquad (13\text{-}12)$$

式中，K_p——掘进速度修正系数；

$\sigma_{\text{pressure·measurement}}$——测得的单轴抗压强度；

$\sigma_{\text{pressure·prognosis}}$——预计的单轴抗压强度；

λ——$e^{1.0\sim1.2}$（指数通常取 1.1）。

抗拉强度无疑是一个影响掘进过程的决定性因素，但将其纳入评估系统中的尝试一次又一次的失败了。其中的主要原因，在多数情况下，随着抗压强度的增加，抗拉强度也会相应增加。基于此，对抗压强度已经包含了一部分抗拉强度的因素。

抗压强度与抗拉强度的比值似乎更重要。这一数字经常在 12～15 的范围内变化，极端情况为 8～22，因此在施工合同的标明比较贴近实际的预测值很重要。

3. 磨损

由于刀具在形状和质量上差异很大，所以磨损的增加或减少，用实际值和预测值的商的形式来表示比较合理。增加或降低的成本，由估算的磨损成本的商和单价的乘积来确定。

14　招投标与合同

在允许采用机械破岩掘进的隧道工程中,对于那些异于常规钻爆法掘进的特殊因素应当给予高度重视。这些因素在《隧道掘进施工手册》的第二章里已进行了阐述。隧道掘进机是隧道掘进的主导装备,其他的所有工程参数,如工期、成本、不可靠因素、雇员资格等都取决于此,所有的辅助操作工艺都必须满足 TBM 的要求。不论在技术上还是人员观念上,以及合同方面的要求都需要特别考虑和论证。首先要将机械技术的风险影响限定在一定范围之内,在总体计划中业主和承包商之间,进一步包括 TBM 的租赁方及 TBM 的相关制造厂商,对所有的这些问题都需要讨论和商定,并建立合同关系。当涉及风险分布时,不仅要处理稳定性问题,项目质量(事故风险)和结算风险也会影响工程总体成本和工期。

与钻爆法不同,目前 TBM 掘进并无标准的合同、招标、授标等协议范本。下文所提供的细节是当今世界各国采用流程范例,这些流程在不断实践中进行修正。

根据世界贸易组织(GATT-WTO)的协定,在关于公共采购的关贸总协定中,签约国承诺以最优惠的总价向投标人提供高于固定价值的公共工程建设。该协议明确规定的是最优惠的投标,而不是最便宜的投标。这一规定肯定符合业主的利益,因为从成本和工期的角度来看,更能保证其获得一个质量卓越的最终产品。

因此,业主应在招标文件中以合适的方式注明承包商的选择标准和授予标准,并在投标评估中应用这些标准。收到此类文件后,承包商就会针对工程项目提交精心准备的投标书。

14.1　流程实例

14.1.1　瑞士招投标流程

1. 概述

瑞士公共工程的招标,在很大程度上受到《联邦采购法》(BoeB)和《公共采购条例》(VoeB)的约束。关贸总协定也要求这一领域须有法律和条例支持。瑞士铁路并不在这些条例范围内,但在多数情况下会自动遵守。

政府部门的法律对于发标、评标和授标有明确的规定。资质标准是第一道也是最基本的关卡。入围的标书应满足这些标准的要求。下文所述的评标已经多次证明了这一点。

2. 评标

评标要求依照规定程序进行诚实的判断,"遵守责权一致"这一基本原则。

(1)承包商有义务遵守全部的招标条件。无论如何他们必须承认这一事实,即投标方不完全符合招标条件的标书为废标。

(2)业主不能平衡投标各方,相反,他们应创建一个评标决策框架,以便在框架内做出最好的选择。

对于大型的隧道工程,且与桥梁、地上工程和竖井在同一个项目中的组合工程,下面的方法已被证明是最适合的评标方式。

原则上,最经济的投标应当被授予合同。第一阶段是在六个方面(见表 14-1)技术标准进行评价,并采用招标文件中公布的权重进行加权(见表 14-2)。

该技术评价完成后,考虑其与预先确定的技术标准的关系,进行投标价格的总体评估。采用这种成本加实用的观点,可以选出最佳的投标。

表 14-1 合同授予标准加权判据[139]

合同授予标准		权重(%)
人员资质(包含证明)	(1)项目经理; (2)领班,工头; (3)专家	10
投标组织	(1)决策及技术管理; (2)拟采用的分包商(含资质证明); (3)工程分包比例(%)	10
施工流程	考虑所有相互关系后的预期工艺流程	25
所选机型	(1)所选 TBM 的机型和详细技术参数,特殊设备配套和机龄等; (2)通风方式及系统布置,风机及除尘装置	15
工序和施工进度	(1)具体到每个环节的工序细节; (2)总体进度表,包括平均进度细节及峰值进度	20
质量管理(QM)	(1)投标人的质量管理系统描述; (2)整体组织结构图中负责质量管理人员的位置; (3)质量保证机制描述	20

表 14-2 根据表 14-1 做出的部分标准评价

评价内容	评价级别
没有细节描述	0
不充分,不能用以评估	1
基本详细,但细节与实施存在不相关	2
充分:细节满足要求,但有瑕疵	3
好:细节满足要求,适于实施	4
非常合适:投标人具有特别适合的专业技术和经验	5

3. 质量管理

此时,业主应以合同为依据,要求承包商对其承担的工程质量做出足够的准备。如果在合同里提出了相关的质量管理体系,那么承包商必须按照此质量管理体系进行管理。

质量管理体系足以满足特定条件下单纯保证质量目的。然而,对于业主方确定的工程项目质量目标,只能通过加强项目实施阶段的过程管理逐渐实现。

1)质量管理(PQM)的步骤

相对于普通工程或工业产品,建筑产业的产品几乎都是一次性的。施工中的质量管理必须作为一个整体考虑,其中也包括业主方、顾问和所有的承包商,以及分包商,并有计划有目的地去实施。质量保证控制不仅仅是纯粹的指导功能。以项目为导向的质量管理(PQM)的主要目标,必须是防止在建筑物的结构设计和施工出现失误。这需要通过以下两个步骤来实现:

(1)在设计阶段,通过目标分析预估风险。对这些风险进行评估并采取相应的措施,以确保剩余风险在经济可控范围内。风险评估是建立在危险发生的严重性和可能性基础上的。

（2）通过在设计和施工中采取适当的措施提高工程质量。

2）多学科项目导向质量管理的作用，体现在以下方面：

（1）具有良好施工实用性的高水平设计。

（2）合理，没有过分高的施工质量要求。

（3）明确的合同条款。

（4）相对较高的整体成本节约。例如，在 Murgenthal 隧道工程中，业主方估计的成本节约为 10%。

3）流程设计的基本步骤

此类以项目导向的质量管理被一起引进到多学科质量控制计划中（Q 控制计划）。图 14-1 是一个 PQM 计划的流程图，其中列出了要生成的最重要的文件。流程设计的基本步骤如下：

（1）使用计划，包括：

①预期用途的制定；

②适用性和盈利能力相关用途；

③基于潜在危险模式的风险分析；

④安全计划；

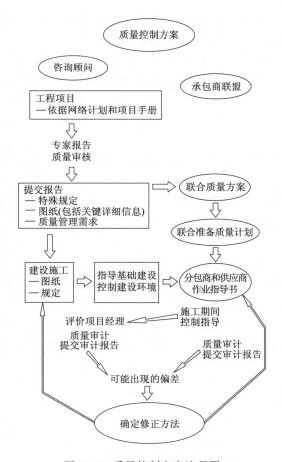

图 14-1　质量控制方案流程图

　　　　⑤适用性论证；

　　　　⑥考虑成本相关性的盈利能力；

　　　　⑦检查预期用途的实现。

　　（2）Q 计划相关工作领域的要求。

　　（3）以岩土工程监理方案为基础，地层结构控制计划。

　　（4）承包商的作业指导书：表明承包商已经正确地执行了 Q 计划的要求。这些作业指导书至少应包含以下内容：

　　　　①项目概况；

　　　　②组织机构；

　　　　③技术基础；

　　　　④工作流程；

　　　　⑤检查和控制计划；

　　　　⑥可追溯性；

　　　　⑦事故预防；

　　　　⑧环境保护。

　　4. 合同中的风险分配

　　任何建设项目中产生的风险，不应只由合同一方或其他人单方面承担。夸大性能规范作用的后果，常常导致将风险完全转嫁给了承包商。

　　瑞士工程师与建筑师协会标准 SIA198，在附录 5a 中"地下建设"[154]，说明了以地层条件为基础的隧道工程主要风险的合理分配，并对采用 TBM 掘进提出了以下建议：

　　1）业主方的风险

　　（1）地层赋存瓦斯。

　　（2）地质条件引起的坍塌。

　　（3）隧道断面发生的变形大于合同约定，导致以下问题的出现：

　　　　①TBM 的卡机；

　　　　②隧道卧底后重新安装底拱管片；

　　　　③扩大已掘进的隧道断面；

　　　　④重新建造更大直径的 TBM；

　　　　⑤重新建造小直径模板台车以缩小隧道断面。

　　（4）岩体的质量指标基本上超出招标文件中规定的极限范围，从而导致以下问题的出现：

　　　　①岩石的可切割性大大降低；

　　　　②TBM 的支撑装置达不到所需的支撑力，或由于围岩破裂必须进行额外支撑；

　　　　③隧道底部围岩支撑力不足，使得 TBM 不能保持在相应的水平位置；

　　　　④岩体破碎严重，近乎松散状态。

　　2）承包商的风险

　　（1）在协议约定范围内的岩体性质变化。

　　（2）掘进断面内的地层具有不同硬度。

　　（3）通过松软的地层时 TBM 受到的附着力影响。

　　（4）从业人员资质。

地层涌水是一个特例。地下水的流入通常导致掘进效率的降低。标准 SIA198 中包含的相应合同样本[154]，已被证实能够很好满足需要。原则上，工程量清单所涵盖的施工难点，与因合同中的目标绩效无法实现而做出的计划变更，两者之间是有区别的。

地层涌水造成的目标绩效的降低（见表 14-3），在掘进分类的表格中，各个绩效的相应减缩是直接对应的。

表 14-3   地层涌水造成的掘进效率下降系数

直径	理论掘进区域隧道直径≤5 m		理论掘进区域隧道直径>5 m		缩减系数
掘进趋势	上坡	下坡	上坡	下坡	
涌水量（L/s）	10～20	5～10	10～20	5～10	0.2
	20(不含)～30	10(不含)～20	20(不含)～40	10(不含)～20	0.4
	30(不含)～40		40(不含)～60	20(不含)～30	0.6

5. 地质或岩土相关的条件、决议和工程安排的变更

随着挖掘和掘进分类与合同达成的性能矩阵应用，合同期限的调整是自动的。有待商定的只剩下租用（提供）场地和安装设备的成本和工期。

因地质条件的改变和特殊情况下进行调整的规定要更复杂。

如果招标文件中的细节不完善，则需要以特殊地质条件来应对某些情况。但为了避免特殊地质条件的出现，而在规定中采用宽泛的地质数据也不尽合理。合同中，业主在工程量清单和地质岩土纵向剖面中所描述的地质调查资料必须是权威的，但不可能做到面面俱到。

14.1.2   荷兰招投标流程

以位于 Betuwe 海岸线的最大一条隧道——Botlek 隧道作为实例，说明荷兰的招标流程。这条隧道的业主是 NS Railinfrabeheer(NS RIB)。荷兰其他大型隧道项目所采用的招投标流程都与此类似。

对于 Boelek 隧道，选择了欧洲谈判程序，以便使投标者能够开发自己的最佳技术解决方案。此协商流程包括一系列固定的步骤，使业主 NS RIB 公司达到合同招标预期。此项目的一个特色是投标方在提交竞标书前需要独立做出技术上的解决方案。因为招标是基于一系列事物的综合，此过程中投标人必须提供大量的设计方案。Boelek 隧道的招标与谈判协商程序[25]如下：

1. 选择

选择阶段的目的是选择出能够胜任工程建设项目的候选人。为此，业主方预先设定了客观的选择标准。

2. 招标

标书是根据候选人的设计稿编制的，包括性能规范要求。NS RIB 自己制作了一个符合特定要求的参考草案，以此来保证解决方案的质量，同时也能评估其他候选人的建议。

3. 合同条款

合同授予采用的是明确格式化的设计及建造（D&C）合同。由于荷兰的建筑条约中没有规定由承包商设计草图，NS RIB 制定了自己的 D&C 合同。这要求承包商对设计草案的可行

性和工程建设的实施负全责。

为保证质量,投标团队必须通过 ISO 9001 认证,由候选人建立的质量计划框架也是标书的一部分。

承包商应尽可能长时间地对已完工隧道的质量负责。该合同规定了 5 年的质保期,并保证 10 年内隧道的水密性。

4. 咨询阶段

咨询阶段的目的是使投标人的技术方案最优化,然后作为投标的基础。在咨询阶段不会讨论成本的问题,业主方与各候选人分别进行协商,并保证对协商内容保密。

5. 提交投标书

投标人必须通过提交的标书证明他已了解该项目的所有风险,并用他自己的风险分析来证明,这些风险是有限并且是可以解决的。

每个候选人需提交两份标书,一份标书是候选人基于业主 NS RIB 设计方案编制,另外一份标书是候选人依照自己提出的替代方案编制。

作为对设计工作的补偿,业主 NS RIB 支付每个投标人大约 25 万欧元。

投标人自己的设计不同于参考设计的关键是:

(1)土方工程的测量和地层的改良。

(2)隧道之间联络隧道的构建。

(3)衬砌管片的尺寸。

(4)封块在隧道和竖井连接位置的安装。

(5)竖井的位置。

(6)掘进机类型的选择。

(7)地下连续墙与支撑梁。

(8)斜坡地区护坡桩的形式。

(9)Oude Maas 河水的环境保护。

6. 评标

评估的目的是选出一个或多个投标人参加谈判。投标人应提交经济方面最有优势的投标书。

因为标书是投标人采用自己设计的方案制作的,并不能直接拿来进行相互比较,所以,在招标程序完成之前,不可能给出详细的评标条件。只能设定一个框架,用来定性区分质量因素和价格因素。应用这种方法实现灵活设计。与传统投标报价相比,投标报价只是其中的一个标准。

在评标中,挑选受邀谈判的承包商时,技术质量实力是非常重要的选择标准,而不会以这些投标者的最低价格作为主要判断依据。

Botlek 隧道最终选择的技术方案与参考设计方案不同,主要是提高了隧道的位置,增加了隧道货物的运输能力。这一修改方案带来的施工问题,通过采用土压平衡掘进方法来解决。最终方案使隧道增加了 5%～10% 的运输能力,以匹配未来海港铁路的运能。此外,在地层加固和隧道衬砌中采用了更经济的方案。

一般情况下,所递交的标书都进行过严格估算。候选人提出的替代方案通常能节约工程成本(如图 14-2 所示)。

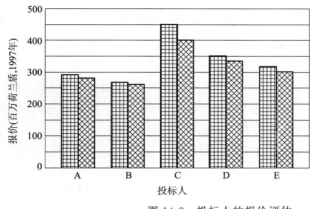

图 14-2 投标人的报价评估

7. 谈判

谈判阶段的目标是使所有影响工程项目的意见达成一致。

8. 授标

该合同授予了联合投标的合资企业 BTC Botlek 公司。此集团公司由几个大的荷兰建筑公司和德国的合作伙伴 Wayss&Freytag 公司组成。

9. 仲裁过程

一个报价最低的投标人,在得知未中标后,对于业主的选择申请启动仲裁程序。然而仲裁庭的仲裁结果是:

(1)按照欧盟的规定业主 NS RIB 没有责任公开解释说明;

(2)NS RIB 作为业主,在履行招标程序时,有权自主选择。

这样一来,此投标人的仲裁申请被驳回了。

第二条结果意义重大。如果发标人没有这种选择自由,那么招投标中,最低的报价将一直是决定因素。在这种情况下,为保证招标质量,业主 NS RIB 今后不会在 D&C 合同基础上产生投标文件。

所采用的招标和授标程序最终取得了良好的效果。

很明显,这些候选人把设计草案当成了一项挑战,其首要任务就是将危险的隧道掘进工作,以安全、经济的技术设计实现。

采用这种招标方法的缺点是时间长。招标历时约 10 个月,相对于传统招标 3 个月时间,这种招标时间应该缩短一些。第二个缺点是,投标人必须为制作投标书付出巨大的心血。每位投标人需要花费 10 000 h 来完成 1.5 亿欧元造价项目的标书,将来可能会降低这方面的支出。

Botlek 铁路隧道合同的授予表明,欧洲谈判程序非常适用于高度复杂的建筑和土木工程的招投标,也有利于促进承包商方面寻找创新的解决方案。

14.1.3 德国招投标流程

德国机械化掘进工程的招投标流程已在参考文献[95]中详述了。一般来说,德国地下建筑委员会(DAUB)[31,32]推荐规范提供了更加详细的依据,使得在项目面临特定情况时流程仍然有据可依,相关内容可查看 2001 年出版的 *Tunnelling pocket book*[99]。

14.2　机械破岩掘进替代传统掘进方法招标要求

14.2.1　简介

如果隧道工程的招标指定有喷射混凝土支护工序,那么机械破岩掘进实际上不会进行招标。即使在适宜的地质条件下,根据备选方案提交一份投标书往往是不可能的,因为这一确定的方案无法通过机械化掘进来实现,这被下述实例所证实[91]。

然后,在招标文件中制定地质勘察、设计和合同要求,是机械化隧道施工能够进行投标的前提条件。

设计、招标和施工阶段的费用和从业人员,对机械破岩掘进作为替代方案,具有决定性的影响。

只有将这些要点考虑进来,一个实用、经济的投标才能产生。

14.2.2　实例

1. Adler 隧道

Adler 隧道位于从 Muttenz 到 Basel 的 Liestal 附近的新规划铁路线上,是瑞士联邦铁路计划"铁路 2000(Bahn 2000)"的一部分,为双轨铁路隧道,地下部分长度为 4.3 km,掘进直径 12.58 m。隧道穿过地层主要是侏罗纪黏土、泥灰岩和石灰岩,如图 14-3 所示。三分之一的隧道会穿过石膏杂色岩统(具有膨胀性硬石膏)与黏土地层,还必须穿越较严重破碎的断裂带。隧道的水文特征,在于地下水含有硫酸盐和氯化物,另外地下水中含钙量较高,易于结垢,水压力最大为 0.1 MPa,地层涌水量为 10~20 L/s。

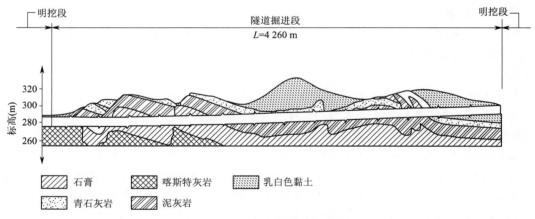

图 14-3　Adler 隧道地质纵剖面

对于护盾式 TBM 和喷射混凝土这两种工法,均进行了设计比较和招标。

经过详细的风险分析过后,最优方案是采用喷射混凝土掘进隧道的起始段,然后再采用 TBM 掘进整个隧道。主要原因是隧道穿过的硬石膏矿物地层具有膨胀性。

Adler 隧道 TBM 掘进工作于 1998 年年初完成。早在采用喷射混凝土建造隧道进口的准备阶段就发生了塌方,在接下来 TBM 掘进的过程中也发生塌方。当护盾式 TBM 掘进到

1 720 m 处发生另一个塌方,并且完全掩埋这台 TBM。

借助辅助的措施如从地面对隧道进行降水等手段,同时利用注浆钻机穿过护盾对掌子面超前注浆及进一步升级设备,最终护盾式 TBM 保持了正常施工,并达到了 15.5 m/d 的进尺速度,在断层带也达到 5.4 m/d 的速度。

因地质条件治理而产生的额外费用,最终导致了双方的仲裁。仲裁人介入后,对因停工和增加开支等所有问题进行了调查。尽管施工中采用了辅助的技术措施,而且现场组织结构也发生过变更,但是护盾型 TBM 的选择被证明是正确的。

2. Sieberg 隧道

Sieberg 隧道位于 Wien 到 Salzburg 的高速铁路(HLS)上。Sieberg 隧道为双轨隧道,长度 6.5 km,掘进直径 12.5 m,施工合同在 1996 年底签定。Sieberg 隧道穿过的地层有粉砂岩、细砂岩层的磨拉石带地层。这些地层被描述为中新世纪泥灰岩(Miocene schlier)和渐新世纪泥灰岩(Oligocene schlier)。在所穿越的地层中,处于四个山谷口位置有明显的风化带存在,如图 14-4 所示。隧道主要有两层地下水,最大水压力约 0.29 MPa。掘进过程中,隧道的涌水量非常少,仅为 5 L/s。上部覆层最大厚度为 55 m,在四个山谷位置,覆层高度降低为不到 10 m,隧道上方没有任何建筑物。

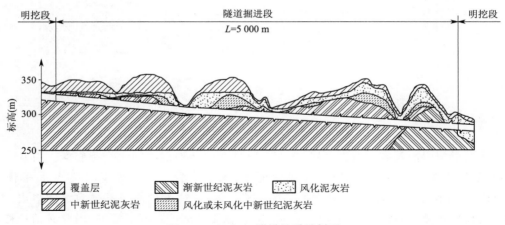

图 14-4　Sieberg 隧道地质纵剖面

如果采用喷射混凝土工法招标,按照奥地利标准委员会标准(Ö-Norm)的隧道掘进分类,将隧道拱顶分为七类和底拱分为五类,其中,分类为六和七级的需要采用超前支护工作(锚固:采用 IBO 锚杆系统以形成管棚支护),在本隧道中长度为 3.5 km 左右,另外 1.26 km 长的一段隧道采用明挖回填法施工。在招标文件中并不包含采用护盾式 TBM 掘进的细节或条件。

虽然已经按照喷射混凝土工法进行了发标,但作为替代工法,也同时提交了隧道全长采用护盾式 TBM 掘进的备选方案。这是为了继续使用 Adler 隧道的护盾式 TBM。此TBM 采用平面刀盘,其上安装有盘形滚刀和割刀,可以向侧方微调,但不能完全撤回到护盾内。隧道的永久支护采用的是管片,在替代方案中浅覆盖的地段,不用增加地层辅助的支护措施。

机械破岩掘进方案最终被否决,这是因为其投标文件不完整。即使是投标人保证承担所有风险和费用,业主也认为这种方案不切实际。

复杂的地质条件和先前完成的 Adler 隧道的施工经验,使各方都持谨慎态度。

Sieberg 隧道的发标和合同授予的经验表明,业主应该把针对护盾式 TBM 掘进的标准和规范包括在招投标文件中。为了公平竞争,至少提供一个初步设计方案。

3. 斯图加特机场隧道

斯图加特(Stuttgart)机场隧道是城市铁路(S-Bahn)网络在斯图加特市区扩展的一部分。两个单轨铁路隧道长度为 2.2 km,掘进直径约为 8.5 m。轻轨隧道位于多变的侏罗纪黏土粉砂岩夹灰岩和砂岩层中,此外预计沿隧道路线中存在涌水和较高的水平地应力,如图 14-5 所示。

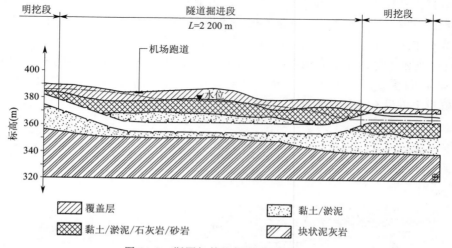

图 14-5 斯图加特机场隧道地质纵剖面

黏土粉砂岩一般具有较弱渗透性,从而可预见在这些地层中涌水会很轻微。石灰石和砂岩层有较大的渗透性,此类地层中,预期涌水会较严重。隧道沿线的最大水压预测约 0.25 MPa。无论是渗透石灰石/砂岩还是黏土粉砂岩,这样大的水压都导致水的渗出。由于施工环境比较敏感,如隧道需要在许多街道、建筑物及飞机场跑道下掘进,因此必须严格遵守规范,防止地面沉降。隧道线路上最小转弯半径为 300 m。

招标草案要求采用喷射混凝土方法掘进。由于必须控制掘进过程地面沉降,因此不能采,将隧道断面设计为圆形。

尽管如此,作为替代方案的护盾式 TBM 掘进工法也进行了招标,这一方案中采用压缩空气进行必要的水位控制。封闭的 TBM 全断面刀盘,布置有盘形滚刀和刮刀。由于隧道路径的转弯半径较小,需要采用铰接的护盾式 TBM。所用设备均需采用最新技术以尽量减少地面沉降。隧道的衬砌采用与常规护盾式 TBM 相同管片。

这一替代方案最终被否决,尽管具有价格较低的优势。否决基于如下理由:

(1)TBM 在石灰石地层的掘进能力被质疑,虽然在 Adler 隧道采用配有盘形滚刀和刮刀的刀盘,有较为成功的经验。

(2)护盾式 TBM 可能会被卡住也被认为是一个隐患(虽然可以通过扩大刀盘直径解决)。

(3)水密性和管片衬砌的耐久性也被质疑,尽管单层管片衬砌已经成为当今标准技术。

（4）人们担心使用护盾式 TBM 掘进将不能满足在招标文件中规定的允许沉降量。在此必须重申，护盾式 TBM 不需要爆破，且将最新同步注浆工艺写入了投标书中。

此外，控制超挖和快速衬砌环的安装也在护盾式 TBM 的使用提议中被提及。这两者都优于喷射混凝土工法。最终护盾式 TBM 掘进的方案被否决了，尽管在类似条件（见 Adler 隧道）下有丰富的经验，以及其方案可能更便宜、技术上也更先进。

4. Rennsteig 隧道

长度为 7.9 km 的 Rennsteig 隧道工程，一旦完成将成为德国最长的公路隧道，四车道的 A71/A73 高速公路将通过这条双洞隧道。该隧道连接 Thueringer Wald 山脊交叉口的 Alte Burg 隧道、Hochwald 隧道和待建的 Berg Block 隧道，总长度达到 12.6 km，隧道的掘进直径为 11 m。Rennsteig 隧道的地质条件特点是，地层为二叠纪斑岩，其中大部分非常致密，硬度很高。此地层的夹层及以下一层是砂岩、黏土岩和考侬波黏土，如图 14-6 所示。地下水位在此地层上呈多样化分布，最大水压力约 0.85 MPa，水流量估计每 100 m 隧道达 5 L/s。隧道最大覆层厚度为 200 m，隧道还穿越运营中的 Brandleite 双轨铁路隧道。作为施工安全措施，在两个隧道中间每隔 700 m 设置应急避难硐室，并且在两个隧道之间，每 350 m 设置逃生连接支洞。

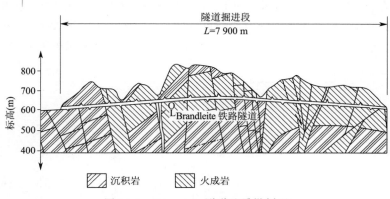

图 14-6　Rennsteig 隧道地质纵剖面

招标草案要求采用喷射混凝土支护掘进施工，之后不久，采用护盾式 TBM 掘进施工方法也被列入招标文件。

招标文件要求：

"根据现有的技术条件，采用护盾式隧道掘进机（TBM-S）基本上是可行的。考虑到物料的运输，施工过程可以由投标人自行选择。"

招标文件提供的有关替代方案中，包含有关于施工方法、TBM 型号、管片衬砌、物料的分配和运输等方面的内容。

Rennsteig 隧道的合同最终授予了一家采用喷射混凝土掘进方案的投标人。因为这一方案比机械掘进造价低，机械掘进大约会多 10 ％的费用。

实际上，第一条隧道的掘进证明机械破岩掘进是可行的。当隧道掘进到一半位置时，证明地质条件本来适合机械破岩掘进：岩体分类非常理想，涌水也很少。据瑞士的经验，采用 TBM 或许会获得更快的进尺速度。

5. Lainz 隧道

Lainz 隧道是连接 Westbahn、Suedbahn 和 Donaulaendebahn 的维也纳环城铁路的隧道，总长度大约为 5.5 km。该工程项目分为长度约 2 km 的 Hetzendorf 隧道和长度约 3.5 km 的 Lainz 隧道，其中 0.3 km 为喷射混凝土施工，隧道内布置双轨铁路，掘进直径为 13.8 m。

Hetzendorf 隧道所穿过的地层都是维也纳盆地的沉积岩层，其地质特点是地层多变，有非常不均质性的砾石层和粉砂黏土层。水压力最大达 0.18 MPa，必然高涌水。因为 Tegel 地层渗透性较低，所以只需考虑孔隙水压力。隧道位于居民区下方，导致了进出场困难和施工现场布置受限。此外，上覆层较薄，因此允许沉降量更小。

Lainz 隧道途经地层主要由中等硬度的岩体构成。此岩体由 80% 的黏土岩、粉土和泥灰土组成，其余 20% 为推覆体地层、砂岩和石灰岩。局部存在涌水的问题，水的涌出量预计达到 10 L/s，压力最大为 0.65 MPa。

Hetzendorf 隧道穿过软土区域被指定采用喷射混凝土掘进施工，在含水地层采用深水井降低地下水，采用注浆来减小地层沉降。

Lainz 隧道地层为坚硬岩体标段，指定采用喷射混凝土掘进，部分区域的隧道拱顶部位、台阶及底拱，需用采用悬臂掘进机或挖掘机施工。局部地段需要采用锚管、锚杆和管棚支护。

为了替代喷射混凝土掘进工法，进行了针对护盾式 TBM 掘进单轨或双轨隧道的勘察。根据掘进过程的要求，在松软的地层中最好采用泥水平衡护盾式 TBM，最终的支护形式为单层管片衬砌。

采用护盾式 TBM 在坚硬岩石地层段是可行的。由于地层承压水的存在，TBM 能够形成密闭的掘进舱。依照瑞士的方式，管棚支护下的双层支护形式也可用于永久支护。

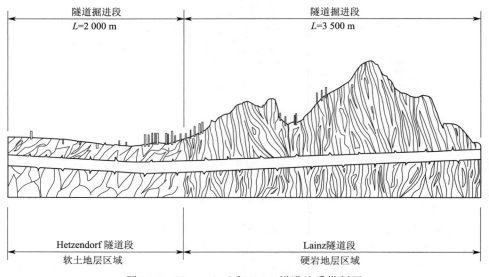

图 14-7　Hetzendorf 和 Lainz 隧道地质纵剖面

Lainz 隧道的例子清楚地表明现场条件对施工方法的影响。这意味着护盾式 TBM 起始区域和掘进不能很好地适应现场局部条件。

护盾式 TBM 掘进完毕后，需要建设避险硐室。这一过程会损坏完整的隧道支护结构。根据递交的项目方案，避难硐室可以全部由处于 TBM 成型隧道断面内部的箱式避险舱代替。

在现有的地质和水文条件下，采用 TBM 的掘进基本上是可行的，但是在隧道内建设紧急避险硐室和行人避车硐室费时且费用高,因此喷射混凝土掘进工法更适合。

下图为一些避险硐室的断面结构。采用常规方法施工的避险硐室的断面结构,如图 14-8 所示。护盾式 TBM 施工的避车硐断面,如图 14-9 和 14-10 所示,箱式避险硐室可以整合在预留开口的管片衬砌中。

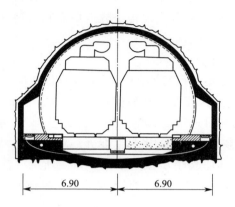

图 14-8 采用常规施工方法的避险硐室断面结构(单位:m)

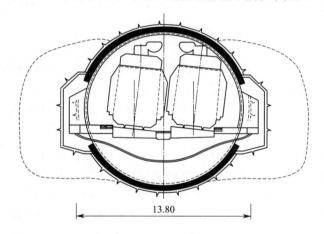

图 14-9 采用护盾式 TBM 建设的避险硐室断面结构(单位:m)

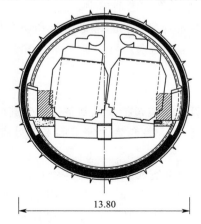

图 14-10 采用护盾式 TBM 掘进带有避险舱断面结构(单位:m)

14.2.3　招标文件中对于机械破岩掘进理念的附加要求

下面讨论允许机械破岩掘进的替代方案所必需的地质资料细节。这些细节应该在规范中给出，此节还提出了机械破岩掘进的基本设计理念和施工布置，最后，给出招标文件和合同要求。只有在满足这些基础条件上，才能实现传统隧道掘进和机械破岩掘进两种方法之间的真正竞争。

1. 地质和水文资料

机械破岩掘进隧道备选方案的可行性，必须建立在提供地层中风险的类型和程度，权威和详细的资料基础上，需要对穿越断层带的地质信息进行评估。

还需要确定和评估隧道穿过地层的力学参数。在此基础上，才能评价护盾式 TBM 被卡住的风险、刀具的磨损特征参数及部件的密封性能等。

还应该评估地层注浆和其他改性方法的适用性，确定所用材料的环境可接受性。

利用工程地质的知识，评价掘进出的土或石渣，在倾倒、回收和分解过程中的适宜性。

最后，当考虑采用 TBM 掘进隧道时，确定撑靴式 TBM 能否从掘进隧道的围岩获得充分支撑，这一点非常重要。

2. 设计与施工工艺

在设计理念中，需要考虑采用机械破岩掘进相关的避车硐室、应急停车道和交叉路口等的布置和优化。避车硐室的数量应减少到最低限度，应该采用扩大隧道断面来整合逃生路线（避车硐室、避险港湾和联络通道等），采用合适拼装衬砌方式以适用应急硐室的施工。

应采取辅助措施，缩短 TBM 的交付和装配时间，优化衬砌管片的生产和物流，以及承包商对施工场地的要求。同时，考虑进一步影响承包商施工的其他方面，包括施工设备进出通道，避车硐联络通道的建设，围岩的崩塌和风险分析，防火防爆和测量方案。

对机械破岩掘进的要求特别广泛，包括现场地质勘察归类，降水、排水、障碍地层处理措施、散料物资管理、运行数据记录、防护措施、安全措施及断层描述等。对 TBM 的重新安装和除渣方式改变的备选方案，也应列入在需求清单中。

设计工作还应包括衬砌的技术规格，例如，考虑防火和防爆措施、防水和碰撞载荷等条件的衬砌结构参数。护盾式 TBM 作业需求的隧道曲率半径和公差等几何参数，还需在衬砌的设计中考虑预留注浆口的问题。

3. 合同规范

机械破岩隧道掘进工程的设计也应包括因地基条件而引起的风险管理。地质预测和地基岩土的信息提供是业主方的责任，承包商负责对地基的专业处理，必要时，还应单独进行地基岩土调查。

合同还应包含采取其他措施的条款。这些措施将在断层带施工或在可能发生沉降的建筑物下掘进时变得非常必要。在合同和付款协议中也应考虑到故障发生的可能性，出现或长或短的停工时的支付调节。为了能够公平地比较标书，针对隧道衬砌的质量标准也应加以说明，并提供详细的付款要求，如：达到的防水等级，隧道衬砌的公差和消防要求。

合同规范在机械破岩掘进的沉降、掌子面稳定性的计算数据、护盾式 TBM 施工的技术要求以及护盾式 TBM 的附加措施等方面都有特殊要求,需要确定包含质量保证体系、管片衬砌上的荷载等方面的相应控制和规范计划。

14.2.4　基于成本的决策

决策阶段和合同各方必须充分考虑成本(成本控制)。为此,决策阶段应划分为设计阶段、投标阶段和施工阶段。

1. 设计和招投标准备阶段

利用以下三个例子阐明顾问在投标准备阶段中的影响。

(1)案例 1

在没有完成设计的基础上,顾问对采用护盾式 TBM 掘进隧道的成本进行了大概估计,得出的结论是成本偏高。他建议业主不要在招标文件中加入采用护盾式 TBM 进行隧道掘进的可能性,甚至拒绝了将其作为备选方案。

(2)案例 2

护盾式 TBM 掘进工法基本上是作为备选方案,但是,准备标书所需的相关设计和地质信息不包括在内,因而造成提交的备选方案是不完整的。如果没有经过认真评估,会被认为造价过于高昂或者过于低廉(例如,没有包括必要的辅助措施)。

(3)案例 3

招标文件中考虑了采用护盾式 TBM 施工,并指定了要采用喷射混凝土法,两种方法产生竞争。这种流程在瑞士得到过多次有效实施。顾问对于是否采纳和应用护盾式 TBM 工法有决定性影响。

2. 招投标阶段

在针对喷射混凝土设计的基础上,机械破岩掘进的施工方法通常成本比较昂贵(大概超出 10%～15%)。这就意味着机械破岩隧道掘进工法通常不可能获得合同授予。但如果护盾式 TBM 掘进采用合理的设计,那么它才有可能在价格上与喷射混凝土工法进行竞争。

可以得出的结论是,应该在充分考虑两种工法的优劣后决定采用哪一种工法,而不是根据顾问的单方面意见。

不仅在这个阶段要考虑成本,在建设和竣工结算阶段也必须考虑成本。

3. 施工阶段和竣工结算

显而易见,喷射混凝土工程的成本往往比投标价格高得多。瑞士的情况是不同的,除了少数例外(例如 Adler 隧道),已结算的护盾式 TBM 施工项目中并未发生明显的成本增加。

目前,确定成本的目标只是一个标准,但进一步的调查可能会发掘更详细的信息。

14.2.5　预测

可以确定的是,在未来喷射混凝土施工和机械破岩隧道掘进方法仍能保持其各自应用前景。然而,如果隧道长度、横断面、地质、水文地质等条件适合使用护盾式 TBM,那么机械破岩掘进的选择与否应该已经包括在设计阶段。

在招标文件中包含岩土技术、设计和合同要求等细节,为评估机械破岩隧道掘进投标提供了清晰和明确的依据。这种方法在瑞士很成功,这也说明了机械破岩掘进具有成本优势和更低的风险。

机械化隧道掘进是一种创新的、高科技的技术。它使得掘进工作更安全,机械化程度更高,从而为未来的隧道建设作出决定性的贡献。

15 隧道衬砌

15.1 概　述

隧道衬砌,作为对围岩的最终或永久支护,必须保证隧道在整个运行周期内的稳定性、耐久性和可维护性。其安装在隧道内壁用于抵抗围岩压力,形成防止水从岩石中渗出或从隧道内渗入的密封结构,还需传递来自安装、运输和维护形成的临时荷载,根据 TBM 的不同类型,还需为推进油缸提供反力。衬砌的结构设计和安装方式取决于隧道的用途、围岩荷载和工程条件。

衬砌的安装过程通常需要一个圆形的隧道断面,其内径由预期用途决定,例如交通隧道所需的通过运输设备尺寸、过水隧道或通风隧道的流速等确定所要求的过流断面。

衬砌的尺寸主要由承受的地压和水压决定。由于隧道断面为圆形而荷载通常是不对称的,隧道系统的中心线和支护系统的轴线很少相同。这意味着隧道衬砌不仅受到外部压力的影响,而且会在横向的方向上受弯,所以混凝土衬砌还需要钢筋网来加强。作用于衬砌的荷载水压力,一方面受自然条件的影响,另一方面受排水的影响。隧道衬砌系统承受的水压,在隧道施工完成后,则逐渐恢复为自然条件的水压。在这种情况下,衬砌必须设计用来抵抗水压力。如果通过排水系统进行泄水,则隧道衬砌系统不承受水压。

机械破岩掘进对衬砌类型的选用有很大的影响,当采用撑靴式 TBM 掘进时,可由喷射混凝土进行临时支护,之后再现浇混凝土进行永久衬砌。对于安装有护盾和推进油缸的 TBM,则必须采用预制的钢筋混凝土管片进行衬砌,以便能够及时为掘进提供支撑反力。

15.2　隧道衬砌的设计原则

15.2.1　单层和双层衬砌结构

隧道的衬砌既可以采用单层结构,又可以采用双层的结构[89、92、95]。

在双层衬砌结构中,两个单独的衬砌层在结构和功能上有所差别,外层衬砌主要是抵抗围岩压力,随着掘进同时完成安装,对掘进出的空间立即进行防护。外层衬砌通常不需要维护,也不需要具备防水功能。这些是内层衬砌应有的功能,而且内层衬砌作为永久衬砌应在隧道投产前安装。如果隧道可能会受到水压的影响,那么内层衬砌就必须进行防水设计。如果在隧道的运营过程中,不能保证外层衬砌的稳定性,那么内层衬砌就必须具有承受围岩压力的额外功能。例如,当遇有腐蚀性的水侵蚀混凝土时,就会逐渐腐蚀外层衬砌,通常在内层和外层衬砌之间采用塑料薄板在结构上进行分隔,以减少内层衬砌承受不必要的荷载作用。在需要防水的隧道中,该功能由专门设置的防水层承担。

单层衬砌结构和真正的单层衬砌解决方案还是有差别的。隧道的单层衬砌是一个完整的永久支护系统,采用综合解决方案,利用两层或多层来实现衬砌功能,其中每层都作为承载部分参与支撑。在如图 15-1 所示的例子中,第一组为单层衬砌结构,采用管片衬砌或挤压法现浇混凝土衬砌的隧道,由于围岩相对稳定,在结构上不需要支护,也可能会由于美观或使用的要求,需要隧道内壁光滑,所以会通过浇筑混凝土形成内层衬砌。对于第二组,隧道的衬砌是一个组合结构,先由喷射混凝土提供最初的支护以安全掘进,随后浇筑混凝土两者组合来完成隧道永久衬砌。

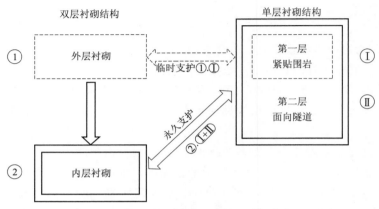

图 15-1　隧道支护衬砌结构的定义[89]

单层结构和复合结构这两种衬砌类型,都要求能保证结构稳定性和可维护性,并且在隧道的整个生命周期都要保证隧道的水密性。

由于管片拼装衬砌和喷射混凝土这两种方法,都可以作为 TBM 掘进临时支护的一部分,因此本书讨论了单层和双层隧道衬砌,解决隧道永久支护全部内容。钢纤维混凝土作为一种发展起来新型支护方式。表 15-1 给出了已经应用的隧道支护结构类型。

表 15-1　可选择的隧道衬砌方式

衬砌方式		内层或单层衬砌结构			
		喷射混凝土	现浇混凝土	管片	挤压混凝土
外层衬砌	喷射混凝土	×	×	—	—
	管片	—	×	—	—
	挤压混凝土	—	×	×	—
单层衬砌结构		×	×	×	×

注:×表示不可以,—表示可以。

评价单层或双层衬砌结构优势,主要是从经济方面考虑。此外,还必须考虑到防水隧道的施工风险。利用拼装管片衬砌作为隧道的内部衬砌是明智的,因为在世界范围内,在不稳定的地层中采用泥水平衡或土压平衡盾构机进行隧道掘进是一种标准做法。然而,对于 TBM 工法中这种支护措施的应用,仍然有一些反对的观点。单层衬砌,只在某些特定环境下才具有价格优势。

通过对瑞士许多大型交通隧道工程项目的投标对比,基本能够得出双层结构衬砌的成本一般低 5%~10% 的结论。主要原因是外层衬砌管片的要求精度低、厚度小且钢筋用量少,所以相对成本低。管片安装所需的时间较短,不影响 TBM 的高速推进,环形空间缝隙的填充可以利用吹填细砂砾,而不必用较贵的砂浆灌浆,且避免了灌浆对管片纵向接缝密封垫的压缩,而影响密封效果。

15.2.2 掘进封水和排水

主要采用两种方法解决地层水对运营隧道的影响,一种可以将隧道的地层水集中,通过排水系统排到隧道外。另一种是隧道衬砌采用全密封防水结构,防止水的渗出,但这种衬砌结构往往需要承受水的压力。两种不同衬砌系统结构的功能原理实例,如图 15-2 所示,(a)为单层拼装管片衬砌隧道断面结构,(b)为内层采用现浇混凝土的双层衬砌断面结构。

在具有排水功能的隧道中,隧道的拱顶建造为防水结构,以保护内部不受水的影响。这可以通过两种方式实现,即采用在内层衬砌和外层衬砌之间加塑料防水板,或者利用防水混凝土浇筑拱顶。拱顶位置的地层渗水,通过沿隧道周边的技术防水衬砌流动到两边的排水沟槽集中排出。这种系统被称为伞形排水系统,非常适用于赋存渗透水和压力水的隧道。由于系统的隧道水压得到释放,衬砌的设计只需考虑如何支护围岩。

这种排水系统也存在缺点,水中杂质逐渐沉积结垢留在排水管道或沟槽壁上,日常需要对其进行大量的维护,从而带来很大运营成本。通常这些管道需要定期冲刷以保持通畅。最新的研究表明,采用喷淋洗脱液有一定作用,每个单独排水元件细节的改变,使整个排水系统得到改变。例如,通过蓄水来排除空气,可以减少水垢的形成,德国的波鸿鲁尔大学正在进行相关的研究。

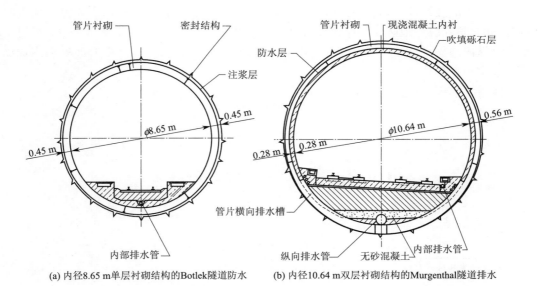

(a) 内径8.65 m单层衬砌结构的Botlek隧道防水　　(b) 内径10.64 m双层衬砌结构的Murgenthal隧道排水

图 15-2　采用管片衬砌的隧道防水和排水构造原理

应用排水系统的隧道会降低附近自然环境的水位,影响水循环并进一步影响生态系统[88]。为了保护运营隧道周围的自然环境,避免对水循环的破坏,需要建造全防水的隧道。

从 20 世纪 60 年代开始,通过改进材料(塑料防水板、人工材料制成的止水带、防水混凝土、新的注浆材料等)的应用,可以使隧道工程结构持久密封并承受水压[147]。

　　尽管单层防水管片衬砌已经成为护盾式 TBM 掘进的标准支护方式,承载水压现浇衬砌的隧道的比例其实非常小。例如,对瑞士 239 条防水型隧道工程项目调查发现,其中 233 条用于防渗漏水,仅有 6 条防压力水[147,185]。

　　一项针对德国公路和铁路隧道的防水系统经验研究,分析了 9 条防压力水设计的隧道,研究得到的结论是,如果没有后续措施,隧道规范要求的防水等级很难达到。在固定钢筋网时,经常会损坏塑料密封板,因而造成泄漏。然而,在大多数情况下,压力水总是在隧道中出现肉眼可见的潮湿斑块或涌水时才会被察觉,此时由于持续水压的存在,其修复措施往往很繁杂。单层结构的拼装衬砌中,管片的错误安装会造成防水功能的失效,导致其防水结构的严重开裂、剥落。

　　经验表明,在实践中如果没有额外的措施,即使有两层防水系统,也很难达到所要求的防水标准。在设计阶段就应该树立一个概念,使防水系统在主动水压力作用下,仍然能进行维修和保养。

15.3　混凝土管片衬砌

15.3.1　概述

　　管片是一种预制的混凝土构件,拼装在一起形成环状结构作为隧道的衬砌。因此,管片衬砌的显著特点,除管片块之外,在形成衬砌时接头占有很大比重。接头可以分为衬砌环上各管片间的纵向接头和各个衬砌块间的环向接头。

　　当掘进出的隧道围岩,其自身性能不能提供给 TBM 足够的支撑力,以驱动刀盘破岩向前推进时,此时管片应用很必要。在这种情况下,安装完成的衬砌为掘进机提供反力,相当于隧道里一个纵向的支点。这就要求管片衬砌完成后即刻形成承载力,所以喷射混凝土或现浇混凝土无法实现这种功能。

　　在隧道掘进中,单层和双层管片衬砌的施工形式,如图 15-3 所示。

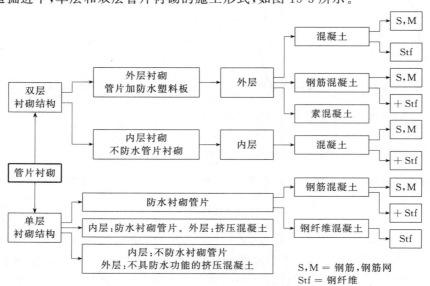

图 15-3　单、双层管片隧道衬砌结构

这些管片衬砌通常在 TBM 尾部护盾的保护下,利用管片拼装机进行安装,或在护盾支撑的后方直接在岩石表面进行推装。接下来的工序是对衬砌环和岩石之间的环形缝,通过适当的管片开口或通过尾部护盾,填充合适的材料或进行注浆。这有助于控制围岩的松动,使外部的围岩压力载荷均匀连续地传递到衬砌上,并为衬砌环的稳定和强度提供必要的载体。

当今,混凝土管片衬砌已经成为行业标准,并且由于钢制管片和铸铁管片存在成本问题,已经被大量混凝土管片取代。钢制管片和铸铁管片在隧道衬砌中的应用见文献[39,68,87,95]。

典型的工程项目对管片衬砌的要求,一方面受地质和水文条件影响,另一方面受工程和经济因素的影响,而这些影响综合导致出现了多种多样的混凝土管片形式。

衬砌管片的厚度根据隧道的结构和用途来确定。管片的最小厚度主要由传递掘进推力和由此需要撑靴接触表面积的要求决定。管片厚度通常在 20~50 cm 范围内。随着隧道断面的增大、管片的厚度也在持续增加,如 Elbe 隧道的第四隧道衬砌管片厚度达到 60 cm。

混凝土管片的宽度为 1~2 m。由于模板技术、运输和安装技术的发展,增加管片的宽度成为趋势。这样间接缩短了隧道的掘进时间,相应减少了接头数量。随着衬砌管片的宽度越来越大,制造和安装的不精确,会导致接头处承受比较大的应力集中,从而增加了管片剥落和产生裂纹的风险。此外,大宽度衬砌管片的使用,减少了隧道开挖轮廓的净空,也需要掘进机的推进油缸能够具有更大的行程。

衬砌管片需要在环向布设钢筋,以抵抗外部荷载引起的弯矩。为了保证衬砌的可维护性,建议在环向和纵向上均按照最小配筋率配置钢筋。承受推力油缸劈拉荷载作用的管片接头面必须得到充分的强化,这种强化同样应满足将偏心作用压力传递到纵向接头的条件。

15.3.2 管片的类型

1. 直角管片

直角管片是应用最多的类型,这种衬砌环由 5~8 片单独的管片和一个封块组成。由于它的外形形状是矩形,所以拼接后,衬砌环的接头也是平直的,每一个衬砌环都能够单独稳定和承受荷载。封块,是衬砌环上最后安装的一个管片,通常比其他管片尺寸小,呈楔形。通过沿隧道轴线方向插入封块,完成管片环的闭合。封块的挤进效应的扩散,使得拼装完成的衬砌在环向出现预应力。

将所有管片设计成同样的尺寸形状,在结构方面具有优势,这意味着封块需要具有其他管片一样的开口角度。尺寸较小便于管理的封块,有利于衬砌环的安装,对不同工程项目来说必须确定哪种方式最有效,所以采用更大封块的情况越来越多。

在单层衬砌的防水型隧道中,采用矩形块状管片结构已经很流行,管片及衬砌环和纵向接头间的预制槽中,采用密封垫圈来进行密封。除了密封垫圈的运用,还需要提高管片的加工质量来确保整体水密性,同时要保证衬砌的最小约束荷载,以及管片环较高的刚度,后者多通过错开拼接邻近环纵向接头来实现(如图 15-4 所示)。一方面减少了衬砌的变形,同时又与相邻的环形接头的相互啮合(见 15.3.2 的第 3 点菱形和梯形管片),另一方面解决了接头处的防水问题。

在瑞士通常采用一种完全不同的方法来进行封块安装,其衬砌环由 5 个管片组成,其封块位于衬砌的底部,如图 15-2(b)所示。衬砌管片本身没有防水功能,但在衬砌和内层之间有一个密封箔。如图 15-5 所示,衬砌环的安装流程为:首先安装两个底部衬砌块,然后安装侧墙块,侧墙块必须暂时由一个托辊支撑,由于推进油缸没有对管片施加足够的撑紧力,此时各管片之间还不能进行螺栓连接。利用管片拼装机将拱顶的管片举升到设计位置并保持支撑,通过丝杠将两个底拱衬砌管片接缝撑开,将封块插入。最后,松掉撑开底拱衬砌管片开口的力,收回不再需要的拼装机和托辊。随着拱顶衬砌管片的轻微下降,衬砌环已经基本处于设计位置,推进油缸的推力环和管片环断面接触实现掘进推进。

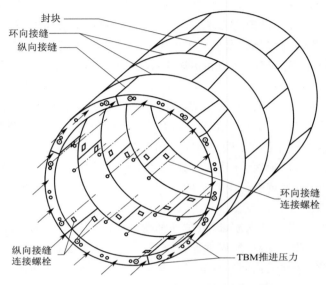

图 15-4　封块纵向交错布置的管片衬砌结构

　　这种方法的优势是避免了由于楔形封块就位时的冲击力,造成的衬砌环中过大的约束载荷,减少了每个衬砌环安装所需的时间(15～20 min)。缺点是安装精度较低,容易造成管片边缘开裂。

　　一般来说,隧道的掘进路径是一条三维曲线,而 TBM 必须尽可能精确地保持沿设计路径推进。因此,安装的衬砌环必须沿着 TBM 推进的方向,不至于因与 TBM 护盾的接触对其造成损坏[2]。如果路径是曲线的,衬砌环间的接头处就会出现开口,密封垫圈可能会失效,因此对于具有防水要求的单层衬砌的隧道来说,这是不可接受的。为使掘进保持圆弧曲线而又不要在衬砌环的接头处产生开缝,就需要衬砌环的某一侧变窄一些。为此,原则上可以采用两种不同的管片系统:

　　(1)采用锥形通用环,衬砌可以通过适当的旋转来设置任何方向。通用衬砌环的优势,在于其模板和物流方面的低成本,量产的管片具有决定性的经济优势。然而需要注意的是,考虑到需要转动衬砌环以正确地引导护盾时,纵向接头需要满足错缝的要求,这两者之间通常需要妥协。通用环的另一个缺点是封块位置的随意性。如果封块安装在底部,那么衬砌环的安装就必须从拱顶部分开始,在这种情况下,只有通过油缸支撑才能施工。为了工作人员的安全,必须考虑在 TBM 管片拼装机附近,设置额外的保护措施。

　　(2)生产不同类型衬砌环,如左旋、右旋和向前弯曲的管片环等形式,可以保持纵向接头的几何形状和封块的固定位置。缺点是相对较高的物流费用和生产成本。

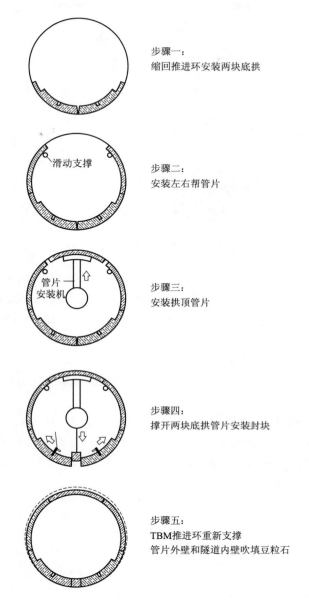

步骤一：
缩回推进环安装两块底拱

步骤二：
安装左右帮管片

滑动支撑

步骤三：
安装拱顶管片

管片安装机

步骤四：
撑开两块底拱管片安装封块

步骤五：
TBM推进环重新支撑
管片外壁和隧道内壁吹填豆粒石

图 15-5　管片拼装的五个步骤

　　利用传统护盾式 TBM 施工时，需要掘进和衬砌环的安装同步。这就意味着掘进工作，只有在衬砌环安装完成后才可重新开始，造成这种情况的主要原因是推进油缸推进的局限性。

　　对连续安装支护的期望导致了螺旋衬砌管片的出现。这种管片在柏林和斯图加特的隧道工程中被多次采用（如图 15-6 所示），然而，这个解决方案并没有流行起来。

　　2. 六边形或蜂巢状管片

　　早在 1961 年建造 Happurg 水工隧道时，就曾采用过六边形或蜂窝状衬砌管片[95]。这种类型管片常用作双层衬砌隧道断面的外层衬砌，也作为单层衬砌的支护方案，特别是在采用双护盾式 TBM 掘进条件下的衬砌[54,84,175,176]。由于该系统中单个管片是六边形的，相邻的管片

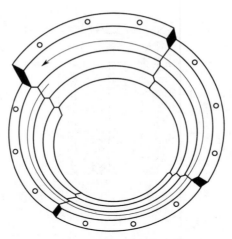

图 15-6 柏林地铁采用的螺旋式管片衬砌(1965/1966 年)[95]

间径向的连接长度只有管片长度的一半,因而不存在连续的环向接头,形成了同时锁定衬砌环的接头。这种形式比未利用步进搭接接头的矩形衬砌块的刚性更强。如果衬砌环的直径较小,则一个衬砌环可能只需由 4 片六边形管片组成,顶部和底部各一块,两个侧面各一块(如图 15-7 所示)。

　　这种衬砌环只用一种类型的管片,因此,具有巨大的经济优势。与采用矩形管片衬砌相比,大量节约管片生产和安装成本。由于工程需求的原因,底拱管片的设计往往与其他标准的管片不同。

　　这类管片的缺点是在隧道断面直径增大时,管片尺寸增加,导致了在运输和装配过程中出现困难。因此,六边形管片经常用于直径较小的隧道衬砌中,最大直径不超过 4.50 m。事实上,在斯洛文尼亚的 Plave 电站二期和 Doblar 电站二期的压力管道工程项目中,采用了六边形衬砌管片,两个隧道的直径都达到 6.98 m[175]。

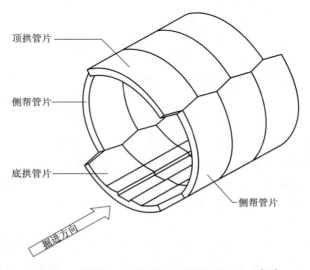

图 15-7 采用六边形管片衬砌隧道施工方案[176]

3. 菱形和梯形管片

对于实现衬砌管片自动化安装的渴望,促进了配有定位销轴和定位导杆的衬砌系统的发展[177]。对衬砌管片形状的优化,可以减少在安装过程中所需要的外力,并且在纵向接头处采用定位杆、在环形连接采用定位销轴形式,以达到较高的装配精度和质量。

在巴黎建造一条单轨铁路隧道时采用的衬砌系统,如图 15-8 所示[177]。该衬砌环由梯形底拱管片、四个菱形管片和梯形封块组成,由于衬砌的纵向接头具有角度,在安装的最后几厘米处,衬砌的密封框架才会接触。然而,如果接头是扭曲的,倾斜的纵向接头会导致衬砌环的变形和受力。

衬砌接头的连接方式为,每个管片配有 3 个 Conex 销轴(塑料定位销轴)(如图 15-9 所示),封块上配有 1 个销轴。为了保证安装精度,在纵向接头处采用了直径 5cm 的导杆定位。该系统在 Mayreder 铁路隧道的工程中得到了成功的应用。

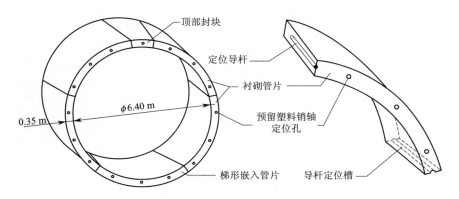

图 15-8　内径为 6.40 m 的巴黎岛铁路隧道衬砌断面结构

(a) 塑料连接销轴

(b) 预装在管片上的联接销轴

图 15-9　Passante Milano 的 Mayreder 隧道采用的 Conex 衬砌系统(带有销轴的管片)[95]

4. 扩张管片

在稳定、涌水量小的岩体中,衬砌环也可以在护盾的后部进行安装,通过衬砌管片的扩张,使得衬砌环与围岩直接接触,达到稳定支撑位置。如果掘进隧道形成了一个规则的圆形横断面,则不需要进行环缝的注浆或充填。

扩张型衬砌管片起源于伦敦的地铁建设,穿过地层为黏土,且具有较长的自稳时间[73]。如图 15-10 所示,这种扩张楔形块管片衬砌在英吉利海峡隧道英国一端被大量采用。衬砌的扩张是通过楔形封块推动,封块相对于其他管片来说短一些。

这种衬砌系统使衬砌环的安装时间缩短,提高了隧道的掘进速度。其最大的缺点是每一个衬砌环都有不同的形状,这可能导致较大的接头位置偏移。由于在纵向接头会发生相对较大的扭曲,扩张衬砌结构通常不适于用作单层衬砌的防水隧道。

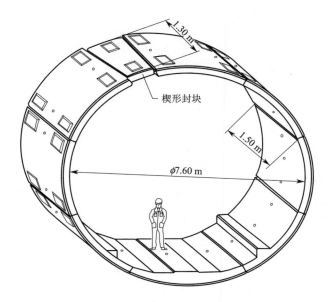

图 15-10　英吉利海峡隧道英国段的扩张楔形块管片衬砌的典型断面结构[42]

5. 柔性管片

根据采用喷射混凝土支护方法建立的模型,开挖出的隧道周围围岩受到挤压,发展成所谓的承载环,间接导致了地应力的释放。因此,支护的安装时机特别重要,在某种程度上决定了在衬砌上荷载分布。如果衬砌安装的时间过早,这就意味着,允许围岩的变形松弛的时间减少,相应增加了作用在衬砌的荷载。然而,值得注意的是由于地质条件的变化,围岩压力可能随着岩石的变形和不稳定而再次增大。

一旦护盾式 TBM 推进并且完成衬砌,并将衬砌和围岩之间的缝隙填充,刚性的拼装衬砌可达到瞬时承受围岩压力。在埋深大或膨胀地层中,这可以导致衬砌承受围岩荷载比例较高,极端情况下衬砌已无法承受这些荷载。

由于这些原因,各方都试图发展柔性的衬砌系统,使隧道围岩的松弛具有可控的收敛。可以按不同对象采用两种柔性处理方式,一种考虑衬砌和围岩之间环形缝的填充材料,另一种采用管片纵向可压缩接头连接方式。

柔性支护也可以通过采用特殊混合物填充衬砌与围岩环形缝,可以采用聚苯乙烯球和砂浆的混合物达到这种目的,特别是水泥浆和聚苯乙烯球不存在相互脱离的优点。聚苯乙烯球和砂浆混合物的变形特性,如图 15-11 所示。

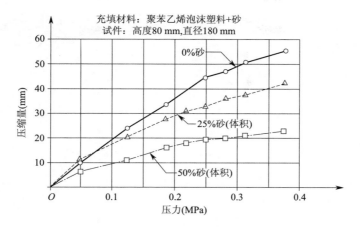

图 15-11　可压缩填充材料的高变形特性的测试结果[142]

　　通过在管片纵向连接位置安装可压缩的钢或塑料等型材,作为衬垫来实现结构的弹性变形,如图 15-12 所示,示意性地说明了如何通过纵向插入钢管利用其塑性变形来实现收敛,通过塑性状态钢管的变形将围岩应力限定在一定范围内。

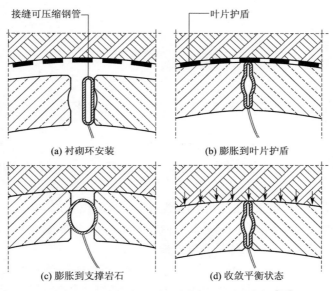

(a) 衬砌环安装　　　　　　　　(b) 膨胀到叶片护盾

(c) 膨胀到支撑岩石　　　　　　(d) 收敛平衡状态

图 15-12　安装在纵向接缝的钢管可压缩结构[123]

　　图 15-13 为一种可压缩连接结构,是这一原理的细化和延伸,采用一个充满水的塑料软管充当弹性元件,在围岩变形趋于稳定时,用砂浆灌浆。在排水管的出口设有阀门,当水压超过规定值时,打开阀门泄压,以防止衬砌过载,而且当水放出后,水管的体积变小,使衬砌环受压。

　　另一个建议方案是采用封闭的、延展性的塑料元件(如图 15-14 所示),同时这一元件还可满足防水要求。该元件几乎占据了整个管片连接面,形成了一个充填有加气混凝土封闭系统。这种封闭系统的设计,可对衬砌的荷载变形性能进行控制。

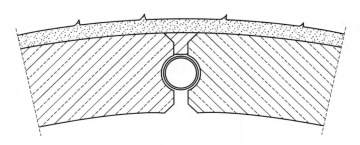

图 15-13　Thompson 设计的可压缩接缝结构[167]

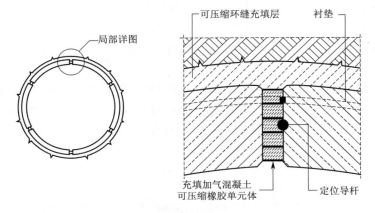

图 15-14　采用塑料及加气混凝土的可缩性结构[164]

利用一种可压缩的多孔混凝土来浇筑衬砌和围岩间的环状间隙,可以在特定条件下使衬砌具有一定弹性变形性能。

在 Ibbenbüren 煤矿的充填站工程中,管片的纵向连接采用 Meypo 可压缩元件。在充填站的建设期间,隧道承受的等效地压相当于 1 650 m 的埋深。随着煤矿的开采,这一数值增加到大概 2 000 m。

隧道衬砌环由 8 个管片组成,在总共 8 条纵向连接接缝位置,其中的 4 条采用压缩的接头结构,如图 15-15 所示。衬砌环形成的隧道断面内径为 8.5~9.5 m,衬砌承载超过 100 MPa。环向可压缩长度为 6 cm×30 cm,这大约是隧道周长的 6%。

Meypo 设计的可压缩元件变形机理如图 15-16 所示,其关键部件为剪切环和采用硬化处理的剪切销,共同保证承载剪切力能力,还设有压缩柱塞,在受压的情况下将收缩起来。

从压缩元件的工作曲线看出,这一元件具有非常理想的弹塑性响应。在受到 85% 的最大载荷情况下,压缩元件具有刚性特性。在压力的作用下收缩变形几毫米后,进一步变形特性又被塑性变形特性取代。

当柱塞的插入深度达到 17 cm 时,柔性衬砌系统的特性仍起作用[9]。然而,最初的应用表明,这个系统的成本偏高,并不适合用于普通的隧道工程。因此,另一种方案建议,采用可拆卸回收的压缩元件,在围岩变形收敛、纵向接头被混凝土浇筑固定后回收,从而可以重新用于后续的衬砌环安装(如图 15-17 所示)。将液压缸用作弹性变形元件,剪切力的传递由可拆卸的框架转向系统提供,这一系统还未在实践中得到应用。

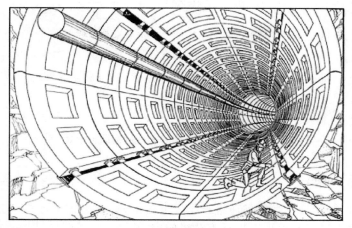

(a) 可压缩原理图

(b) 衬砌完成的隧道

图 15-15 Ibbenbüren 煤矿充填站隧道可压缩衬砌结构

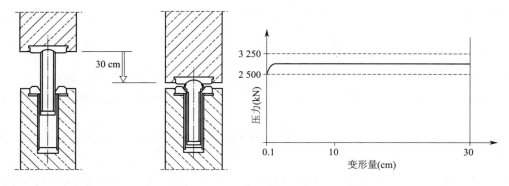

图 15-16 Meypo 压缩接头构造和工作性能曲线[19]

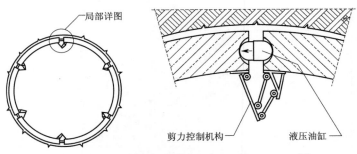

剪力控制机构　　　　　液压油缸

图 15-17　一种可重复使用的柔性接头结构形式[9]

15.3.3　管片连接接头

管片拼装成衬砌环,最终由衬砌环组装成隧道衬砌,这就决定了隧道衬砌系统中,管片连接接头数量相当多。衬砌的连接接头主要有两种,一种是与隧道轴线平行的纵向连接接头,一种是环向连接接头,二者在功能和设计结构上各不相同。如果可能的话,应通过一系列的测试,得到设计连接接头的承载能力、剥落风险和防水密封能力,以证明其适用性。

1. 纵向连接接头

纵向连接接头在衬砌环中用来传递环向力,以及内部或外部载荷因偏心力或剪切力引起的弯矩,主要通过衬砌管片连接接触端面来实现,但是在一些情况下也会通过纵向管片连接的螺栓来实现。对常规的管片衬砌系统来说,纵向连接接头只起连接作用或等效为连接作用(混凝土接触),仅具有有限的抗弯能力。

设计工程师提供了三组不同的类型连接接头细节,这些纵向连接接头的不同点在于:

(1)两个平面接触;

(2)两个凸表面接触;

(3)凹凸表面接触。

此外针对不同的应用环境,衬砌管片还可以考虑使用企口的形式。然而大多数情况下,管片一般只采用平面接触的形式。

1)平面接触的纵向连接接头

设计为平面接触的连接接头,如图 15-18 所示,受到几何形状的限制,管片不能自由旋转。这意味着,除了传递纵向连接的轴向压缩载荷外,弯矩也同时被传递,这减少了管片上的弯曲荷载。

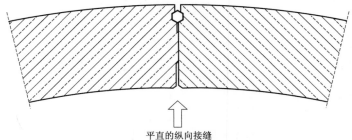

平直的纵向接缝

图 15-18　平面接触的纵向连接接缝示意图

在接头表面,由于出现压缩的弹性和塑性变形,纵向连接接头位置会发生转动,如图 15-19 所示,清楚地显示了阻止扭转的主要因素。由于只有压力被传递,如果外力的合力作用在横截面内,衬砌管片就能达到稳定状态。

为了避免压应力出现在截面的外边缘,在布筋区域的周围,接触面积通常会减少。接口的宽度通常是管片的厚度,在这一位置应着重考虑集中压应力作用所引起的劈拉效应,在设计中应该对此部位做特别加固以应对这一问题。

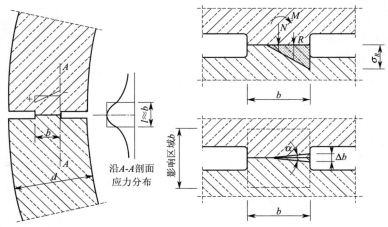

图 15-19　主要影响平面接触纵向接头旋转的计算分析图[70]

接头的缩颈设计使得纵向连接接头具有了更强的旋转能力。在单层防水衬砌结构设计时,应该特别慎重考虑此结构的应用。为了保持管片密封垫圈的压缩状态,这一旋转能力应该有所限制。

精细设计采用平面接触的纵向接头,为管片安装过程中提供了很多便利,因为在衬砌管片生产过程中,其加工精度难免存在误差。这种设计可以在安装时有效地消除偏差,以免混凝土衬砌发生剥落。

2)两个凸表面接触的纵向接头

采用平面接触的纵向接头,由于接触平面表面限制管片旋转,劈裂荷载随持续的转动而增加。如果还存在较大的环向力,则会出现接触面外角混凝土剥落的危险,在采用单层防水衬砌的情况下,这种混凝土的剥落会延伸到密封垫圈的区域。如果压力和旋转角度都非常大,则建议采用如图 15-20 所示的凸面连接接头形式,其接触面积不受旋转角度变化影响[10]。

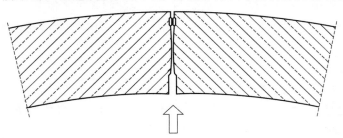

采用凸表面接触的纵向连接接头
图 15-20　Great Belt 隧道采用的凸面连接的纵向接头[10]

平面和凸面接触纵向连接接头的适用范围,如图 15-21 所示,采用哪种方式取决于对环向压力和旋转角度的估算。

凸面曲率半径由管片的厚度、载荷的大小和允许的旋转角度决定,其设计必须满足这些要求。如果选择的半径太小,通过接触表面积传递载荷能力受限,从而增大了劈裂载荷。如果选择的半径过大,就限制了管片绕接头旋转的能力。

在安装时,因为没有足够的衬砌环之间压力约束,管片会自由旋转,因而这个系统在安装时不太稳定,应采用适当的措施(例如临时螺栓),以确保在安装过程中,衬砌环不会脱落。

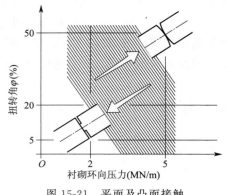

图 15-21　平面及凸面接触
纵向接头的适用范围

3)凹凸接触面纵向连接接头

凹凸接触表面的纵向连接接头,也被称为铰接管片接头,如图 15-22 所示。这种接头通常具有较高旋转能力,为了减少摩擦限制,在装配过程中采用角度的游隙,一般选择的凹面接头的曲率半径相对较大。

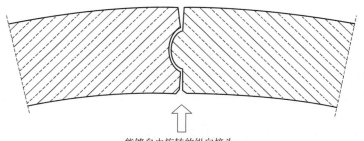

能够自由旋转的纵向接头

图 15-22　Quarten 隧道衬砌可自由旋转的纵向连接接头[75]

在考虑大角度旋转的设计细节时,应小心谨慎,避免集中压应力出现在接头边缘等不需要接触的表面上,否则会引起混凝土剥落。凹面接头的两侧边缘区域特别危险,由于外形的原因,这一部位无法通过布置足够的钢筋强化,来应对边缘的破坏,所以,通常只有纵向连接接头的中间部分具有接头的作用。

凹凸面接头的管片类型在装配过程中具有较好的稳定性,这就是为什么在扩张衬砌中更倾向于应用这种接头[10],另外凹凸面的收拢效果也为装配提供了便利。

铰接式接头的管片通常在双层衬砌类隧道中使用,因为对于单层衬砌而言,其接头的防水性能还不尽如人意[75]。

4)企口形纵向接头

如果接触面是直的,那么应用企口形接头的衬砌,在拼装定位及轴向力、力矩和剪切载荷的传递方面具有优势(如图 15-25 所示)。由于不能有效地在企口位置进行加强,那么当接头处的游隙轻微超出时,就会发生混凝土剥落。

有一种特殊的企口型接头形式,它只具有配衬垫的单侧榫槽。这只适用于较小的封块,以避免它们脱落。

2. 环向连接接头

衬砌的环向连接接头所处平面与隧道的轴线垂直。在 TBM 掘进过程中,其作用主要是引导和传递推进油缸的轴向反作用力,这也会造成衬砌的环向接头位置受到压力。由于相邻的衬砌环可能具有不同的变形形态,当变形受阻时,就会在衬砌的环向接头之间有力地传递。

推进油缸的载荷作用,通过撑靴(以此增加支撑面积)传递到衬砌环与撑靴接触的连接上面,并通过该段管片传递到前一个衬砌的环向连接接头上。由于在管片生产过程中不可避免的产生加工误差,所以并不能假定衬砌环连接的接触面是一个平面,所以只能存在局部的相互接触带,像墙式梁一样加载到管片环向端面。为了避免高应力导致的纵向裂纹的形成,通常采用增加垫板来分配载荷。垫板在衬砌环接头的中心粘合,纵向定位,保证力的方向沿隧道轴向传递,理想状态恰好是一块接一块连续准确布置(如图 15-23 所示),垫板所用材料为 Kaubit 或硬质纤维板。在设计上,必须对衬砌环接头区域进行额外的强化,以应对载荷分配垫板的位置偏差。

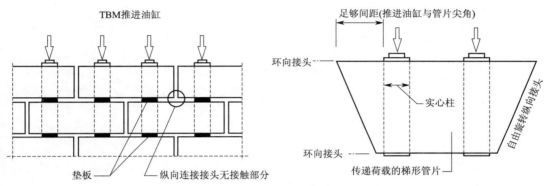

图 15-23　在环向接头上传递推进油缸推力的垫板结构[115]

由于荷载作用面的宽带不超过管片的整个厚度,所以推力油缸的作用会导致劈裂荷载出现,因此必须对此进行适当的加固。

1)平面接触环向连接接头

平面接触的环向连接接头是一种最简单的设计形式,水平连接方式如图 15-24 所示。这种类型的衬砌环可以实现单独固定,而不需要和邻近衬砌环相互作用,或者至少不是依赖相互作用来固定。相邻衬砌环之间只通过摩擦耦合,然而我们应该关注由推进油缸推力引起的与时间相关的弹性预张力释放,如混凝土的蠕变等。

平面衬砌接头并没有在结构上提供安装的便利,可以使用塑料钉作为定位销的方式来固定(如图 15-9 所示)。然而,通过接头传递横向荷载并不是设计预期的,可通过耐久螺栓连接实现较小的耦合力,如 Great Belt 隧道采用的平面接触环向连接接头(如图 15-24 所示)。

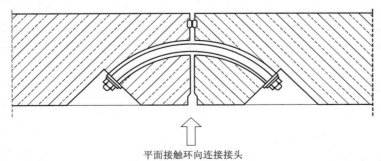

图 15-24　Great Belt 隧道采用的平面接触环向连接接头[10]

2）榫槽接触环向连接接头

一方面为了简化衬砌环的安装，另一方面需要和相邻衬砌环的承载耦合，因此，发展出了有多种衬砌的环接头的类型。对于单层防水衬砌系统来说，特别要求接头变形必须尽可能的小。

一种可能是将衬砌环连接接头设计为榫槽形式，榫头通常占管片厚度的一半，高度为10～25 mm。为了使耦合位置力的传递稳定，可以在载荷分配垫板之外进行沥青充填，如图15-25 所示。

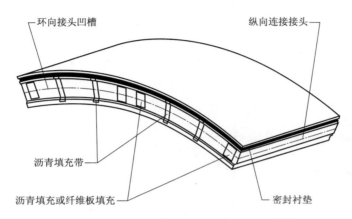

图 15-25　采用榫槽接触连接的环向接头[28]

采用钢筋强化榫头和榫槽元件来应对耦合力，并同时提供必要的混凝土保护层，在设计上是很难做的。由装配误差产生的载荷会导致衬砌环接头区域的损坏，为了尽量减少这种伤害，榫槽比榫头设计得要大一些，这是因为两者之间可用的间隙通常只有几毫米，而且因制造精度和安装误差很快被消除掉。

除了榫槽设计，衬砌环接头的凹凸设计也很流行，如图15-26 所示。同样在此设计中，凹面表面的边缘部分，由于其结构上的特点，在装配过程中也存在损坏的风险。

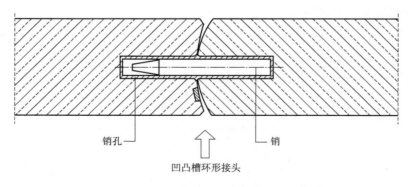

图 15-26　凹凸型环向连接接头结构详图[156]

3）凸台和凹槽环向连接接头

与榫槽连接系统设计相比，凸台和凹槽系统代表一个点耦合，例如在管片的四分之一处布置的凸台和凹槽结构(如图 15-27 所示)。这种系统减小了因凸台和凹槽的装配不够精确而造成的强制应变。然而,耦合载荷代表了局部受限制的载荷,这种载荷在榫槽系统中的衬砌环向接头上分布面积更大。从这种情况看,在操作过程中可能会出现耦合位置的应力集中。

因为凸台通常比榫头厚度大,所以可以对它进行加强处理。凸台的高度应按以下理念选择,就是断裂只能出现在凸台上,而不是对凹槽边缘出现剪切,这样整体防水功能得以保证。

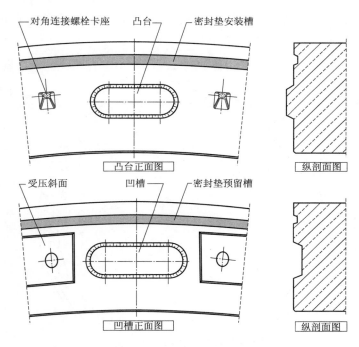

图 15-27 采用凸台和凹槽的环向连接接头结构

15.3.4 钢纤维混凝土管片

正常的隧道外部荷载,是一种具有很小偏心的压缩载荷,在结构上看一般不需特殊的加强,然而在规程和规范上通常需要和必须加强。在这种情况下,采用钢纤维混凝土,被认为是一种实用、经济的替代传统方式的加强方式[95]。

钢纤维混凝土被视为具有一定韧性的建筑材料,具有较高的承载能力。钢纤维在混凝土中的裂缝分布效应,满足单层衬砌段的水密性要求,应特别指出隧道衬砌受到典型的压缩和弯曲荷载,对抑制微裂纹的产生和发展有比较积极的作用[36,44,110,112]。

采用钢纤维混凝土的另一优点,可以用其对敏感角落和边缘部分区域进行加强。传统的素混凝土保护层不能满足需求[27],从而大大减少了这些区域的损坏风险。

管片预制生产,钢纤维的含量要高于现场浇筑混凝土,粗略估计在 $60 \sim 80 \ kg/m^3$,钢纤维长度可达 60 mm。

15.3.5 环形缝注浆

在护盾式 TBM 掘进过程中,在围岩和衬砌之间,通常存在一定的间隙,这个间隙称为环形缝(即管片壁后和围岩之间环状间隙)。这个间隙必须填满适当的材料,以充当衬砌和岩石间必要的支撑层,从而均匀地分配来自围岩压力荷载,并抵抗隧道帮岩块可能的松动。

1. 砾石填充

TBM 在硬岩中掘进隧道时,通常利用细粒级配碎石填充环形缝(如图 15-28 所示),一般利用如干式混凝土喷射机等设备将其吹入缝隙中。在衬砌环完成拼装后,应尽快充填封闭环形缝。在衬砌管片上一般应该预留充填管,方便连接吹填喷嘴,随后在接下来的工序中,对砾石层的孔隙中注入砂浆,以防止环缝水的渗透和喷涌。

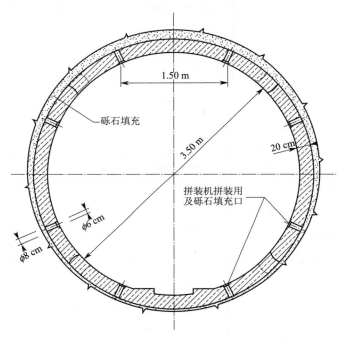

图 15-28   隧道衬砌环缝砾石填充断面图[156]

2. 砂浆灌注

若掘进的岩体稳定性较差,则需在环形缝中及时注入砂浆。注浆压力应该与围岩压力和水压相一致,因为一般不考虑砂浆的结构稳定性,故对于最终强度也没有特别要求。但为了达到预期的衬砌承载层的许用条件,它至少必须达到周围岩体的刚度。

为了能够采用泵送,砂浆必须具有足够的流动特性。在将砂浆压入缝隙的过程中,根据岩体条件不同,砂浆内一部分混合水会渗入到围岩中,从而使砂浆变稠成为支撑介质。与此同时,损失的渗透水意味着填补材料的体积损失,所以砂浆的水灰比要控制在一定范围内,尽量降低用水以提高固体物质含量。

通过加入细粒材料像火山灰,可以使砂浆达到较高的密实度。为使颗粒结构快速凝固,水泥起着黏合剂的作用。必需调整水泥浆的凝结和硬化特性,达到即便砂浆较长时间在管路中停顿,仍具有可注性,从而减少了注浆后的冲洗工作时间。

灌浆既可以通过衬砌管片预留的灌浆管,也可以通过 TBM 的尾盾来完成。对于通过管片灌浆管进行灌浆的方案,灌浆管上设有可关闭的阀门,预留管上的螺纹端用来连接注浆管。另一种方案是将一个塑料单向阀集成到管片预留管中。

在低沉降要求的隧道施工中,必须尽快对环形缝进行灌浆,并尽可能靠近护盾后方。特别是当围岩的自稳时间很短,或者根本不稳定的时候,此时在尾盾后方不应该有落石的空间。通过采用现代塑料密封或钢刷型密封等高效尾盾密封系统,可以直接通过尾盾对环形缝进行灌浆,环形缝的灌浆可以与护盾的推进同步,从而可以降低围岩的沉降。

15.3.6 管片衬砌防水措施

多数情况下单层衬砌需要防水处理,交通隧道必须密封以防水涌入,然而过水隧道必须密封以防水的漏失。因为管片衬砌中接头比例很高,所以花费在防水措施方面的费用也相当高。

1. 密封带

在坚硬岩体和松散地基土中掘进的大量交通隧道,需要采用密封的单层管片衬砌,通过在衬砌环连接接头上使用密封带,以阻止地质体或者地下水流入。密封带是一个边缘进行硫化的预制框架,一般黏合在管片接头预制的凹槽内。通过管片间的相互挤压,压缩密封带的纵切面来密封管片的连接接头(如图 15-26 所示),密封圈框架的接触压力必须比作用在另一侧的水压高,凹槽的混凝土表面必须毫无瑕疵以防水进入。

密封带纵切面的压缩性能和凹槽的设计必须协调,这样凹槽后的混凝土台阶才不至于受到劈拉力的作用而碎裂。以制造商 Dâtwyler 产品的剖面图为例,得到的连接接头接缝开口尺寸与压缩力、控制力和接缝开口尺寸的关系,如图 15-29 所示。

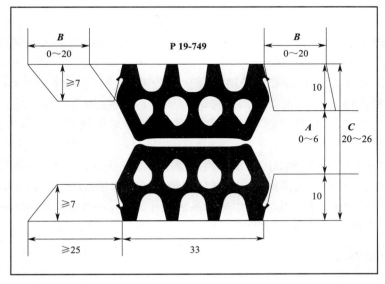

图 15-29

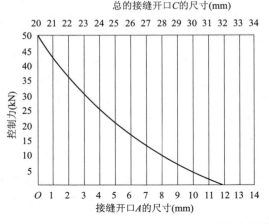
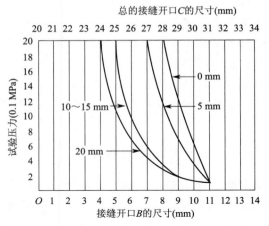

图 15-29 弹性密封带开口尺寸与压力关系

在环向的接头上所需要的接触压力,由推进油缸的压力储存的弹性能提供。在纵向接头上,通过围岩和水压的环向压缩载荷压缩密封带的剖面。在密封安装阶段,通过螺栓连接可以暂时防止密封带的"挤出",如图 15-30 所示,采用的不同螺栓连接的类型,在开口和横断区域的螺栓连接应该永久保留。

目前采用的密封材料类型有天然橡胶、塑料、人造橡胶、氯丁橡胶、硅树脂和膨胀橡胶(水滑石等),这些材料必须满足耐久性的要求。以隧道的设计服务年限为基础,密封垫圈的性能,考虑到它们的松弛和可能的老化效应,即使在使用了超过 100 年之后,必须依然具备基本的防水功能。如图 15-31 所示,当密封松弛时,根据密封材料的组成,压缩量降低到原始值的 70%[56]。

2. 注浆

另一种确保隧道防水达到标准的可用手段是注浆。通过对围岩的节理裂隙进行注浆,来减少地质构造带来的流动水。

建设的 Evinos 隧道为水工隧道,采用六边形管片单层衬砌(如图 15-32 所示)。在其施工过程中,采用注浆方法,最终将隧道水的漏失量限定在合同规定的范围内。为了达到这个目的设计了一种注浆方案,采用环形缝砾石填充和注浆,随后对隧道周围围岩进行系统的固结注浆。

管片的接头密封效果必须很好,这样才能施加所需的注浆压力。为了达到这一目的,首先用砂浆灌注纵向连接和环向连接接缝。在壁后注浆充填过程中,注入复合材料中的过量水滤出后,会将连接接头缝隙封堵,因而,可以采用最大注浆压力,并将岩体裂隙部位封闭,使得荷载均匀分布在整个隧道支护的外表面上[176]。

15.3.7 管片预制

管片通常是在专门建造的混凝土预制厂生产的,对于大型隧道工程项目来说,更经济的做法是在现场建立为本隧道生产管片的预制厂,如在英吉利海峡隧道和 Belt 隧道。在进行施工现场布置时,需要考虑划分出能够进行管片生产的区域,特别大的工程项目需要详细的物流规划和开发,以实现管片的稳定供应。

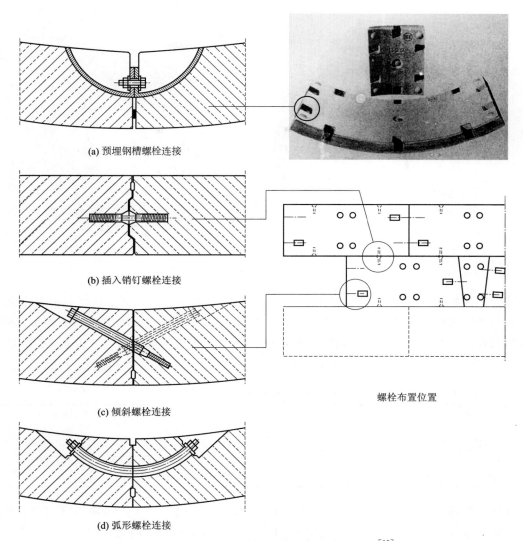

(a) 预埋钢槽螺栓连接

(b) 插入销钉螺栓连接

螺栓布置位置

(c) 倾斜螺栓连接

(d) 弧形螺栓连接

图 15-30 钢筋混凝土管片之间的螺栓连接形式[95]

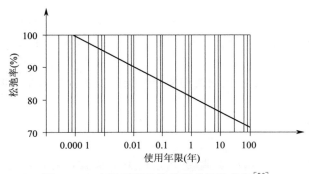

图 15-31 室温下弹性体外形的松弛状况[56]

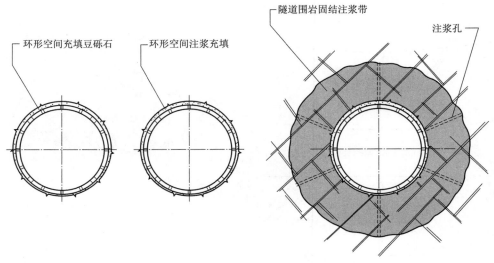

图 15-32　Evinos 水工隧道防渗漏注浆方案[173]

　　要达到管片生产的精度要求,最实用的办法是采用钢模板。生产满足精度要求的管片,取决于钢模板的密封性能和尽量减少集中应力。如今,模具技术的进步,使管片误差能够达到机械加工的标准。在德国的铁路隧道建设中,采用 DS 853[29] 更加的严格尺寸公差,见表 15-2。目前,这一标准是许多国际工程项目规范的基础。

表 15-2　衬砌管片的尺寸公差

管片部位	误差范围	管片部位	误差范围
管片宽度	± 0.5 mm	环向接头的平面度	± 0.3 mm
管片厚度	± 2.0 mm	纵向接头的扭转角	± 0.04°
衬砌弧长	± 0.6 mm	纵向接头的锥角	±0.01°
纵向连接接头的平面度	± 0.3 mm		

　　为保证产品的公差,必须进行较频繁的定期检查,以便能够在生产初期识别出模具的变形。在装配或操作过程中,超出公差范围的管片可能导致安装和使用过程中出现未预期的应力。当这些应力超过一定的数值,混凝土或钢筋就会被损坏。如果不能在实际生产过程中遵守公差要求,则应研究这对管片造成的影响。

　　在这里,我们应该举一个纵向接头锥角的例子。随着纵向接头锥角的增大,就不能假设加载在整个管片宽度上的静态载荷是均匀的了,这导致接头在纵向方向上的偏心载荷,需要对相应部位进行额外的强化。

　　在生产阶段,应以适当的质量控制流程来控制预浇筑管片的质量,如 QA 手册,包括适当的作业指导书。

15.3.8　管片损伤

　　衬砌管片的损伤大部分是由施工造成的,损伤类型从孤立裂缝到大规模的剥落。多数情况下,造成损伤的原因是管片受到超高 的接触应力。这是由于 TBM 推进时施加给衬砌的较高荷载,以及管片在制造和安装过程中的误差,从而引起的安装几何形状的不匹配共同造成。

因此,应该在设计阶段进行衬砌管片的几何和运动学分析研究,以确定出管片安装是否存在任何不期望出现接触的面。

图 15-33 为苏黎世运河下的水工隧道 El-Salaam 虹吸隧道管片损伤实例。管片的剥落发生在封块及两个相邻管片的纵向接头处,可以解释为,介于封块和相邻管片之间接头细节设计不合理,带有内部榫头的纵向接头造成管片损伤。

如果管片只作为隧道的临时支护,在 TBM 后方安装的外层衬砌,只要管片的损伤不威胁结构稳定,支撑和传递反力的性能没有受损,可视为不太严重的损伤。在这种情况下,即使存在管片严重损坏,也是不必进行完全的修复。

然而对于采用单层防水衬砌隧道结构来说,当出现影响整体结构安全和密封的破坏时,这种损伤则是致命的。这种情况下必须进行修复,而且通常修复需要的费用较高,维修费用是隧道建设成本不可低估的因素。

下面详细讨论单层防水衬砌管片系统,在安装过程和 TBM 推力反力作用下,以及管片在尾盾区域和离开尾盾后,可能发生的损伤及修复方法。

图 15-33　苏黎世运河下的 El-Salaam 虹吸水工隧道管片剥落损伤情况

1. 拼装过程损伤

在衬砌环的拼装过程中混凝土表面和密封件损伤,最常见的原因是未正确使用拼装机对管片进行专业操作定位。除此之外,在封块最后插入时,由于预留空间较小,特别容易对管片造成严重的损伤。新拼装的衬砌环,在它的纵向接头还没有完全被拼装机组合压紧在一起,并完成螺栓连接前,衬砌环看起来太大了,留给封块的空间太小。通常锥形的封块只能通过施加较大的力来插入,如果加工公差不符合要求或衬砌环的拼装不准确,可能使楔形侧翼出现不必要的接触,从而导致混凝土的剥落。这需要在设计以及在建造阶段考虑如何处理封块的安装问题。

2. 掘进过程损伤

在衬砌环拼装完成后,推进油缸再次对衬砌施加压力时,由于最后一个衬砌环仍然留在护盾内,意味着这一环管片与岩壁间的缝隙还未被充填,单独的管片都承载着由推进油缸独立施加的纵轴向压力,造成每个管片都会发生一定偏转,直到达到稳定的状态。由于衬砌环的承载力有限,那么当 TBM 弧形转向和校正半径需要单边支撑时,衬砌内部应力集中会更加恶化。

　　在某些情况下,过高的压力会导致管片在三分之一位置出现纵向裂纹。这种裂纹通常只在 TBM 后面的两三个衬砌环中发生,一般只有当衬砌环被水浸湿或受潮出现瘢痕时才会被发现,但是实际上它们在油缸支撑时就已形成。相对于每段管片上受到两个以上的传递荷载的静不定系统,在静定系统中经常可以观察到这种损伤。造成这种损伤的原因,即使是很小的装配不准确,也会导致衬砌某部分失去支撑。因此,在没有反力的情况下,管片会受到推进油缸的压力而弯曲。即使是对管片采用钢筋加强,大幅度提高抗弯性能后,也不能承受推进油缸较高压力。

　　这种效应只能通过衬砌环的精心组装来避免,即在拼装过程中施加给衬砌环接头一个预压应力。在衬砌环的安装过程中,单个油缸被收回,与此同时,必须通过衬砌环向接头上的螺栓施加足够的轴力,以产生足够的摩擦力,防止管片的错动。只有完全找平安装的负载分配垫板,才能够使压力从管片传输到管片时,不会造成损伤,此时分配垫板作用就像一个虚拟的柱子一样(如图 15-23 所示)。

　　3. 尾盾密封破坏

　　如果在尾盾中衬砌环的位置相对尾盾是偏心的,具有一定预应力的尾盾密封与衬砌环接触,将集中的载荷传递到衬砌上,并试图将它推到和尾盾中心一致。如果一个刚刚完成安装的衬砌环和尾盾的轴线不重合,那么当盾尾的密封刷扫过它时,就会有把它推到护盾中心的趋势。如果这种变形受到相反的混凝土组件的抵抗,例如管片连接的凸台和凹槽或榫头和榫槽,那么盾尾的密封就会造成管片的损伤。

　　可以采取一定的措施来减小这种损伤,例如,采用锥形的衬砌环,通过组装使其轴线尽可能和尾盾的中心线接近。经验表明,在全护盾式 TBM 掘进施工中,衬砌环的错误安装常常导致这种损伤,因为错误的安装会增加管片和尾盾的偏心度。

　　为了防止有害间隙的增加,必须连续监控盾尾的偏移和控制衬砌环的安装流程,以及待安装的衬砌环本身质量,需要指出的是对尾盾偏差的监测通常是采用人工测量的。由于现场的条件和施工进度的需要,这样只能依靠人工的监测经常是不充分的。采用自动监测系统可以解决这一矛盾,但由于现场的情况,这类监测还不实用。然而,随着自动监测技术的不断发展,手工监测逐渐会被淘汰。连续的监测及认真的分析是避免管片损伤的唯一可行的手段。

　　4. 护盾分离后损伤

　　在离开尾盾后,衬砌环受到环形缝中注浆时砂浆压力、围岩压力和水压力共同作用,衬砌环会出现一种"喇叭效应"的变形。在施工过程中作用于衬砌环上的施工荷载,从开始到完工整个过程水平荷载都是最高的。还有一个不利的影响,那就是在实际情况下,衬砌环的后部处在护盾的保护下,大部分仍未和围岩接触,随着 TBM 的推进围岩荷载逐渐施加到衬砌上。

　　衬砌环和尾盾分离后,可能发生严重的扭曲,导致管片连接接触面角部破裂。

　　要想控制扭曲的发生,需认真地完成衬砌环的拼装,并对紧邻尾盾衬砌环的纵向接头按预定要求压紧。除了注意安装细节外,明确要求对环形缝进行调整和同步注浆,避免此类损伤。环形缝的注浆中得到的数据应被连续记录和评估。针对管片损伤做出的监测和分析,通过反馈成为管片改进优化的依据。

　　还有一种可能是,在环形缝中注入的砂浆,因为浮力等原因管片形成椭圆形,从而导致了严重变形,混凝土和混凝土接触出现挤压和剥落,因而灌浆所用的材料性能应和衬砌的安装进程相匹配,通过不断检查各管片的变形,得出导致损伤的原因。

在离开尾盾后,衬砌环处在未硬化的砂浆上,还受到 TBM 第一个后配套的车轮组的荷载作用。如果衬砌环接头处于不利位置,或环形缝隙的注浆不完整,则后配套的荷载会传递到接头上,从而导致接头发生挠曲变形以至于严重损坏。因此,第一辆后配套车的荷载位置应该尽可能与盾尾保持距离。

5. 损伤修复

只要结构的稳定性不存在问题,衬砌内表面损伤修复相对容易。对于混凝土的局部损伤,采用合成树脂基的修复砂浆效果良好。更大面积的损伤,采用喷射混凝土形成的覆盖层进行修复,喷射前应仔细地清除掉破碎或损坏的混凝土,可以利用压力喷枪拆除损坏的混凝土。如果管片整个厚度都受到损伤的影响,或者损伤可能破坏了密封性,就必须完全打开衬砌进行修复。

缺陷密封件是造成衬砌损伤最常见的原因,还可能由此引起其他高成本的后续损坏。在使用柔性接头密封时,通过衬砌对外部表面进行注浆,实践证明效果良好。如果损伤局限于接头部位,这种情况经常出现在封块上,那么注浆管就可以穿过密封纵剖面进行注浆。注浆材料的选择取决于当地的条件,砂浆、水玻璃或树脂类已被成功应用。

膨胀橡胶制品也可用于破损密封件的修复。膨胀橡胶在与水接触后体积增加数倍,这提供了对受损区域进行密封的必要压力。在管片设计中要预先考虑密封修复的可能性,在管片上设置第二个内部密封槽,通过装入膨胀橡胶带的内部垫片恢复管片密封。

15.4　现浇混凝土衬砌

15.4.1　概述

在 TBM 掘进的隧道中采用的现浇混凝土,主要是用作一种内部衬砌结构,或与已存在的喷射混凝土或拼装管片的外层支护一起,构成的隧道双层衬砌结构。其施工过程和功能,与传统隧道掘进采用的现浇混凝土支护没什么不同[87,96]。

15.4.2　混凝土浇筑

现浇混凝土隧道内壁对于是否布置钢筋并无特定要求,根据相应的载荷条件,在结构上要求布置抗弯钢筋,最小配筋率取决于国家钢筋混凝土标准和(或)客户的要求,一般采用布置预应力钢筋加强。

现浇混凝土的厚度不小于 30 cm,添加钢筋后不小于 35 cm。混凝土的强度需要满足结构要求。不应忽视的是,随着混凝土强度的提高,水化反应放热会增加,同时混凝土的性能急剧下降,考虑到应用中对微裂缝宽度的限制,应避免采用不必要的高强度混凝土。

在德国的铁路和公路隧道中,采用防水混凝土的要求是,裂缝宽度 $w_{k,cal}$ 为 0.2 mm[29] 或 0.15 mm[24],还要求水的渗透深度不应超过 30 mm。

相对传统钢筋混凝土,钢纤维混凝土是一种更有效的替代品。钢纤维对于混凝土的积极作用是,当用于高轴向压缩荷载和相对低弯矩的隧道衬砌典型受力和力矩时,钢纤维改善了混凝土的承载能力、变形特性和减少微裂纹等,钢纤维混凝土在工程和施工中的优势已经得到证实。在多特蒙德市的地铁隧道和高铁隧道的应用中,钢纤维混凝土还表现出在成本上的优势。

隧道施工中钢纤维混凝土的应用与设计详见文献[34~36,44,92,110,112]。

15.4.3 模板制造

混凝土、钢筋混凝土和钢纤维混凝土的成型浇筑,需要采用液压模板台车。每段模板长度通常在 8~12 m,对于断面较小的隧道,一般采用全封闭模板台车,可以做到一次浇筑完成从底拱到顶拱整圈混凝土,不存在接缝。对于较大断面的隧道,由于刚搅拌出的混凝土浮力过大,需要随着掘进提前浇筑底拱,顶拱和边墙采用移动模板台车浇筑(如图 15-34 所示)。模板台车改进后,也可以用于底拱衬砌的浇筑(参见 9.3.3 节)。

图 15-34　Murgenthal 隧道内层混凝土浇筑移动模板台车

在结构上可以计算出抵抗撞击所需的最小混凝土强度,同时要注意混凝土的养护。

现浇混凝土的接头位置,既可以用作连接接茬,也可作为伸缩缝。现浇混凝土衬砌的密封,是采用止水密封条来完成的。它的宽度取决于存在的水压力大小,但不应该小于 30 cm。

在隧道中,将刚搅拌的混凝土灌入混凝土泵中,然后泵送到分料器分配注入模板内,分料器保证了混凝土在模板中分布均匀。在隧道顶拱的浇筑过程中,应观察混凝土水平面的允许差异,这是由模板的结构和锚固方式决定的。混凝土的捣实是利用外部振动器完成。在移动模板台车的设计中,首要的是模板可以承受混凝土和压实的荷载,不允许模板在浇筑过程中出现过度变形,还应提供足够数量的混凝土窗,用于振捣以控制混凝土浇筑质量。

当采用钢纤维混凝土浇筑时,钢纤维对混凝土和易性的负面影响不应被忽视,建议引进一种特别适合于隧道工程的钢纤维,以保证混凝土的浇筑质量[90]。

15.5　喷射混凝土作为永久衬砌

近些年经过大量深入的研究,在一定的质量要求下,喷射混凝土可以作为结构混凝土使用[89],其强度达到 DIN 1045 的强度 B25 等级的要求。另一重要的因素是材料性能的一致性。对于喷射过程所面临的问题是,喷射混凝土与浇筑混凝土相比,其强度误差可以高达

5 N/mm² 。这意味着喷射混凝土压缩强度的变化范围是浇筑混凝土的 2 倍,通过适当的流程可以明确地提高喷射混凝土的一致性。

当采用喷射混凝土作为最终防水衬砌时,应该注意到,已经安装钢拱架和挂网的隧道,喷射混凝土很难达到全封闭。如果不能全面喷射密实将会导致漏水,因为这些支撑组件会挡住混凝土的喷射,在其后部会留有空洞,衬砌的防水性能无法保证[93],建议采取特殊措施保证喷射质量[101]。

15.6 衬砌结构研究

隧道支护结构和细节设计在土木工程中有着特殊的地位。通常是从荷载假定出发,通过建立模型、确定计算方法,在考虑合适的安全系数的基础上,选择断面形状和尺寸,将混凝土和钢筋混凝土结构与岩土工程相协调。

因为总是要重点考虑地质因素的影响,所以隧道工程非常特殊。围岩作为一种同时既加载又承载的单元,围岩的荷载确定具有一定的统计不定性。隧道工程师可以通过经验尽可能地获得贴近实际的荷载分布状况。然而,岩体的承载能力也只能用同样的安全性来评估,不同的是岩块和岩体的承载能力起着不同的作用。从初步的零散调查中,负责设计的工程师必须将岩体这一复杂系统设计成一个模型,通过已有的计算方法对其进行处理,这个过程需要大量的假设,在阐述计算结果时必须考虑到这些假设[96]。

评价隧道支护结构稳定性的可用分析方法各不相同,主要由解析法和数值模拟法,后者具有很好的应用前景。

不断改进发展的材料模型和求解算法,可以用于更逼真地模拟岩体作为结构材料的复杂承载特性。从地质模型出发,利用机械数学模型来评价施工方法的实用性,或进行隧道支护结构设计的实用性,近年来得到了明显的进步和发展。由于初步设计基础的地质模型的不完善,以及在施工过程中所遇到的无法预见的局部条件,因此隧道施工是一种偏经验化的工程模式,要求持续的关注和引进经验丰富的专家。

因为讨论隧道结构的基础理论和设计方法本身就超出一本书的范畴,所以请有兴趣的读者自行参考文献。在文献[88]和[96]中包含了计算方法和设计流程的概述,在这些资料中也提供了其他的参考书目。

16   隧道工程案例

16.1   撑靴式 TBM 隧道工程案例

16.1.1   Ennepe 水库大坝调控及疏水隧道

1. 工程概况

在 20 世纪初建成的 Ennepe 水库大坝下部，需要建造一个直径 3.0 m 调控和疏水隧道。隧道位于大坝下部的岩体中，用于疏导岩石中的水以减少对坝基的浮力。主隧道施工前需要掘进一条入口隧道（如图 16-1 所示）。

图 16-1   Ennepe 大坝调控和疏水隧道的入口隧道[64]

2. 地质和水文条件

为进行探查隧道的地质条件，在大坝周围钻出了 14 个勘探孔，钻孔深入到基岩下方 5 m，绘出大坝基岩的地质剖面图，由此得到规划隧道穿过的地层为夹层黏土和砂岩（如图 16-2 所示）。

3. 掘进工艺及装备选择

此项工程掘进只能选择 TBM 方法。采用人员手工开挖掘进，虽然避免了对坝体的震动，非常适合这类地质条件，但人工成本过于昂贵，现已鲜有应用。钻爆法也被排除掉，因为爆破不可避免的会引起较大的震动，还会带来与爆破相关的一系列风险。

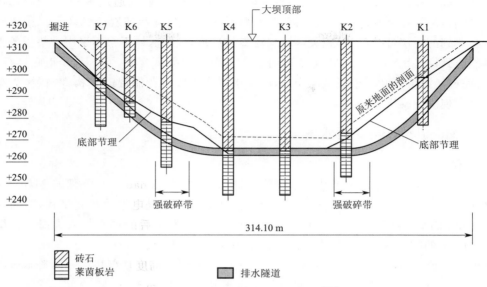

图 16-2　排水隧道的地质剖面图[64]

所以本项工程最终确定采用 TBM 掘进入口隧道及控制和疏水主隧道。由于入口隧道的曲率半径很小，所以只能采用结构尺寸较短、具备良好转弯性能的 TBM。一台 Robbins 公司生产的老式撑靴式 TBM 被选中，如图 16-3 所示。

图 16-3　Robbins 公司的 81-113 型撑靴式 TBM 及后配套设备[64]

这台 TBM 的主梁长度仅为 5.29 m，其后配套包括带式输送机长度为 9.4 m，后配套包括机械控制系统、变压器和电缆卷筒。隧道掘进直径为 3.00 m，为达到最好的疏水效果，隧道不进行衬砌，在穿过裂隙发育岩体段，采用锚杆和钢筋网进行支护。为了保证隧道掘进施工顺利进行，控制和疏水隧道是利用集成了排水管道的预制混凝土底拱进行衬砌，在倾斜段设有台阶。

4. 工程施工

隧道入口的施工开始于 1997 年 8 月，但是在掘进了 35.5 m 后被弃用。因为根据掘进机专家的意见，遇到了地质条件为辉绿岩岩脉，其单轴抗压强度达 237 MPa，隧道一侧有平行走向的断层，另一侧有大块的重型砂岩，以及隧道采用转弯半径 40 m 曲率，使得 TBM 掘进在技术和经济上都存在问题。所以隧道入口剩余段采用了钻爆法施工,通过辉绿岩岩脉后,再次将 TBM 组装后,进行控制和疏水隧道的掘进,其路径正好在坝基和基岩接触面上。在地质调查中估计会遇到的断层带被确认,相关区域岩体破碎严重,这些区域不得不采用带垫板的支护方式。虽然遇到许多困难,但 TBM 还是达到了令人满意的掘进速度。在 1998 年底进行 TBM 拆解后,完成隧道清理和隧道底拱的安装,在疏水隧道内安装预制混凝土构件,在接头和隧道入口段采用现浇混凝土支护。

16. 1. 2　Manapouri 电站排水隧道

1. 工程概况

Manapouri 水力发电站位于新西兰南岛,利用上部的 Te Anau 湖和下部的 Manapouri 湖之间存在的 180 m 高的水头进行发电。Manapouri 隧道工程是电站改扩建工程,需新建一条长约 9.8 km 的水下隧道,从而将 Manapouri 地下发电厂发电后的尾水排入大海。采用一台直径 10.05 m 的撑靴式 TBM 掘进隧道总长中的 9.6 km 部分。

隧道入口位于海平面以下 5 m,掘进开始的一段为下坡,高度从海拔 370 m 降低到海平面下 43 m,坡度为 12.5%,隧道的其余部分位于海平面以下 43 m 到 15 m 之间。

2. 地质和水文条件

隧道工程位于所谓的"神奇湾"地带,掘进段中存在一个复杂的变质岩和深成岩的地层序列,变质岩包括片麻岩、石灰硅酸盐、石英岩、角闪石和大理石,深成岩由闪长岩、辉长岩、正长岩、花岗岩、伟晶岩和各种各样的黑格斯汀岩石组成。

该构造由 Great Alpine 断层支配,隐没带超过 2 000 km,走向平行于海岸方向并且处于隧道工程附近。隧道需穿越七个主要破碎带,大多数为高角度分布,在这些构造影响下,隧道所穿岩体受到主应力强烈影响,主应力为 16~30 MPa。

节理与地层一样变化很快,隧道断面内的岩石变化顺序与块状岩体相吻合。

测得的岩石单轴抗压强度略小于 300 MPa,不同区域的岩石力学性质差别较大,这对隧道掘进会有重大的影响,预测隧道涌水量达到 1 100 L/s,这在实际掘进中也出现了。

3. 掘进工艺及装备选择

在其他工程项目中,一般允许承包商自主选择掘进方法和相适合的掘进设备。本项目则在招标书中限定了隧道的掘进方法和 TBM 的详细技术参数,包括设备的一些结构细节,比如平面刀盘、禁用电液驱动及刀盘转速等。正如其他许多工程项目一样,主流的 TBM 专业制造商,纷纷参与了此项目的投标准备工作。

在 Strabag 领导下的 ILBAU 财团,决定购买 Atlas Copco 和 Robbins 联合生产的一台新的撑靴式 TBM,见表 16-1,如图 4-1(a)和图 16-4 所示。

图 16-4 为位于隧道入口前的单撑靴式 TBM 现场照片,可以看出在掘进开始阶段隧道是向下倾斜的,TBM 在定子区域只有一个相对较短的护盾,它的尾部格栅是固定的,同时可以穿过尾部格栅进行锚杆支护。

由于隧道开始段存在向下的陡坡,掘进过程排出的岩渣,无法采取轨道或者自卸汽车运输。为此,选择了带宽 900 mm,具有 800 t/h 运输能力的高性能带式输送机(如图 16-5 和图 16-6 所示)。

因为预测地层涌水量很大,对 TBM 的后配套进行了特殊配备,布置在紧随 TBM 供给单元的后部在轨道上运行(如图 16-5 所示),其余的后配套也在轨道上运行,并依靠隧道拱顶的锚杆固定。

表 16-1　Manapouri 电站隧道采用撑靴式 TBM 技术参数[128]

类别	单位	规格
撑靴式 TBM 型号	—	323-228
采用新滚刀时的掘进直径	m	10.05
主轴承	—	三圈推力滚子轴承
滚刀类型	英寸	17(Robbins 楔形刀座)
滚刀数	把	68
每把滚刀最大推力	kN	267
额定推力	kN	18 156
刀盘驱动方式	—	电力
电机功率	kW	11×315
主驱动功率	kW	3 465
刀盘转速	r/m	5.07/2.53
扭矩(对应转速 5.07 和 2.53 r/m)	kN·m	6 344/9 516
装机容量	kV·A	5 000
推进行程	mm	1 830
皮带宽度	mm	1 370
皮带运输能力	m³/h	1 388
皮带伸缩长度	m	2 300/2 483
总重	kg	925 000
最重单件	kg	96 000

图 16-4　Manapouri 电站排水隧道采用撑靴式 TBM 侧视图[163]

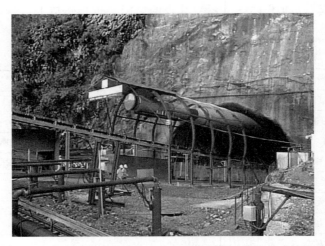

图 16-5　水下隧道开始段较大角度岩渣倾斜运输的带式输送机

图 16-6　运行在较陡坡道上工作的带式输送机和 35 t 牵引机车

4. 工程施工

1998 年 4 月 TBM 开始组装,2 个月后进行正常掘进。从 1998 年 6 月开始到 2000 年 9 月底结束工作,Manapouri 电站隧道施工统计[163]如下:

(1)平均日进尺:9.8 m。

(2)最高日进尺:37.7 m。

(3)最高月进尺:603.0 m。

(4)最高纯推进速度(单行程):3.5 m/h。

(5)最低纯推进速度(超过一个行程,额定压力推进):0.4 m/h。

数据的大幅度变化反映了地质条件的大幅度变化,除了较短的隧道段,大部分隧道的掘进断面由两种及以上不同类型的岩石类型构成。不过即使在第一段隧道施工时,斜长约 730 m、坡度 12.5% 的条件下,平均掘进速度仍达到 9.6 m/d。现场各工序工作用时的百分比,如图 16-7 所示,可以看出大量的时间被用来修复刀盘和更换滚刀,这是由于掘进路径中出现的多变地质条件造成。

多变的岩体条件对硬岩掘进的影响甚至超过了软岩。掌子面上出现多种类型的岩石,也就使得掘进中刀盘要同时破碎不同级别的可钻性岩石,导致较高的动态载荷出现,甚至会出现接近 TBM 工作极限,以及刀盘和整体机身的极大振动。在这种情况下,单把滚刀上发生的动态载荷甚至会达到额定值的 10 倍,现场实践经验表明,尤其是对刀盘实际损坏状况的分析,也证实了这一点。

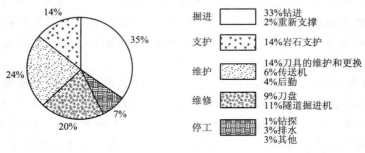

图 16-7 在隧道掘进期间各项工作用时所占百分比[163]

这台掘进机采用的是直径为 432 mm(17″),额定荷载为 267 kN 的盘形滚刀。这相当于推进压力达到了 23.1 MPa,设备启动后,TBM 的油缸压力为 24 MPa。但由于掌子面所遇到的混合岩石,这种大小的压力很少能应用到。在大多数情况下,操作者需要手动降低推进压力,以降低对刀盘和滚刀的振动和损坏。尽管如此,在掘进约 2 km 后,刀盘开始出现裂纹,刀座周围更加明显。最后,几乎所有的刀座都被重新加固,并对刀盘进行维修。

硬岩掘进中滚刀的更换是造成停机时间多的一个重要因素(如图 16-7 所示)。由于滚刀的数量随着掘进直径的增大而增加,对刀盘的检查和滚刀更换所花的时间越来越多。虽然大直径 TBM 相应的维护空间比小直径设备要大,但在刀盘的两处以上位置进行检查或更换工作也难以实现,如对刀盘四分之一部分进行检修时,其余四分之三的刀盘是无法同时工作的。

如图 16-7 所示,在整个施工周期内,14% 的时间用于了滚刀的检查和更换。由于 TBM 的掘进工作时间和滚刀工作的时间相同,一般在 55% 左右,在此工程这一比例降低了 20%,这就意味着这一时间不会与掘进的时间成正比上升。这是因为随着 TBM 使用时间的提高,必须更换的刀具数量也会增加。在超过 3 300 次刀具的更换后,经过统计,检查及更换滚刀所花的时间平均为 44 min。刀盘的边刀所承受荷载已经明显超出其设计能力,它们已经在 TBM 设计的最大应力界线上运行,同时旋转转速和切削角组合也对滚刀不利。

现在用以破碎磨蚀性岩石的滚刀材料为硬质合金钢,如 H13(ASTM)。现场对所有知名制造商的滚刀和不同形式的滚刀进行测试,包括对非常规应用的材料,以及一些不知名制造商的滚刀进行的测试表明,对于后者的尝试全部失败了。一般来说,知名制造商的产品具有较长的使用寿命,但与现代 TBM 的性能并不能完全匹配,受到正常的荷载时这些滚刀的刀圈应力已超过了屈服极限或已经发生碎裂。

岩体支护时间,如图 16-7 所示,占到了掘进周期的 14%,这些由支护造成掘进中断是由围岩较短的自稳时间造成的。实际施工中,整个支护工作需要的时间,除了这 14% 以外还有很多,但是大部分的支护措施可以在掘进过程中同时进行。在多变的岩体条件下,最初设计的四个支护标准断面已不能满足要求。随着隧道长度的增加,标准支护断面的数量也增加,生成此报告时,这个数字至少增长到了 8 个标准支护断面。此外,在掘进后采取的合同外支护措施也有大量增加。

地层涌水对掘进过程造成的影响特别复杂。在本项工程中,根据前期掘进经验和地质预测,预计地层涌水量达到 1 100 L/s,实际施工证明预测准确。在掘进机区域,也就是掘进隧道的前 30 m,测量的涌水量最高可达 520 L/s。在这样的涌水条件下,即使是大直径的掘进,施工也变得越来越困难。主要问题在于滚刀破碎的粉细岩渣,在掘进时有时会被冲出刀盘,还有的石渣在带式输送机的皮带上被冲落,在隧道底拱形成近 1m 高的渣堆。在这种情况下,应用传统的布设于铁轨上的后配套系统运行变得很困难,因此,这些岩渣不得不采用轮式装载机和高倾角带式输送机不停在隧道底部进行清理。虽然 TBM 的掘进遇到了诸多困难,但从来没有因故停机超过几个小时(如图 16-8 和图 16-9 所示)。

此外,本项目合同中的一项条款也阻碍了 TBM 的推进。这一条款要求,钻 2 个直径为 150 mm 超前的泄水孔,其目的是降低水位,从而减少刀盘区域内的水流入,但这一方案并不成功。事实恰恰相反,因为周围的岩体通过泄水孔向隧道中补充注入了更多的水。

精确测量如此大的水流量也不是很简单的任务。经典的测量堰仍然是最简单的解决方法,在隧道底拱中安装了一个具有直角堰的圆形铝制围堰,精确记录了水的流量,测量频率为每半小时一次。

总之,勘察和泄水孔钻进和排水工作消耗掉了 34 个完整的工日,这对进度造成了负面影响。为了改善岩体条件、降低施工风险,需要采取更多必要额外的措施,如注浆。Manapouri 隧道工程 TBM 上采用的这种后配套系统,保证了有足够的空间来清理隧道底部淤渣和控制涌水,减少了因此造成的停工。由于不利于 TBM 的连续掘进,所以不建议利用超前钻孔的方法泄水。

图 16-8　TBM 在后配套区域的地层涌水

图 16-9　隧道里的积水状况

5. 施工总结

地处坚硬岩体中的 Manapouri 水底隧道,掘进直径为 10 m,掘进长度为 9.6 km,在直径和长度方面都远未创下纪录。但是这个项目在技术和经济可行性方面做出了积极的尝试。

即便从今天的认知看,选择一台新的撑靴式 TBM 理念,明显超出了成本效益的限制。TBM 操作的成本无法与从两个入口开始的现代钻爆法相比,即使是在合同中不允许使用的二手 TBM,钻爆法在时间和设备上的花费也要少得多。

站在现场项目经理的观点,纯粹的经济角度来看,第二个最好的方案就是采用连续管片衬砌的护盾式 TBM。虽然不用提高掘进机效率,这种方法可以不用考虑围岩自稳时间,通过省略掉后面的支护来节省作业时间。

通过对以往的隧道掘进进行分析,对后来的项目和新机器的规划提供了丰富的经验。除了关于撑靴式 TBM 或护盾式 TBM 的选择外,未来在硬岩中的机械破岩掘进面临两大问题:

(1)以往的经验表明,如需在 Manapouri 发现的极端岩体条件下掘进,所用刀盘必须进行优化。如果不能从刀盘后面更换滚刀,那么掘进像 Manapouri 这样的隧道是不可思议的,现今这已经成为掘进坚硬岩石隧道的标准设计(刀盘后更换滚刀)。另一方面,这种在刀盘后方更换滚刀的方式会使刀盘的结构更加复杂,这自然会影响刀盘的刚度。与球型刀盘相比,直径为 10 m 的垂直平面型刀盘在结构上有明显的缺陷。一个球形的轮廓也能使负载更均匀地分布到刀具上。但是业主对所用机型的指定已经细化到一定程度,往往会指定采用垂直平面刀盘。应用垂直平面刀盘就需要对其做出相应的刚性设计。

(2)目前的工艺水平下,盘形滚刀一般由合金钢制造。随着今天设备性能的提高,在性能卓越的掘进机中,所施加到滚刀上的荷载已经超过了钢的屈服点,从而滚刀的磨损限制了机器的净贯入度。如今流行的大直径滚刀和高接触压力,并未带来太大性能提升,因为净贯入度是由最大表面压力决定的,最大表面压力又受限于钢的屈服强度。

16.2 护盾式 TBM 隧道工程案例

16.2.1 意大利 San Pellegrino 隧道

1. 工程概况

San Pellegrino Terme 的辅路主要部分是一个 2 300 m 长的隧道,中间穿越一个 50 m 宽的峡谷,将隧道分成长度分别为 1 700 m 和 600 m 的两段。为了保护邻近的 San Pellegrino 泉水,隧道的掘进分为两个步骤,首先采用 TBM 掘进一个直径为 3.9 m 的超前导洞,然后通过钻爆法将其扩挖成形。在超前导洞完成后,为了保护泉水,又改用护盾式 TBM 扩挖掘进。

2. 地质和水文条件

这两段隧道穿过的岩石为石灰岩,被称为卡斯特曼(Castro)石灰岩,是一种坚硬的石灰石,以及一种不太硬的佐尔齐诺(Zorzino)石灰岩,含有对空气和水敏感的矿物成分。不同石灰岩类型之间的过渡带受到强烈的扰动,如图 16-10 所示的是两种石灰岩过渡段的断层地带,扰动所形成的断裂带水平宽度约为 10 m,其特点是强风化岩石与黏土夹杂物。

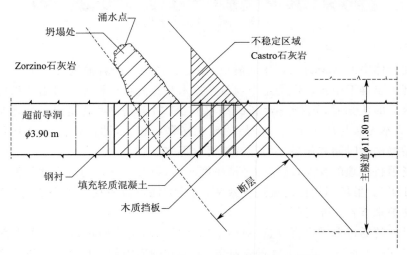

图 16-10 两种岩层过渡段出现的断层带[116]

断裂带的涌水在掘进初期为 10 L/s,在掘进过程中上升到了 20 L/s。

3. 施工工艺及装备选择

为保护 San Pellegrino 泉水,钻爆掘进超前导洞和钻爆扩挖的方案被否定,后来选用直径

3.9 m 的 Robbins 公司的撑靴式 TBM 用于超前导洞掘进。

整个隧道最终断面由 Herrenknecht 公司的护盾式 TBM 掘进,其刀盘直径为 11.82 m,如图 3-4(a)所示,采用管片衬砌,衬砌环由六片管片拼装而成。

4. 工程施工

导洞利用一个撑靴式 TBM 掘进,整个过程没有遇到很大的困难,在掘进局部隧道段出现喷水现象。隧道中有数段采用了钢拱架支护,总长约 120 m。

在护盾式 TBM 掘进之前,必须把超前导洞内的钢拱架拆除。支护拆除后,岩石暴露在潮湿空气中整整两年时间,围岩出现了脱落和破裂现象。

出于安全考虑,在部分安装钢拱架的隧道段,更换成了塑料制锚杆、喷射混凝土和木材进行支护。

在 Castro 石灰岩到 Zorzino 石灰岩过渡区域的关键位置(如图 16-10 所示),由于断层中的地下河的影响,在导洞中发生了大约 30 m³ 的塌陷。

为了保护 San Pellegrino 泉水,不能采用合成树脂注浆或塑料泡沫回填治理。塌方段及 12 m 长的隧道段,最终采用轻质混凝土回填,采用水泥注浆方式完成。其余的钢拱架支撑,在回填之前已经用聚苯乙烯包裹,所以也必须被分段切割,并采用人工从护盾式 TBM 的顶部艰难地运送出来。

在护盾式 TBM 开始掘进断层带时,垮落的岩石已经非常潮湿。导洞的回填材料仅占整个 TBM 掌子面面积的 12%。岩渣的沉积使掘进速度变慢,以至于在 11 h 内,掌子面变得不稳定,并堵塞了 TBM 的刀盘。多次解救刀盘的尝试失败后,决定钻探测孔来详细调查塌方区域。

1)钻探结果如下:

(1)护盾部分仍处在良好的 Castro 石灰岩中。

(2)断层构造在隧道拱顶附近有 7~8 m 厚的破碎带。

(3)断层带由一层黏土和一层强风化的石灰夹杂物组成。

(4)坍塌区域之后是 Zorzino 石灰岩,它远没有 Castro 石灰岩稳定,因为它对水很敏感,但更容易被掘进。

(5)涌水量比较稳定,大概为 10 L/s。

2)根据当前存在的难题,首先采取以下一系列措施:

(1)钻孔用以排水和注浆。

(2)从 TBM 向塌方区域中注入 Wilkit 发泡材料,以控制断层和 TBM 周围的围岩出水,并改善岩层的地质力学性能。

(3)从 TBM 实施双管棚超前支护,作为再次推进的保护措施。

(4)从隧道的另一侧对超前导洞进行挂网喷浆快速修复,以便能够从导洞上实施对断层带的处理,这一措施是非常必要的,因为原有的钢拱架支撑已经被拆除。

虽然从 TBM 所采取的断层治理措施,所花了的时间比预期更长,但对导洞的整修却进展得很快,到九月底达到距离 TBM 约 14 m 的距离,已经抵达断层带位置。导洞的另一次塌方,迫使人们改变治理方法,采用了地层冻结法。从导洞扩挖的拱顶区域实施冻结,冻结的目的是从稳定的 Zorzino 石灰岩到在护盾之上的 Castro 石灰岩间形成一个连接冻结体,这种覆盖坍塌区域帷幕措施最终使 TBM 顺利穿过破碎带(如图 16-11 所示)。

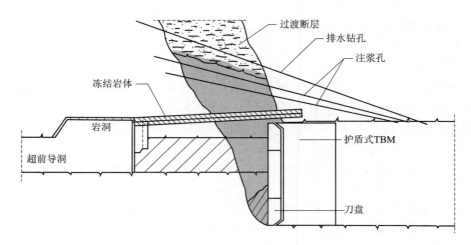

图 16-11　从超前导洞岩洞到护盾是 TBM 刀盘和护盾上方冻结方案[116]

　　在刀盘被阻塞 9 周后，扩挖开始，扩挖半径为 6.5～7.0 m，其范围为从导洞的中线到隧道横截面的中心线，长度约为 8 m。扩挖工作按每米标段来进行。最终扩挖超出预定长度 1 m 的位置结束。支护措施包括钢拱架（INP160 双梁，加宽支架），以及钢筋网、喷射钢纤维混凝土。

　　冻结法的目的是建立一个半球形的冻结体，其长度大概为 22 m，最小厚度 80 cm。要做到这一点，需要钻 48 个冻结孔并插入冻结管（直径 101.6 mm，壁厚 12.5 mm），将围岩和管道之间的间隙采用水泥固管，然后将冷冻供液管插入冻结管并注入冻结液。这项工作比计划中多花了更多时间。直到两个月后，设备才安装完毕具备开始冷冻工作条件。

　　采用液氮进行冻结，虽然不能完全达到预期冻结尺寸，但是可以在 14 d 内形成一个冻结壁（如图 16-11 和图 16-12 所示）。

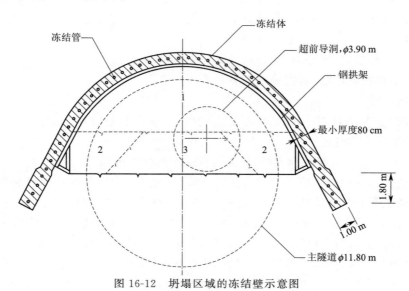

图 16-12　坍塌区域的冻结壁示意图

从超前导洞的临时硐室开始的冻结体的 15～17 m 段,很快就成功形成冻结帷幕。在有流动水的坍塌区域,即使加强冻结能力,也未能达到冻结体的预期厚度。TBM 工作时,排水系统和密封措施也不完全有效(如图 16-11 所示)。

冻结开始两周后,在冻结体的保护下,从导洞开始掘进主洞的拱顶部分,经过三周时间的小心开挖,掌子面掘进到 TBM 的刀盘前部。坍塌物和注浆物质严重阻挡了刀盘,所以必须对刀盘附近区域进行彻底的清理。在被迫停止工作 181 d 后,刀盘最终被解救出来。通过支护区域后,掘进机在 Zorzino 石灰岩地带再次获得了较高的掘进速度。

16.2.2 Zürich-Thalwil 隧道

1. 工程概况

在瑞士"铁路 2000"计划中,为了改进 Zürich 湖左岸的现有铁路状况,需要建造一条全新的双轨铁路以应对日益增加的列车数量。这条铁路全长 10.7 km,从 Zürich 的 Langstrasse 开始,穿过 Seebahn 和 Lochergut 后进入一条长度为 9.4 km 处于 Allmend Brunau 之下的隧道,最终达到位于 Thalwil 南部的隧道入口。在那里,新的双轨将在 Thalwil 铁路车站之前并入到现有的 Seebahn 线。

隧道全长 5.7 km,其终点为 Nidelbad 的连接线,断面设计形式为双轨隧道(如图 16-13 所示)。最小的转弯半径约为 8 000 m,爬坡坡度为 5.3‰。处于磨拉石地层的双轨隧道,理所当然的采用了典型的瑞士护盾式 TBM 掘进工法,如图 15-2(b)所示。

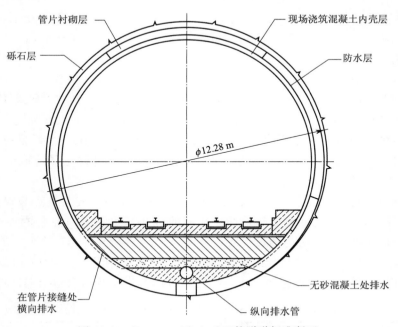

图 16-13　Brunau—Thalwil 双轨隧道标准断面

从 Thalwil 的 Seebahn 连接线开始,首先采用两个单轨隧道,然后从 Nidelbad 的连接开始,合并为双轨隧道。从 Nidelbad 连接结构开始延续的双轨隧道,即 Zimmerberg 基地隧道,也是阿尔卑斯通途(AlpTransit)项目计划的一部分。

2. 地质和水文条件

新的 Zürich-Thalwil 隧道,从 Zürich 开始首先穿过 Sihl 河的沙砾层,地层内含有冰川湖沉积物和冰碛物,之后通过淡水磨砾地层上部(如图 16-14 所示)。

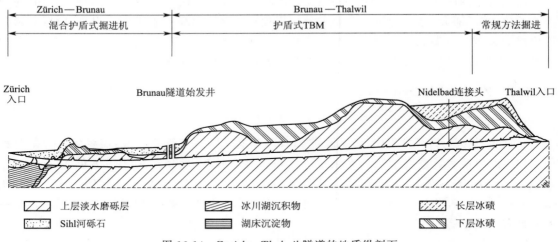

图 16-14　Zürich—Thalwil 隧道的地质纵剖面

此处的淡水磨砾地层,具有泥灰、砂岩和粉砂岩等夹层。隧道一直延伸 Brunau 竖井位置后接近地表,第一个深覆层段出现在 Brunau-Thalwil。

Sihl 河沙砾层就像是一个很大的地下水库。在 Brunau 竖井前的浅覆层的地下区域,也有一个地下湖。从 Brunau 竖井到 Thalwi 河的磨拉石被证明是完全干燥的,只有少数几个地方有少量的水流入。

3. 施工工艺及装备选择

Zürich 到 Brunau 段隧道具有多变的地质条件,注定要采用混合型护盾式 TBM,它可以作为一个护盾式 TBM 或者是一个防水护盾式 TBM 使用。从 Brunau 到 Thalwil 隧道段完全位于磨拉石地层中,护盾式 TBM 以直径 12.35 m 掘进了超过 5.7 km。然后采用钻爆法将单轨分支隧道连接到已存在的 Thalwil 轨道上,在第 11 章中,已经讨论了 Thalwil 隧道交叉段(Nidelbad 交叉段)的扩挖施工案例。

两个主隧道工程都是从位于 Brunau 的两个竖井开始掘进。安装地点与附近公路和铁路连通,所有建筑材料都是通过火车运输的。北部的竖井开始主要用混合护盾式 TBM 掘进。南部竖井用于向东朝 Thalwil 方向掘进[81]。

从 Brunau 到 Thalwil(项目合同第 3.01 节)的标段,采用了一台全新的 Herrenknecht 公司的护盾式 TBM,是专门针对这些岩体条件设计的。表 16-2 为这台隧道掘进机的参数。

表 16-2　**Brunau 到 Thalwil 段护盾式 TBM 参数**(参照项目合同第 3.01 节)

类别	单位	规格
护盾式 TBM	型号	S-139
总长	m	170
装机容量	kV·A	3 300

续上表

类别	单位	规格
驱动类型	—	电动
掘进直径	m	12.35
主驱动功率	kW	1 320
刀盘转速	r/min	1.95/3.9
最大刀盘推力	kN	16 625
最大推力	kN	63 700
滚刀数量	把	76
滚刀直径	英寸	17″
护盾直径	m	12.29
护盾长度	m	7.96
管片宽度	m	1.7
总质量	kg	1 700 000

护盾式 TBM 只有一个短盾,刀盘配有可调整的前铲斗。早期的 TBM 掘进中,采用带式输送机取得较好效果,考虑竖井垂直输送的问题,说服财团建立了一个运输能力为 1 000 t/h、皮带宽度为 1 000 mm 的带式输送机系统,用于岩渣的高效输送。

4. 工程施工

1997 年 9 月,分别掘进了直径 22 m 和 20 m,深度 30 m 的进出洞竖井,到 1998 年 2 月和 5 月,分别完成竖井内向两个方向长度 12 m 的始发隧道。1998 年 6 月,TBM 开始装配。这大概花费了 3 个月的时间,其中大部分时间还是两班制(如图 16-15 所示)。

图 16-15　将配有驱动装置的中央部件装配到组装好的定子中(顶部护盾尾部格栅)

1998 年 9 月开始隧道掘进,开始进尺速度很慢,到 11 月中旬,进尺达到一定长度,后配套和带式输送机系统开始安装。1999 年 2 月,掘进工作正常有序进行,很快达到了非常高的进尺速度和月进度(如图 16-16 所示)。1999 年末,双轨部分也完成了。拆除了掘进系统后,开始在单轨隧道中进行钻爆法掘进[17]。

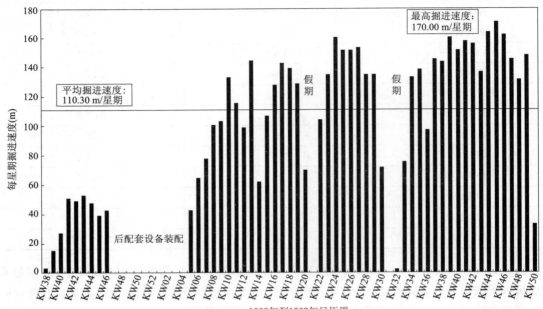

图 16-16　Brunau－Thalwil 段护盾式 TBM 的推进速率[116]

16.3　双盾式 TBM 隧道工程案例

16.3.1　Cleuson-Dixence 电站压力管道

1. 工程概况

为扩展 Cleuson-Dixence 水力发电站能力,在 1993～1998 年增加建造一个水头为 1 883m、流量为 75 m^3/s 发电站,为此需建造一条压力管道井。压力管道井为斜井,部分位置的坡度可达 68%。

2. 地质和水文条件

斜井地层处于 Great St. Bernhard 德克组和 Sion-Courmayeur 地层带。从上部 F4 支洞高程到底部的 F8 支洞高程,斜井穿过的岩层描述,如图 16-17 所示。

(1)Verrucano:千枚板岩和白云石。

(2)地表三叠纪:硬石膏、石英石、白云石。

(3)地表石炭层:云母片岩、硬石膏和白云石。

(4)中层三叠纪:云母片岩夹层。

(5)下层石炭层:云母片岩和硬石膏、石灰和白云石。

(6)"Du télégraphe"角砾岩:细无水石膏角砾岩。

(7)"St. Christophe"砂岩和板岩。

总的来说,斜井地质条件复杂,在这种地质条件下进行掘进施工很困难。根据 SIA 198 的分类,岩体分为Ⅲ级和Ⅴ级。

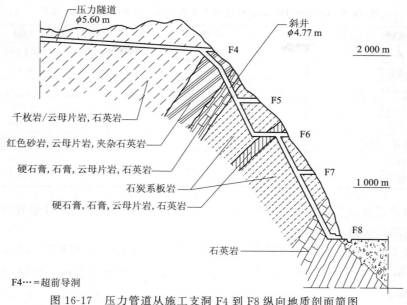

图 16-17　压力管道从施工支洞 F4 到 F8 纵向地质剖面简图

3. 施工工艺及设备选型

处于 Verrucano 地层中的井筒段,在项目计划阶段被评估为难以采用机械化掘进岩石,确定从 F4 施工支洞向下采用钻爆法施工,并进行了相应的招标和施工组织。从 F8 施工支洞以上,三叠纪到 Verrucano[77] 之间的所有井筒段,采用双盾式 TBM 机械破岩掘进(如图 16-18 所示),为此购买了一台 Robbins 公司的双护盾式 TBM 来完成这项工程,见表 16-3,以及如图 16-4 和图 3-3(b)所示。

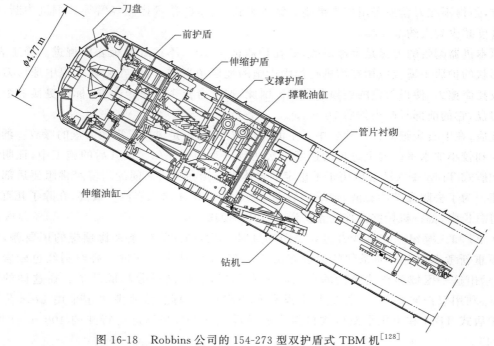

图 16-18　Robbins 公司的 154-273 型双护盾式 TBM 机[128]

表 16-3　Cleuson-Dixence 电站采用的双护盾式 TBM 主要技术参数

类别	单位	规格
护盾式 TBM	型号	154-273
掘进直径	m	4.77
主驱动功率	kW	1 260
刀盘推力	kN	6 800
重量	kN	40 000
钢筋混凝土管片	片/环	6 片管片＋1 块封块
内径	m	4.0
主轴功率	kW	1 000

由于压力管道坡度变化较大,所以并不适合采用水力输送岩渣。经过研究最终决定采用提升机牵引的轨道运送石渣。

采用内径 4.0 m、壁厚 30 cm 钢筋混凝土管片作为井筒支护,单环长度 1.2 m 衬砌环由七块组成,其中 6a 和 6b 为梯形的封块,都具有 60°的圆心角以拼装契合成一整体。

4. 工程施工

为了进行 TBM 和后配套的装配,从 F8 位置以 68％的坡度,采用钻爆法掘进出一个始发井筒段,底部的硐室为 TBM 的装配提供了足够大的空间,同时也有一个装配平台作为 TBM 的始发平台,始发平台可以向上倾斜,使 TBM 轴线和井筒的轴线方向一致。

1994 年 6 月,掘进系统准备好进行斜井井筒掘进。开始掘进时平均进尺速度稍高于 7 m/d。由于材料缺陷,TM630 主驱动的冠状齿轮有几处出现断齿。这一维修相当复杂,需要将配件分解为 10 部分后运入组装,这一变故打断了掘进工作,前后持续 3 个多月。

随后事实证明在石炭系和三叠纪地层中掘进困难。为了应对刀盘前以及护盾上方的涌水与塌方,不得不在刀盘前采用加固措施。钻排水孔、化学注浆等措施经常导致掘进中断,使得掘进进度减少到大约 3 m/d。

原本机器配备的刀盘是半球形的,处在护盾前 1.9 m,不适合在板岩中掘进。施工表明,这种形状的护盾不适合应用在需进行加固措施的地层中掘进,因为在旋转过程中球形刀盘会产生较高摩擦力,使得刀盘的磨损非常快。因此,这家合资企业决定在 F6 标段更换一个新的平面刀盘,它的前部只凸出护盾 70 cm。

其后,在上石炭纪的云母片岩中发生的垮塌减少,这正是应用了平面刀盘的缘故。涌水量也减少到较小的水平。向上进尺的速度再次达到可观的 8 m/d。在其后的施工中,证明了此类双护盾式 TBM 不太适合应用于不稳定的岩体中。挡在护盾之间的岩渣经常阻碍后部撑靴的收缩。为了去除黏结的石渣,伸缩护盾必须被拆分几次来清除岩渣。最终,在除了几百米外的隧道总长中,掘进机始终是作为单护盾式 TBM 使用。

在 F5 和三叠纪～红色砂岩边界之间掘进时,所遇到的岩体条件比预想的还要差,因此不得不重新考虑适合地质条件的掘进方法。在 F5 位置钻进了穿过三叠纪到红色砂岩的探孔,显示出这一区域存在破碎性的白云石和石英岩,它们已经分解成砂了。在这样的岩体条件下,利用双护盾式 TBM 掘进几乎没有希望成功。因此,该企业决定采用 Lova 公司的一台护盾式 TBM 和土压平衡盾构机组合的护盾式 TBM,来掘进这特殊的 400 m 斜井(见表 16-4)。

表 16-4　Cleuson-Dixence 电站混合护盾式 TBM 主要技术参数

类别	型号	类别	型号
单护盾式 TBM	TBM/EPB	护盾长度	7.0 m
掘进直径	4.4 m	总质量	145 000 kg
滚刀	23 × 15″	管片	钢制管片
刀盘驱动	电动		

　　从 F5 层开始,400 m 长隧道的 2/3,适合采用敞开式 TBM 掘进。剩下的约 100 m 的长度由白色细石英砂构成,在这一段竖井,作为土压平衡盾构机,Lovat 的 TBM 被证明是非常适用的。在这 400 m 长的竖井中,平均进尺速度为 5.8 m/d。

　　该段斜井的支护,由轧制型材 HEA 160 的钢制管片和 4 mm 厚的钢板组成。一个衬砌环由七个管片和一个封块组成,衬砌环的宽度为 1 m。为了在斜井上撑住 TBM,其剖面与 HEA 160 型的 24 个纵向支撑连接在一起。他们承载了 24 个推力油缸合计 22 800 kN 的掘进机推力(如图 16-19 所示)。

图 16-19　Lovat 公司的混合护盾式 TBM 掘进并完成钢衬的一段井筒

　　在承包商的非凡努力下,第二个斜井中采用 TBM 的同步施工,使得压力管道工程于 1996 年 11 月按时完成。

　　5. 施工总结

　　压力斜井中掘进机的应用,超越了多学科的技术边界,也超越了经济效益及相应的合同框架的边界。

　　在原电站的扩建过程中,斜井标段作为重要工程,原计划以目前的斜井掘进方式进行掘进,当时被认为是不实际的,合资企业抓住了这个机会成功获得了这个项目的合同。在施工过程中,球型刀盘的形状被证明是不合适的,而且,双护盾式 TBM,虽然经常被人称赞它的优点,但在此项目中的应用并不成功。

　　和 TBM 工法相比,采用钻爆法来掘进隧道,在同等的成本、进度和安全等条件之下,效率相对较低。相应地,此工程项目中合同双方还必须订立适宜合同条款,以期获得双赢。

参 考 文 献

［1］ ALBER M. Geotechnische Aspekte einer TBM-Vertragsklassifikation. Diss. TU Berlin. Berlin: Mensch und Buch 1999.

［2］ ANHEUSER L. Neuzeitlicher Tunnelbau mit Stahlbetonfertigteilen. Beton-und Stahlbetonbau 1981.

［3］ ARGE ADA(Atlas Druckstollen Amsteg):Company information.

［4］ Asea Brown Boveri(ABB):Company information.

［5］ Atlas Copco:Company information.

［6］ AYAYDIN N. Entwicklung und neuester Stand der Gebirgsklassifizierung in Österreich. Felsbau 12 (1994),No. 6,413-417.

［7］ BARTON N. TBM Tunnelling in jointed and faulted rock. Rotterdam:Balkema 2000.

［8］ BARTON N,LIEN R,LUNDE J. Engineering classification of rock masses for the design of tunnel support. Rock Mechanics 6(1974),No. 6,189-236.

［9］ BAUMANN L,ZISCHINSKI U. Neue Lösungen und Ausbautechniken zur maschinellen,,Fertigung" von Tunneln in druckhaftem Fels. Felsbau 12(1994),No. 1,25-29.

［10］ BAUMANN Th. Tunnelauskleidungen mit Stahlbetontübbingen. Bautechnik 69(1992),No. 1,33-35.

［11］ BECKMANN U. Einflussgrößen für den Einsatz von Tunnelbohrmaschinen. Diss. TU Braunschweig. Mitteilungen des Instituts für Grundbau und Bodenmechanik,No. 10. 1982.

［12］ BESSOLOW W,MAKAROW O. Erfahrungen beim Vortrieb des Severomuisk-Tunnelsan der Baikal-A-mur-Magistrale. In: Probleme bei maschinellen Tunnelvortrieben Tagungsb and Symposium TU München(1992),163-174.

［13］ BIELECKI A,SCHREYER J. Eignungsprüfungen für den Tübbingausbau der 4. Röhredes Elbtunnels, Hamburg. Tunnel 15(1996),No. 3,32-39.

［14］ BIENIAWSKI Z T. Engineering rock mass classifications. New York:Wiley 1989.

［15］ BIENIAWSKI Z T. Geomechanics classification of rock masses and its application in tunneling. 3. Kongreû der IGFM. Advances in Rock Mechanics,Vol. IIa,27-32. Denver:1974.

［16］ BLS AlpTransit AG:Lötschberg-Basislinie. Project information.

［17］ BOLLIGER J. TBM-Vortriebe beim SBB-Tunnel Zürich. Thalwil. Felsbau 17(1999),No. 5,460-465.

［18］ BRAND W. Entwicklung des maschinellen Vortriebs:Ein Vergleich von Steinkohlenbergbau und Tun-nelbau. In:Forschung+Praxis 30,Düsseldorf:Alba 1986,76-82.

［19］ BRUNAR G,POWONDRA F. Nachgiebiger Tübbingausbau mit Meypo-Stauchelementen. Felsbau 3 (1985),No. 4,225-229.

［20］ BRUX G. Tübbinge aus Stahlfaserbeton zur Erprobung. Eisenbahningenieur 49(1998),No. 11,80-81.

［21］ BÜCHI E. Einfluss geologischer Parameter auf die Vortriebsleistung einer Tunnel bohrmaschine. Diss. Universität Bern. Self-published 1984.

［22］ BÜCHI E,MATHIER J. -F,WYSS Ch. Gesteinsabrasivität. ein bedeutender Kostenfaktor beim mecha-nischen Abbau von Fest-und Lockergestein. Tunnel 14(1995),No. 5,38-44.

［23］ BÜCHI E,Thalmann C. Wiederverwendung von TBM-Ausbruchsmaterial. Einfluss des Schneidrollenab-standes. In:TBM-Know How zum Projekt NEAT,AC-Robbins Symposium Luzern 1995.

［24］ Bundesministerium für Verkehr:Zusätzliche technische Vertragsbedingungen undichtlinien für den Bau von Straßentunneln,Teil 1,Geschlossene Bauweise. 1995.

[25] BUVELOT R,JONKER J,MAIDL B. Die Schildtunnel der Betuwelinie;Erfahrungenmit einem neuartigen Ausschreibungs-und Vergabeverfahren. In;Forschung +Praxis 37. Düsseldorf;Alba 1998,26-30.

[26] CORDING E. J,DEERE D. U,HENDRON A. J. Rock engineering for underground caverns. Symposium on Underground Rock Chambers. Phoenix;1972.

[27] DAHL J. Anwendung des Stahlfaserbetons im Tunnelbau. In; Fachseminar Stahlfaserbeton, 04. 03. 1993. Institut für Baustoffe,Massivbau und Brandschutz,TU Braunschweig,No. 100,1993.

[28] DAHL J,Nuß baum G. Neue Erkenntnisse zur Ermittlung der Grenztragfähigkeitim Bereich der Koppelfugen. In;Taschenbuch für den Tunnelbau 1997. Essen;Glückauf 1996,291-319.

[29] Deutsche Bahn AG;Richtlinie 853. Eisenbahntunnel planen,bauen und instand halten. 1998.

[30] Deutsche Gesellschaft für Geotechnik(Hrsg.); Empfehlungen des Arbeitskreises Tunnelbau(ETB). Berlin;Ernst & Sohn 1995.

[31] Deutscher Ausschuss für unterirdisches Bauen(DAUB);Empfehlung für Konstruktion und Betrieb von Schildmaschinen. In;Taschenbuch für den Tunnelbau 2001. Essen;Glückauf 2000,256-288.

[32] Deutscher Ausschuss für unterirdisches Bauen(DAUB); Empfehlung zur Planung und Ausschreibung und Vergabe von Schildvortrieben. 1993.

[33] Deutscher Ausschuss für unterirdisches Bauen(DAUB);Empfehlungen zur Auswahl und Bewertung von Tunnelvortriebsmaschinen. Tunnel 16(1997),No. 5,20-35.

[34] Deutscher Beton-Verein e. V. ;Merkblatt Bemessungsgrundlagen von Stahlfaserbeton im Tunnelbau. Wiesbaden;Self-published 1996.

[35] Deutscher Beton-Verein e. V. ;Merkblatt Stahlfaserbeton. Wiesbaden;Self-published 2001.

[36] DIETRICH J. Zur Qualitätsprüfung von Stahlfaserbeton für Tunnelschalen mit Biegezugbeanspruchung. Diss. Ruhr-Universität Bochum. Technisch-wissenschaftliche Mitteilungen des Instituts für Konstruktiven Ingenieurbau der Ruhr-Universität Bochum,No. 92-4. 1992.

[37] DIN 4020 Geotechnische Untersuchungen für bautechnische Zwecke. 1990.

[38] DIN 18312 Allgemeine Technische Vertragsbedingungen für Bauleistungen;ntertagebauarbeiten. 1992.

[39] DUDDECK H. Tunnelauskleidungen aus Stahl. In;Taschenbuch für den Tunnelbau 978,159. Essen;Glückauf 1977,159-194.

[40] Dyckerhoff und Widmann AG;Company information.

[41] EN 815 Sicherheit von Tunnelbohrmaschinen ohne Schild und gestängelosen chachtbohrmaschinen zum Einsatz im Fels. 1996.

[42] EVES R C W,CURTIS D J. Tunnel lining design and procurement. In;The Channel Tunnel. Part 1; Tunnels. Civil Engineering Special Issue 1992,127-143.

[43] EWENDT G. Erfassung der Gesteinsabrasivität und Prognose des Werkzeugverschleißes beim maschinellen Tunnelvortrieb mit Diskenmeißel. Diss. Ruhr-Universität Bochum. Bochumer Geologische und Geotechnische Arbeiten,No. 33. 1989.

[44] FEYERABEND B. Zum Einfluss unterschiedlicher Stahlfasern auf das Verformungsund Rissverhalten von Stahlfaserbeton unter den Belastungsbedingungen einer Tnnelschale. Diss. Ruhr-Universität Bochum. Technisch-wissenschaftliche Mitteilungen des Instituts für Konstruktiven Ingenieurbau der Ruhr-Universitátochum,No. 95,8. 1995.

[45] FLIEGNER E. Der Seikan-Unterwassertunnel,eine wagemutige Pionierleistung der Japaner. Strassen- und Tiefbau 35(1981),No. 3,31-49.

[46] FLURY S,Rehbock-Sander M. Gotthard-Basistunnel;Stand der Planungs-undBauarbeiten. Tunnel 17 (1998),No. 4,26-30.

[47]　GEHRING K. Classification of Drillability, Cuttability, Borability and Abrasivity in Tunnelling. Felsbau 15(1997), No. 3,183-191.

[48]　GEHRING K. Leistungs-und Verschleißprognosen im maschinellen Tunnelbau. Felsbau 13(1995), No. 6, 439-448.

[49]　GeoExpert AG; Company informationen.

[50]　GIRMSCHEID G. Baubetrieb und Bauverfahren im Tunnelbau. Berlin; Ernst & Sohn 2000.

[51]　GRANDORI C. Development and current experience with double shield TBM. In; Proc. of the 8th RETC (1987),509-514.

[52]　GRANDORI C. Fully mechanized tunnelling machine and method to cope with the widest range of ground conditions. Experiences with a hard rock prototype machine. In; Proc. of the 3rd RETC(1976), 355-376.

[53]　GRANDORI C, DOLCINI G, ANTONINI F. The Los Rosales water tunnel in Bogota. In; Proc. of the 10th RETC(1991),561-581.

[54]　GRANDORI R, JÄGER M, ANTONINI F. VIGL A. Evinos-Mornos-Tunnel. Greece. In; Proc. of the 12th RETC(1995),747-767.

[55]　GRIMSTAD E, BARTON N. Updating of the Q-System for NMT. In; Proc. of the International Symposium on Sprayed Concrete. Modern Use of Wet Mix Sprayed Concrete for Underground Support, Fagernes. Oslo; Norwegian Concrete Association. 1993.

[56]　HAACK A. Vergleich zwischen der einschaligen und zweischaligen Bauweise mit Tübbingen bei Bahntunneln für den Hochgeschwindigkeitsverkehr. Forschung+Praxis 36. Düsseldorf; Alba 1996,251-256.

[57]　HAMBURGER H, WEBER W. Tunnelvortrieb mit Vollschnitt-und Erweiterungsmaschinen für große Durchmesser im Felsgestein. In; Taschenbuch fürdenTunnelbau 1993. Essen; Glückauf 1992,139-197.

[58]　HENNEKE J, LANGE R, SETZEPFANDT W. Hydraulische Bergeförderung beim maschinellen Vortrieb des Radau-Stollens. Glückauf 116(1980), No. 9,426-431.

[59]　HENNEKE J, WEBER W. Entwicklungsstand des Bohrens von Tages-und von Blindschächten. Glückauf 127(1991), No. 21/22,978-988.

[60]　HENTSCHEL H. Erkundungsstollen unter dem Mont Raimeux. Tunnel 16(1997), No. 6,8-14.

[61]　Herrenknecht AG; Company information.

[62]　Hochtief AG; Freudensteintunnel-Pilottunnel Los 2. Site brochure.

[63]　Hochtief AG; Freudensteintunnel-Pilottunnel Los 1. Site brochure.

[64]　Holzmann AG; Kontroll-und Drainagestollen für die Ennepestaumauer. Site brochure. 1998.

[65]　Holzmann AG; Tunnelbau im Raum Rhein-Ruhr. Site brochure. 1996.

[66]　Holzmann AG; Untertagebauten des LEP für die Forschungsorganisation CERN in Genf. Site brochure. 1987.

[67]　HORST H. Neue Konzepte für Vollschnitt-Vortriebsmaschinen. Glückauf 113(1977), No. 2,70.

[68]　ISENDAHL H, WILD M. Gusseisen im Tunnelbau. In; Taschenbuch für den Tunnelbau 1979. Essen; Glückauf 1978,213-239.

[69]　Jäger Baugesellschaft mbH; Company information.

[70]　JANßEN P. Tragverhalten von Tunnelausbauten mit Gelenktübbings. Diss. TU Braunschweig. Berichte aus dem Institut für Statik der TU Braunschweig, No. 83/41. 1983.

[71]　JOHN M, PURRER W, MYERS A, et al. Planung und Ausführung der britischen Überleitstelle im Kanaltunnel. Felsbau 9(1991), No. 1,37. 47.

[72]　JONES B. Tunnelling in a bee line! Tunnels & Tunnelling 16(1984), No. 12,41.

[73] KIRKLAND C. J,CRAIG R. N. Precast Linings for High Speed Mechanised Tunnelling. In:Forschung und Praxis 36. Düsseldorf:Alba 1996,119-123.

[74] KIRSCHKE D,POMMERSBERGER G. Der Freudensteintunnel. Ein neuer Maßstab für den Stand der Technik. AET. Archiv für Eisenbahntechnik 44(1992),131-156.

[75] KLAWA N,HAACK A. Tiefbaufugen. Berlin:Ernst & Sohn 1989.

[76] KNICKMEYER W. Neue Vortriebssysteme. Wege zu höherer Wirtschaftlichkeit. Glückauf 122(1986), No. 3,230-235.

[77] KOBEL R. Schrägschacht für das Kraftwerk Cleuson. Dixence in den Walliser Alpen. Tunnels & Tunnelling 27(1995),Bauma Special-Issue,26-32.

[78] KÖNNINGS H D. Bau der längsten Eisenbahntunnel in Deutschland für die NBS zwischen Erfurt und München. In:Tunneltechnologie für die Zukunftsaufgaben in Europa. Rotterdam:Balkema 1999,83-95.

[79] KRENKLER K. Chemie des Bauwesens. Band 1. Berlin:Springer-Verlag 1980.

[80] KÜHL G. Dywidag Stahlrohr gelenks child—Langstreckenvortriebe inhindernisreichen, stark wechselnden Böden und im Felsgestein Baustellenerfahrungen. In: Microtunnelbau. Rotterdam: Balkema 1998,75-78.

[81] KÜNZLI G. Zimmerberg-Basistunnel: Die Bauausführung. In: Städtischer Tunnelbau. Int. Symposium ETH Zürich. 1999.

[82] KUHNHENN K. Prommersberger, G. : Der Freudensteintunnel. Tunnelbau inschwellfähigem Gebirge. In:Forschung+Praxis 33. Düsseldorf:Alba 1990,137-143.

[83] KUTTER H K. Voruntersuchungen für einen Abwasserstollen:Ermittlung der für einen mechanischen Ausbruch maßgeblichen Gesteinsparameter. Berichte 4. Nat. Tag. der Ing. -Geol. Goslar(1983),75-86.

[84] KUWAHARA H FUKUSHIMA K. The first application for the hexagonal tunnel segment in Japan. In:Tunnels for People. Rotterdam:Balkema 1997,405-410.

[85] LOMBARDI G. Entwicklung der Berechnungsverfahren im Tunnelbau. Bauingenieur 75(2000), No. 7/8,372-381.

[86] Lovat Inc. :Company information.

[87] MAIDL B. Handbuch des Tunnel-und Stollenbaus,Band I :Konstruktion und Verfahren. Essen:Glückauf 1988.

[88] MAIDL B. Handbuch des Tunnel-und Stollenbaus,Band II :Grundlagen und Zusatzleistungen für Planung und Ausführung,2. Auflage. Essen:Glückauf 1994.

[89] MAIDL B. Handbuch für Spritzbeton. Berlin:Ernst & Sohn 1992.

[90] MAIDL B. Konstruktive und wirtschaftliche Möglichkeiten zur Herstellung von Tunneln in einschaliger Bauweise. Schlussbericht des Forschungsvorhabens im Auftrag des Bundesministeriums für Verkehr der Bundesrepublik Deutschland. 1993.

[91] MAIDL B. Planerische und geotechnische Voraussetzungen in der Ausschreibung für einen Maschinenvortrieb als Nebenangebot. In:Forschung+Praxis 38. Düsseldorf:Alba 2000,171-178.

[92] MAIDL B. Stahlfaserbeton. Berlin:Ernst & Sohn 1992.

[93] MAIDL B,BERGER Th. Empfehlungen für den Spritzbetoneinsatz im Tunnelbau. Bauingenieur 70 (1995),No. 1,11-19.

[94] MAIDL B,HANDKE D,MAIDL U. Developments in mechanised tunnelling for future purposes. Entwicklungen im maschinellen Tunnelbau für die Zukunftsaufgaben. In:Tunnelbau. Rotterdam:Balkema 1998,1-17.

[95] MAIDL B,HERRENKNECHT M,ANHEUSER L. Maschineller Tunnelbau im Schildvortrieb. Berlin:

Ernst & Sohn 1994.

[96]　MAIDL B,JODL H. G,SCHMID L,PETRI P. Tunnelbau im Sprengvortrieb. Berlin: Springer-Verlag 1997.

[97]　MAIDL B,KIRSCHKE D,HEIMBECHER F,SCHOCKEMÖHLE B. Abdichtungs-und Entwässerungssy-steme bei Verkehrstunnelbauwerken. Forschung Straßenbau und Straßenverkehrstechnik,Heft 773. Bonn:Bundesdruckerei 1999.

[98]　MAIDL B,MAIDL U. Maschineller Tunnelbau mit Tunnelvortriebsmaschinen. In:Zilch,K. ;Diederichs,C. J. ;Katzenbach,R. (Hrsg.):Handbuch für Bauingenieure. Berlin:Springer-Verlag 2001.

[99]　MAIDL B,MAIDL U. Planerische und geotechnische Voraussetzungen in der Ausschreibung für einen Maschinenvortrieb als Nebenangebot. In:Taschenbuch für den Tunnelbau 2001. Essen:Glückauf 2000, 231-255.

[100]　MAIDL B,MAIDL U,EINCK H. B. Der Eurotunnel. Essen:Glückauf 1994.

[101]　MAIDL B,ORTU M. Einschalige Bauweise. In:Festschrift Prof. Falkner,Institut für Baustoffe,Massivbau und Brandschutz der TU Braunschweig,No. 142. 1999.

[102]　MAIDL U. Aktive Stützdrucksteuerung bei Erddruckschilden. Bautechnik 74(1997),No. 6,376-380.

[103]　MAIDL U. Einsatz von Schaum für Erddruckschilde. Theoretische Grundlagen der Verfahrenstechnik. Bauingenieur 70(1995),487-495.

[104]　MAIDL U. Erweiterung des Einsatzbereiches von Erddruckschilden durch Konditionierung mit Schaum. Diss. Ruhr-Universität Bochum 1994. Technisch-Wissenschaftliche-Mitteilungen des Instituts für konstruktiven Ingenieurbau,No. 95. 4. 1995.

[105]　MARTY T,WÜST M,LOSER P. Tunnel Uznaberg: Erschütterungsarmer Vortrieb. Tunnel 19 (2000),No. 4,71-79.

[106]　Mülheim a. d. Ruhr/ARGE:Stadtbahn Mülheim an der Ruhr. Bauabschnitt 8/Ruhrunterquerung. Site brochure.

[107]　MURER T. Straßentunnel Umfahrung Locarno. Einsatz einer einstufigen Erweiterungsmaschine. In: Probleme bei maschinellen Tunnelvortrieben. Symposium TU München 1992,65-78.

[108]　Murer AG:Company information.

[109]　MYRVANG A. Tunnelvortrieb mit Tunnelbohrmaschinen ingebirgsschlaggefährdetem Hartgestein. In:TBM-Know How zum Projekt NEAT. AC-Robbins Symposium Luzern 1995.

[110]　NITSCHKE A. Tragverhalten für Stahlfaserbeton für den Tunnelbau. Diss. RuhrUniversität Bochum. Technisch-wissenschaftliche Mitteilungen des Instituts für Konstruktiven Ingenieurbau der Ruhr-Universität Bochum,No. 98. 5. 1998.

[111]　ÖNORM B 2203:Untertagebauarbeiten. Werkvertragsnorm. 1994.

[112]　ORTU M. Rissverhalten und Rotationsvermögen von Stahlfaserbeton für Standsicherheitsuntersuchungen im Tunnelbau. Diss. Ruhr-Universität Bochum. Fortschritt-Bericht VDI,Reihe 4,No. 164. Düsseldorf:VDI 2000.

[113]　PAPKE M,HEER B. Building the second Manapouri tailrace tunnel. Tunnels & Tunneling 31(1999), No. 5,61.

[114]　PELZER A. Die Entwicklung der Streckenvortriebsmaschinen im In-und Ausland. Glückauf 90(1954), 1648-1658.

[115]　PHILIPP G. Schildvortrieb im Tunnel-und Stollenbau; Tunnelauskleidung hinter Vortriebsschilden. In:Taschenbuch für den Tunnelbau 1987. Essen:Glückauf 1986,211-274.

[116]　Prader AG:Company information.

[117] Rahmenrichtlinie 89/391 des Rates über die Durchführung von Maßnahmen zur Verbesserung der Sicherheit und des Gesundheitsschutzes der Arbeitnehmer bei derArbeit. 8. Einzelrichtlinie im Sinne des Art. 16 Abs. 1 der Richtlinie 89/391/EWG. Brüssel 1989.

[118] RAUSCHER W. Untersuchungen zum Bohrverhalten von Tunnelbohrmaschinen im Fels bei wechselnden Gebirgseigenschaften. Diss. TU München. Self-published 1984.

[119] REDER K. -D. Baugeologische, geotechnische und baubetriebliche Abhängigkeiten zwischen Gebirge. Maschine. Mensch, dargestellt anhand drei ausgewählter TBM-Vortriebe im alpinen Raum. Diss. Universität Salzburg 1992.

[120] REINHARDT M, WEBER P. Gebirgsbedingte Erschwernisse beim maschinellen Stollenvortrieb im verkarsteten devonischen Massenkalk. Bautechnik 24(1977), No. 5, 169-174.

[121] Richtlinie 92/57/EWG des Rates über die auf zeitlich begrenzte oderortsveränderliche Baustellen anzuwenden den Mindestvorschriften für die Sicherheit und den Gesundheitsschutz. Brüssel 1992.

[122] ROBBINS R. J. Economic Factors in Tunnel Boring. South African Tunnelling Conference, Johannesburg 1970.

[123] ROBBINS R. J. Hard rock tunnelling machines for squeezing rock conditions; Three machine concepts. In: Tunnels for people. Rotterdam; Balkema 1997, 633-638.

[124] ROBBINS R. J. Large diameter hard rock boring machines; State of the art and development in view of alpine base tunnels. Felsbau 10(1992), No. 2, 56-62.

[125] ROBBINS R. J. Mechanized tunnelling. progress and expectations. In: Tunnelling $\times$ 76. London: Institution of mining and metallurgy 1976.

[126] ROBBINS R. J. Tunnel boring machines for use with NATM. Felsbau 6(1988), No. 2, 57-63.

[127] ROBBINS R. J. Tunnel machines in hard rock. In: Civil engineering for underground rail transport. London: Butterworth 1990, 365-386.

[128] The Robbins Company; Company information.

[129] ROBINSON R. A, CORDING E. J, ROBERTS D. A. et al. Ground deformations ahead of and adjacent to a TBM in sheared shales at Stillwater tunnel, Utah. In: Proc. of the 7th RETC(1985), 34-53.

[130] ROTTENFUßER F. Trinkwasserstollen Schäftlarn. Baierbrunn. Neue Methoden und Erfahrungen bei der Naßförderung. In: Forschung+Praxis 23. Düsseldorf: Alba 1980, 46-51.

[131] RUTSCHMANN W. Mechanischer Tunnelvortrieb im Festgestein. Düsseldorf: VDI 1974.

[132] SANIO H P. Nettovortriebsprognose für Einsätze von Vollschnittmaschinen in anisotropen Gesteinen. Diss. Ruhr-Universität Bochum. Bochumer Geologische und Geotechnische Arbeiten, No. 11. 1983.

[133] SCHEIFELE C, GUGGER B, WILDBERGER A, WEBER R. Erfahrungen beim Vortrieb und Ausbau des Tunnels Sachseln. Tunnel 13(1994), No. 6, 15-24.

[134] SCHIMAZEK J, KNATZ H. Die Beurteilung der Bearbeitbarkeit von Gesteinen durch Schneid-und Rollenbohrwerkzeuge. Erzmetall 29(1976), No. 3, 113-119.

[135] SCHMID L. Einsatz großer Tunnelbohrmaschinen verschiedener Bauart in der Schweiz. Leistungen und Wirtschaftlichkeit. In: Forschung+Praxis 29. Düssel dorf: Alba 1980, 70-75.

[136] SCHMID L. Felsanker im Untertagebau. ein Segen? Schweizer Ingenieur-und Architekt 105(1987), No. 25, 780-782.

[137] SCHMID L. Ingenieurgemeinschaft Wisenberg-Tunnel. Versuche zur Sulfatbeständigkeit des Betons. 1993(unpublished).

[138] SCHMID L. Methangasführung Tunnel Murgenthal und Werkvertrag. 1995(unpublished).

[139] SCHMID L. Prüfung und Bewertung der Angebote Tunnel Murgenthal, Oenzberg und Flüelen. 2000

(unpublished).

[140]　SCHMID L. Tunnelbauten im Angriff aggressiver Bergwässer. Schweizer Ingenieur-und Architekt 113 (1995),No. 44,1012-1018.

[141]　SCHMID L. Ventilationsschema für Tunnel Oenzberg und Flüelen. Vorgaben der Submission. 1999 (unpublished).

[142]　SCHMID L. Versuche Blasversatz Gubristtunnel. 1979(unpublished).

[143]　SCHMID L. Wie begründet sich der hohe Anteil von Maschinenvortrieben in der Schweiz. In: Tunneltechnologie für die Zukunftsaufgaben in Europa. Rotterdam: Balkema 1999.

[144]　SCHMID L,RITZ W. Bauausführung des Gubristtunnels. Schweizer Ingenieur und Architekt 103 (1985),No. 23,544-547.

[145]　Schmidt,Kranz & Co. ;Company information.

[146]　SCHNEIDER J. Sicherheit und Zuverlässigkeit im Bauwesen. Grundlagen für Ingenieure. Stuttgart: Teubner 1996.

[147]　SCHOCKEMÖHLE B, HEIMBECHER F. Stand der Erfahrungen mit druckwasserhaltenden Tunnelabdichtungen in Deutschland. Bauingenieur 74(1999),No. 2,67-72.

[148]　SCHOEMAN K D. Buckskin mountains and Stillwater tunnel: Developments in technology. In: Tunnelling and Underground transport: Future developments in technology, economics and policy. Amsterdam: Elsevier 1987,92-108.

[149]　SCHREYER J,WINSELMANN D. Eignungsprüfungen für die Tübbingauskleidung der 4. Röhre Elbtunnel. Ergebnisse der Großversuche. In: Forschung+Praxis 38. Düsseldorf: Alba 1995,102-107.

[150]　SCHREYER J,WINSELMANN D. Eignungsprüfungen für die Tübbingauskleidung der 4. Röhre Elbtunnel. Ergebnisse der Scher-, Abplatz-, Verdrehsteifigkeits und Lastübertragungsversuche. In: Taschenbuch für den Tunnelbau 1999. Essen: Glückauf 1998,337-352.

[151]　Schweizerische Unfallversicherungsanstalt(SUVA): Rettungskonzept für den Untertagebau, No. 88112. 1996.

[152]　Schweizerischer Baumeisterverband(SBV): Richtpreise und Leistungswerte für den Untertagbau.

[153]　Schweizerischer Ingenieur-und Architekten-Verein(SIA): Norm 196: Baulüftung im Untertagbau. 1998.

[154]　Schweizerischer Ingenieur-und Architekten-Verein(SIA): Norm 198: Untertagbau. 1993.

[155]　Schweizerischer Ingenieur-und Architekten-Verein(SIA): Norm 199: Erfassen des Gebirges im Untertagbau. 1998.

[156]　S. E. L. I. S. p. A. ;Company information.

[157]　SIMONS H,BECKMANN U. Vergütung für TBM-Vortriebe auf der Grundlage angetroffener Gebirgseinflüsse. Tunnel 1(1982),No. 4,224-234.

[158]　SPANG K. Felsbolzen im Tunnelbau. Communication des Laboratoires de Mécanique des Sold et de Roches. Ecole Polytechnique Fédérale de Lausanne,No. 113. 1986.

[159]　STACK B. Handbook of Mining and Tunnelling Machinery. Chichester: Wiley 1982.

[160]　STEIN D,MÖLLERS K,BIELECKI R. Leitungstunnelbau. Berlin: Ernst& Sohn 1988.

[161]　STEINER W. Tunnelling in squeezing rocks: Case histories. Rock Mechanics and Rock Engineering 29 (1996),No. 4,211-246.

[162]　STEINHEUSER G,MAIDL B. Projektierung und Wahl des Bauverfahrens aufgrund der geologischen Voruntersuchungen dargestellt am Beispiel des Straßentunnels Westtangente Bochum. Tiefbau 96 (1984),No. 2,74-86.

[163]　Strabag/E. Gschnitzer: Baustellenreport Manapouri,Company information.

[164] STROHHÄUSL S. Eureka Contun: TBM tunnelling with high overburden. Tunnels & Tunnelling 28 (1996),No. 5,41-43.

[165] TEUSCHER P. Sondierstollen Kandertal. In: AlpTransit: Das Bauprojekt. Schlüsselfragen und erste Erfahrungen. Dokumentation SIA D 0143(1997),95-101.

[166] TEUSCHER P,KELLER M,ZIEGLER H J. Lötschberg-Basistunnel: Erkenntnisse aus der Vorerkundung. Tunnel 17(1998),No. 4,32-38.

[167] THOMPSON J F K. Flexible All-Purpose Segmental Tunnelling by Tunnel Boring Machine. Forschungsantrag:FAST by TBM. Ruhr-Universität Bochum. 1996(unpublished).

[168] Tiefbau Berufsgenossenschaft:Tunnelbau. Sicher arbeiten. No. 484. 1990.

[169] TONSCHEIDT H W. Entwicklungsstand des Schachtabteufens mit gestängelosen Schachtbohrmaschinen. Glückauf 125(1989),No. 13/14,760-768.

[170] TRÖSKEN K. Erfahrungen mit Streckenvortriebsmaschinen im Ruhrbergbau und in anderen Bergbauländern. Glückauf 99(1963),1327-1341.

[171] Turbofilter GmbH Entstaubungstechnik,Company information.

[172] University of Trondheim. The Norwegian Institute of Technology:Hard Rock Tunnel Boring. Project Report 1. 83,1983/88.

[173] VIGL A. Planung Evinos-Tunnel. Felsbau 12(1994),No. 6,495-499.

[174] VIGL L,GÜTTER W,JÄGER M. Doppelschild-TBM. Stand der Technik und Perspektiven. Felsbau 17(1999),No. 5,475-485.

[175] VIGL L,JÄGER M. Tunnel Plave. Doblar,Slowenien,7 m Doppelschild-TBM mit einschaligem,hexagonalem Volltübbing-Auskleidungssystem. Vortrag auf dem Österreichischen Betontag 2000,Wien.

[176] VIGL L,PÜRER E. Mono-shell segmental lining for pressure tunnels. In:Tunnels for People. Rotterdam:Balkema 1997,361-366.

[177] WAGNER H,SCHULTER A,Strohhäusl S. Gleitsegmente für flache und tiefe Tunnel. In:Forschung +Praxis 36. Düsseldorf:Alba 1996,257-266.

[178] WALLIS S. Knoxville Smallbore. World Tunnelling 10(1997),No. 3,67-71.

[179] WANNER H. Klüftigkeit und Gesteins-Anisotropie beim mechanischen Tunnelvortrieb. Rock Mechanics,Suppl. 10(1980),155-169.

[180] WANNER H,AEBERLI U. Bestimmung der Vortriebsgeschwindigkeit beim mechanischen Tunnelvortrieb. Forschungsvorhaben Atlas Copco Jarva AG. ETH Zürich. Zwischenbericht 1978. unpublished.

[181] WEBER W. Standortbestimmung des TBM-Vortriebes unter besonderer Berücksichtigung der geplanten Alpenbasistunnel. Felsbau 12(1994),No. 1,12-18.

[182] Wirth Maschinen-und Bohrgerätefabrik GmbH,Company information.

[183] ZBINDEN P. AlpTransit Gotthard-Basistunnel: Geologie, Vortriebsmethoden, Bauzeiten und Baukosten,Stand der Arbeiten und Ausblick. In:Forschung+Praxis 37. Düsseldorf:Alba 1998,11-15.

[184] ZBINDEN P. AlpTransit Gotthard:Eine neue Eisenbahnlinie durch die Schweizer Alpen. Bauingenieur 73(1998),No. 12,542-546.

[185] ZWICKY P. Erfahrungen mit Tunnelabdichtungen in der Schweiz von 1960 bis 1995. In:Forschuig+Praxis 37. Düsseldorf Alba 1998,130-132.